U0188877

■杨文志 编著

Supply-side
Reform of Science
Popularization

科普供给侧的革命

中国科学技术出版社
·北 京·

图书在版编目（CIP）数据

科普供给侧的革命/杨文志编著．—北京：中国科学技术出版社，2017.8

ISBN 978－7－5046－7632－0

Ⅰ．①科…　Ⅱ．①杨…　Ⅲ．①科普工作—研究—中国
Ⅳ．①N4

中国版本图书馆 CIP 数据核字(2017)第 189904 号

责任编辑　王晓义
封面设计　孙雪骊
责任印制　徐　飞

出　　版　中国科学技术出版社
发　　行　中国科学技术出版社发行部
地　　址　北京市海淀区中关村南大街 16 号
邮　　编　100081
发行电话　010－62173865
传　　真　010－62179148
投稿电话　010－63581202
网　　址　http://www.cspbooks.com.cn

开　　本　787 毫米×1092 毫米　1/16
字　　数　290 千字
印　　张　20.75
印　　数　1—3000 册
版　　次　2017 年 9 月第 1 版
印　　次　2017 年 9 月第 1 次印刷
印　　刷　北京盛通印刷股份有限公司

书　　号　ISBN 978－7－5046－7632－0/N·225
定　　价　88.00 元

内 容 提 要

当今世界，未来已来，唯变不变。建成世界科技强国、创新驱动发展、科技和产业革命、信息社会发展带来科普需求的巨大变化，也给新时代的科普带来新的机遇，给科普服务供给带来巨大挑战。本书基于作者20多年科普理论研究和实践一线的经验积累，站在科普变革的时代潮头，以“科普强国”为背景，以科普公共服务供给侧改革为主线，对新时期科普供给及其核心要义、科普需求的深刻变革及其科普供给侧革命的形势进行了深入细致剖析；对科普公共服务产品供给、全民科学素质服务创新、科普信息化服务体系建设、科普服务产品创意创新、科技馆展教服务创新等进行深入系统研究，并提出新时代增加科普服务供给可操作性的方略和路径。

本书在科普理论研究和实践探索方面具有很强的时代性、创见性、创新性、理论性、前瞻性、实践指导性。适合从事科普理论研究、科普教学、科普员培训、科普管理、科普实践工作者以及热心科普事业的各方面人士参阅。

前　言

当今世界，未来已来，唯变不变。科技以前所未有的巨大力量驱动经济社会滚滚向前。新一轮科技革命蓄势待发，物质结构、宇宙演化、生命起源、意识本质等一些重大科学问题的原创性突破正在开辟新前沿、新方向，一些重大颠覆性技术创新正在创造新产业、新业态，信息技术、生物技术、制造技术、新材料技术、新能源技术渗透几乎所有领域，带动以绿色、智能、泛在为特征的群体性重大技术变革，大数据、云计算、移动互联网等新一代信息技术同机器人和智能制造技术相互融合步伐加快，科技创新链条更加灵巧，技术更新和成果转化更加快捷，产业更新换代不断加快，使社会生产和消费从工业化向自动化、智能化转变，社会生产力将再次大提高，劳动生产率将再次大飞跃。①

2016 年 5 月 30 日的全国科技创新大会、两院院士大会、中国科协第九次全国代表大会上，习近平总书记吹响了建设世界科技强国的号角，确立到 2020 年使我国进入创新型国家行列，到 2030 年使我国进入创新型国家前列，到新中国成立 100 年时使我国成为世界科技强国的目标。这不仅是在经济新常态下实现发展动力转换和经济转型升级的战略抉择，也是实现中华民族伟大复兴中国梦的必由之路。习近平总书记强调，科技创新、科学普及是实现创新发展的两翼，要把科学普及放在与科技创新同等重要的位置。没有全民

① 习近平．为建设世界科技强国而奋斗——在全国科技创新大会、两院院士大会、中国科协第九次全国代表大会上的讲话［M］//中国科学技术协会．中国科学技术协会第九次全国代表大会文件．北京：人民出版社，2016.

科学素质普遍提高，就难以建立宏大的高素质创新大军，难以实现科技成果快速转化。

科学素质是决定公民思维方式和行为方式、实现美好生活的前提，是国家发展抢占先机赢得主动的核心竞争力，是实施创新驱动发展战略和全面建成小康社会、奋力实现中国梦的群众基础和社会基础。科技发展既要依靠科学家和广大科技工作者在科技高峰上不断攀登，也有赖于公众对科学技术的理解、应用和支持。科技的迅猛发展为社会经济发展提供无限的动力，同时使经济、社会、文化、生活等领域发生广泛而深刻的变化。一个国家的科技水平不仅体现在科技成就上，而且体现在其国民科学素质上，谁走在科技的前沿，拥有高科学素质的国民，谁就在未来的竞争中掌握主动。伴随着激烈的国际竞争，国民科学素质越来越成为国家、民族之间竞争的决定因素。在我国决战建成全面小康社会和创新型国家的“十三五”时期，贯彻落实创新、协调、绿色、开放、共享的五大发展理念，适应和引领经济发展新常态，协调推进“四个全面”战略布局，着力推进供给侧结构性调整，全民科学素质的提高既是基础工程，又是发展的短板。近年来，转基因被“妖魔化”、PX项目建设“一闹就停”，以及核电站建设、垃圾焚烧发电项目等邻避现象，给国民经济和社会发展带来严重阻碍；不少地方邪教、迷信死灰复燃，甚至一些领导干部置身其中；互联网上信息良莠不齐，严重误导公众、危害社会。这些现象的背后，反映了我国公民科学素质仍然偏低，科普工作依然薄弱。研究表明，西方进入创新型国家行列的30多个发达国家公民具备科学素质比例都在10%以上。我国已将2020年公民具备科学素质的比例超过10%，纳入全面建成小康社会和创新型国家的奋斗目标。

中华民族已经迈上向世界科技强国进军的新征程，与之相适应，我国科普必须开启“科普强国”的全新模式。但我们应该清醒地看到，目前我国科普公共服务还不能适应全面建成小康社会、建设世界科技强国，以及信息社会发展的新形势和新要求。如，我国科普公共服务供给总体不足，公众在科普公共服务方面的自主性有限、选择机会不多；同时，科普事业主导科普公共服务供给，盈利模式匮乏，产业发展滞后，缺乏市场竞争力和创新创造活力，科普公共服务供给来自需求侧的颠覆力量极其有限。要适应“科普强国”时代的新要求，增加科普公共服务供给数量、提高公共服务供给品质，突破口在科普公共服务的供给侧，出路在科普供给侧的革命。

新时代科普供给侧的革命将是全方位的，特别是面对信息时代科普需求的巨大变化。科普供给侧的革命的最终目的，是最大化、精准地满足公众的科普需求，这就要求我们必须深入研究科普需求侧的根本变化，优化和合理布局科普供给结构，提升科普供给的品质，提高科普供给结构对需求结构的适应性，减少科普无效供给、扩大科普有效供给，提升科普供给的精准度和获得感。随着以数字化、网络化、智能化为主要特征的信息社会发展，互联网已经成为人们的第一空间和精神家园，手机牢牢系在身上，科普的传播手段变了，科普的表达方式变了，科普的权力重心变了，公众的科普口味变了，公众的科普偏好变了……“有知、有料、有用、有趣”“好看、好用、好玩”的科普成为新时代宠儿，科普需求侧的急速、巨大变化，给科普供给侧提出前所未有的巨大挑战，这亟须在科普供给侧来一场全面而深刻的革命。

为此，本书基于笔者20多年科普理论研究和实践一线的经验积累，站在科普变革的时代潮头，以“科普强国”为背景，以科普公共服务供给侧改革为主线，对新时期科普供给及其核心要义、科普需求的深刻变革及其科普供给侧革命的形势进行了深入细致剖析，对科普公共服务产品供给、全民科学素质服务创新、科普信息化服务体系建设、科普服务产品创意创新、科技馆展教服务创新等进行深入系统研究，并提出新时代增加科普服务供给可操作性的方略和路径。

本书力求突出时代性、创见性、创新性、理论性、前瞻性、实践指导性。如对科普理论研究和实践探索中经常碰到的科普定义、科学性问题、科普事业与科普产业等较纠结的问题进行了解读；基于科普的主要历史功能，对科普进行了新的历史断代；提出了新时期亟须破解的“自圆自恰难题”“钱学森追问难题”“迭代难题”“路径依赖难题”“最后一公里难题”等。为方便不同的读者，本书还采取“视窗”方式，将一些背景资料呈现给大家。希望本书能给新时期科普理论研究和实践探索添砖加瓦，对新时期科普事业繁荣发展起到建设和推动作用；希望本书能对从事科普理论研究、科普教学、科普员培训、科普管理、科普实践工作者以及热心科普事业的各方面人士有所帮助。

本书的编著过程中，得到中国科协书记处有关领导同志的悉心指导和大力支持，得到中国科协科普部、中国科普研究所、中国科协青少年科技中心、中国科技馆等单位的同人的大力支持，还有一些同志参加了部分书稿的讨论撰写和审定，在此表示衷心感谢！在本书编写过程中，笔者参阅大量研究文献，并引用一些公开发布的文件、文献资料，在此也对文件起草者、文献作者表示衷心的感谢！

科普是不断迭代的伟大事业，笔者科普耕耘20多年，也仅为科普历史长河中微不足道的过客，看清的说出来也好，想通的分享出来也罢，只是躬行科普理论研究和实践唯变不变而已。由于笔者的学识、经验、眼界等所限，本书不足之处在所难免，恳请专家、学者和广大科普工作者批评指正。

目　录

视窗目录

第一章　科普及其核心要义

科普是科学技术普及的简称，是科技类公共服务，是科技和社会发展过程中的文化现象，是科技创新发展的内在要求，是社会文明进步的重要标志。随着科技的高速发展以及经济全球化、社会信息化的推进，现代科普已经成为现代人类生活不可或缺的重要组成部分。

第一节　科普是科学活动

科普本质上是面向公众、大众化的科学活动。科普的内容须具科学性、时代性、通俗性，科普的过程离不开科学家和科技专家的参与，科普的成效集中体现在公众需要、公众获得感的满足程度上。

一、多义宽泛的现代科普

2002 年颁布的《中华人民共和国科学技术普及法》（以下简称《科普法》）将科普做了宽泛的描述，即国家和社会采取公众易于理解、接受、参与的方式，普及科学技术知识、倡导科学方法、传播科学思想、弘扬科学精神的活动。

实质上，现代科普就是把人类已经掌握或正在探求的科学知识、科学方法，以及融入其中的科学思想和科学精神，通过各种有效的手段、方式和途径，广泛地传播和普及到公众，为公众所了解、掌握和理解的过程。广义的现代科普包括科技的教育、传播和普及活动等。

现代科普仍然是一个发展中的概念，呈现多元的发展趋势。在国际科学界，由于历史渊源、文化背景、出发点等的差异，很少叫科普，类似于科普的概念很多，如科技传播、公众理解科学、科学教育、STS（科学、技术、社会）教育等，其中以与科普相似的“科学传播”“公众理解科学”等最为盛行。

科技传播是指科技共同体和公众通过平等互动的沟通交流活动，或通过各种有效的传播媒介，将人类在认识自然和社会实践中所产生的科学、技术及相关的知识，在包括科学家在内的社会全体成员中传播与扩散，引发人们对科学的兴趣和理解，促进科学方法和科学思想的传播、科学精神的弘扬，增进全社会的科学理性。

公众理解科学是指科技共同体为赢得公众对科学、技术以及正在从事和开展的科学研究的理解，开展相应的科技传播、普及活动，促进公众对相关科技知识、科学方法和科学本质的理解，对科学的社会作用以及科学与社会之间关系的理解，赢得社会支持。

尽管对科普的认识存在差异，很难对现代科普下一个确切的定义，但对现代科普的认知也有一定的共同性和共识性，不会影响人们对现代科普实质特征的理解和认识。主要是：第一，现代科普的科学性，即科普作品和科普活动中所表现出来的概念、原理、定义和论证等内容的叙述清楚确切，符合客观实际，反映事物的本质和内在规律。第二，现代科普的时代性，即科普不仅涉及已经证实的科学，也包括正在探究的科学，同时科普表达方式、传播手段必须先进、有效，与时代发展相契合，与公众的需求相适应。第三，现代科普的分众性，即科普面向全民，要很好地细分公众需求、契合公众关切，要面向公众、依靠公众、动员公众，以公众的需求为导向，与时俱进、因时因地而动，实时满足各类细分公众对科普的内容、表达方式、获取途径的需求。第四，现代科普的公益性，即科普不是一蹴而就的功利性活动，而是以让国家、社会和全民族受益为使命，具有公共、公平、普惠、非营利等特点。科普让人们认识世界，让更多的人了解科学知识，学到科学精神，运用科学方法，以此提高自身科学素质，使尊重科学、科学理性成为社会风尚，激发好奇心和创新活力，让公众跟上科技时代的发展步伐。

二、科学性是科普的灵魂

科学性是科普的生命线，科普的文章、图书、期刊、报纸、视频、多媒体等，如果不能确保内容的科学性和准确性，就会误导公众。科普的灵魂或者说科普的真谛就在于科学性，与其他的文艺作品或者其他作品不同，科普作品需要准确、真实、实证、可重复性等。科普跟科研不完全一样，科研是需要探索、需要创新，但科普往往是把已经研究好了的或正在研究过程中的科学知识准确地表达出来，给公众一个非常准确的结论和概念，而不是似是而非，不能模棱两可，更不能是错误的。①

日益泛在化的网络让科技信息加快传播，网络已经成为科普的主战场。第九次中国公民科学素质调查结果显示，超过半数的公民利用互联网及移动互联网获取科技信息。同时，在具备科学素质的公民中，高达91.2%的公民通过互联网及移动互联网获取科技信息，互联网已成为具备科学素质公民获取科技信息的第一渠道。互联网的发展使信息以前所未有的速度和广度传播，同时在一定程度上也加快了一些谣言和伪科学的传播，正所谓“当真理还在穿鞋，谣言已走遍天下”。在互联网时代，尤其要更加强化科普传播内容的科学性。

保证科普的科学性，离不开科学家、科技专家和广大科技工作者的潜心参与。随着科技的发展，科技新名词让人眼花缭乱、应接不暇。可当公众想理解它们的含义以及对未来生活的影响时，却不容易找到权威而又通俗的阐述，专业色彩很浓的概念和公式总让人感觉云山雾罩。术业有专攻，在学科日益细化的今天，任何人都有知识盲区，而科普就是要尽可能地共享信息，弥合认识的偏差。如，政府部门决策时如果缺少对科技前沿与产业发展的深刻理解，就可能误判新兴产业的方向，因此为决策部门传播有价值且通俗易懂的科技知识显得尤为重要。②

站在科技前沿的一线科学家承担起科普重任，是科普内容质量的重要保障。我国科普之所以难以满足公众的需求，缺乏稳定、专业的科普工作群体是一个重要原因。从国际上看，从事一线研究的科学家是重要的科普力量，

---

① 刘嘉麒. 科学性是科学普及的灵魂［J］. 科普研究，2014（5）：28—30.

② 喻思娈. 院士该不该做科普［N］. 人民日报，2017-04-14.

但在我国却并非如此。调查结果显示，尽管大多数科学家认为参与科普工作很有意义，但只有35%的科学家曾参与过科普创作，大多数科学家在科普创作方面没有实际行动。科普是一门学问，能用通俗易懂的语言、生动形象的比喻，向公众讲解枯燥抽象的原理、专业深奥的知识，离不开较高的学术造诣和表达能力。优秀的科普作品能创造巨大的社会价值、赢得社会认同。如中国工程院院士、北京工商大学校长孙宝国主编的《躲不开的食品添加剂》，因其有趣地阐释食品添加剂与食品安全问题而产生广泛的社会影响，荣获2016年度国家科技进步奖二等奖。①

对科学家来说，做好科普，其科研才有大格局。科学家的研究经费大多来自财政、来自纳税人的腰包，科学家向公众展示自己的科技研究成果，应是科学家的应尽之责。好的科学家，往往不仅能够"入乎其内"，通常还能"出乎其外"，与公众分享象牙塔中的思考与收获。事实上，世界上很多著名科学家同时也是优秀的科普作家。科普与科技创新两者缺一不可，如果科普滞后，公众对科学家的研究的价值和目的不理解，似是而非，乃至谣言满天飞，最终影响的只会是科学家从事的科学研究自身。科学家从事科普应该是自觉行为，以科普项目形式进行的方式并非长久之策，在鼓励科学家投身科普的同时，要破除相关的体制机制障碍，为科学家投身科普创造条件。②

视窗1-1　做好科普科研才有大格局

好的科普作品，带给人的不仅是知识和好奇心，更有缜密的逻辑思维、锲而不舍的科学精神。将所从事的科研活动逻辑清晰地与不同人群交流，都是科普，只是层次、角度有别。做科研只是一种能力的体现，而科普则会让年轻科学家更多的能力得到锻炼与发挥。很多人感觉科学家做科普是不务正业，做不好科研才去做科普。而首届"全国创新争先奖章"获得者褚君浩院士认为，科普给他带来了更大的天地，可以调动更多资源。正如他2017年5月27日获奖感言，此次获奖不是因为科研，而是基于多年来他在科普领域的杰出

① 喻思娈. 院士该不该做科普［N］. 人民日报，2017-04-14.

② 同①.

贡献。他希望更多科学家重视科普，而科学家对科普的贡献也应体现在科研评价中。

做科普要因材施教，内容因受众而异。作为院士群体中的一员，投身科普是一份职责。不过，褚君浩对科普的情感从幼年就扎根了。他说，小时候就喜欢看书，高中一年级的时候，为了买上下册的《分子物理学》，他一连三天不吃午饭，省下妈妈给的午饭钱买书看。

好的科普作品，带给人的不仅是知识和好奇心的满足，更有缜密的逻辑思维、锲而不舍的科学精神。褚君浩说，当时他边看书边做笔记，记录下点滴思考，至今他还保留着一本本泛黄的读书笔记。他写道："中国具有悠久的历史文化，但在这么多物理定律中竟然没有一条是以中国人命名的，这真是一种遗憾。中国的物理要发展，今后中国人名出现在物理定律中的数量，应该按照人口比例来达到。"

曾做过多年中学老师的褚君浩，科普时十分讲究因材施教，科普内容也因人而异。他将科普人群大致分成几类：一类是公务员和领导干部，这类人需要高密度提供前沿科技与社会发展的大趋势和大背景；一类是大中小学生，除了深入浅出地介绍科学知识外，更重要的是励志，引导他们的人生观、价值观；还有一类则是社区大众，他们主要对当下热点蕴含的科学内容感兴趣。所以，褚君浩的科普讲演大多会收获无数好评。

科普与科研相生相长，相互借力。既是中国科学院上海技术物理研究所研究员，又是华东师范大学教授，曾是第十届、第十一届全国人大代表，还是上海市政府参事，褚君浩将这些工作都做得十分出色。秘诀何在？他说，如果把这些事情割裂开来做，精力根本不够，但如果将它们统筹起来，就会相生相长，相互借力，调动资源——个中关键就是"科普"。

在褚君浩看来，将所从事的科研活动逻辑清晰地与不同人群交流，都是科普，只是层次、角度有别。"我的科普立足于自己的科研，没有研究过的，我不随便涉及。"他说，这是他坚持的原则，但也会进行发散。比如，他的研究领域主要集中在光电能量转换、光电信息获取，由这两个点，可以拓展到物联网、智慧城市等。

“这是一条从科学发现，到技术发明，到产业应用，最后体现社会发展趋势的拓展线路。”褚君浩说，这样才能把科普的格局做大，眼界做宽，立意做高。

他完全不同意“科普浪费时间”的说法，反而觉得科普为自己带来了更多的机会。比如，他在九三学社提倡院士做科普，与王恩多等一起将院士科普巡讲做得有声有色，带动了很多年轻科学家参与进来。在学科交叉中，他出色的科普能力，帮他打破“隔行如隔山”的壁垒，找到了更多创新交叉的探索课题。

“能做好科普的科学家，科研才可能有大格局”。褚君浩一直这样教诲学生，因为能让别人听得懂专业艰深的东西并对之感兴趣，说明自己对专业的理解一定十分透彻深厚，同时自己的逻辑表达也会得到训练，反过来也会促进科研能力的提升。

改变科普“做再多再好也白干”的情形。这些年来，褚君浩的科普做得风生水起，可他坦言，2005 年当选中国科学院院士前，他用在科普上的时间“十分小气”。原因很简单，因为科普工作并不计入科研工作者的工作量，无法体现在考评体系中，说白了就是“做再多再好也白干”。对于身处竞争激烈环境下的科学家而言，即使有强烈的兴趣，在科普上投入精力也要左右权衡，仔细思量。

他觉得，应该将科普的权重，在科研考评体系中体现出来。“做科研只是一种能力的体现，而科普则会让年轻科学家更多的能力得到锻炼与发挥。”①

三、科普是公共服务产品

当今世界，科技创新正以前所未有的深度、广度、力度，重塑新世纪人类社会的发展图景，科技越来越成为经济社会发展最具革命性的驱动力量。科普兴则民族兴，科普强则国家强，科普公共服务日益成为推动人类社会创新发展的驱动力量，国家对科普的重视和投入力度越来越大。

---

① 许琦敏. 科学家做不好科研才去做科普？褚君浩：做得好科普，科研才可能有大格局[N]. 文汇报，2017 - 05 - 27.

（一）科普服务的基本特征

现代社会中的公共服务，是指使用公共权力和公共资源向公民所提供的各项服务。科普公共服务，指由政府主导、社会力量参与，以满足公民基本科普需求为主要目的而提供的公共科普设施、科普产品、科普活动以及其他相关科普服务。科普公共服务具有一般性服务的特性。

一是科普服务的无形性。在参与或消费之前，科普服务是看不到也无法触及的。如准备去听一场科普报告时，听众并无法确知其质量、口味是否如预期；现场情景、科普服务人员的服务质量事前也没法确知。

二是科普服务的不可分割性。除科普出版物等一些科普实物载体外，科普服务的特性是生产与消费同时发生，无法分割。如接受科普咨询或参观科技馆时，专家、讲解员所提供的科普服务，科普受众必须在现场，所以科普受众与科普服务提供者的互动关系都会影响科普服务的结果。

三是科普服务的变异性。科普服务的生产与价值传达主要靠人，人容易受到情绪与身体状况的影响，因而无法确保每次都表现出一致的科普服务水平。因此，科普服务质量依据提供者的时间、地点、场景、服务方式、情绪等不同而有差异。

四是科普服务的分享性。正如萧伯纳对信息的共享性形象比喻的那样，你有一个苹果，我有一个苹果，彼此交换一下，我们仍然是各有一个苹果。如果你有一种思想，我也有一种思想，我们相互交流，我们就都有两种思想，甚至更多。科普服务特别是基于互联网的科普服务，不会像物质一样因为共享而减少，反而可以因为共享而衍生出更多。

（二）科普服务的公共性

随着国际竞争的日趋激烈，科普公共服务越来越受到国际社会的高度重视，成为政府公共服务的重要组成部分。日本学者佐佐木毅等在《科学技术与公共性》中曾描述道，19 世纪是科技从人民大众的心目中的神圣领域转向世俗领域的一个转换时期。国家主义就是这个漫长的 19 世纪孕育出来的意识形态，而后出现的社会主义、民族解放运动使之进一步强化，走向世界化。科技承担起国家主义体制下的国家建设之任务，它的公共性也显著地体现于此，其重要原因之一乃是在于科技对于旧体制具有强大的破坏力，不仅可以带来富国强兵的社会变革，而且也标志着人才与知识权威的新旧交替。因此，科技在国家建设的教育制度之中得到优待与重视。同时，科技还被委以维持新出现的流动型社会结构之原动力的重要使命。它在被期以“破坏力”的同时，也被世人赋予“构筑力”的属性。由此，科技扮演一个救世主的形象，使人类脱离“零和游戏”之规则，即避免人类陷入一方以革命或者斗争的形式来掠夺另一方之陷阱，体现为了站在人类社会之外，为人类社会带来富裕的“价值投资”。这样的第一次产业革命所形成的科技的形象，毫无悬念地成为超越阶级或者阶层，统合整个国民的目标。①

改革开放以来，党中央、国务院发布《中共中央国务院关于加强科学技术普及工作的若干意见》，颁布《中华人民共和国科学技术普及法》（以下简称《科普法》），制定并实施《全民科学素质行动计划纲要》，确立新时期科普事业发展的基本方向和战略方针。随着建成世界科技强国、实现中华民族伟大复兴的中国梦的提出，加强国家科普能力建设，增加科普公共服务供给，已经成为国家的意志。

均等化是科普公共服务的基本要求。公共服务均等化是公共财政的基本目标之一，是指政府要为社会公众提供基本的、在不同阶段具有不同标准的、最终大致均等的公共物品和公共服务。科普公共服务均等化，是指全体公民都能公平可及地获得大致均等的科普基本公共服务，其核心是促进科普机会均等，重点是保障人民群众得到科普基本公共服务的机会。我国《科普法》明确规定，科普是公益事业，是社会主义物质文明和精神文明建设的重要内容，国家扶持少数民族地区、边远贫困地区的科普工作。②

目前，我国科普公共服务供给总体不足，公众对科普公共服务的自主性有限，选择机会不多，同时科普事业主导科普公共服务供给，盈利模式匮乏，产业发展滞后，缺乏市场竞争力和创新创造活力，科普公共服务供给来自需求侧的颠覆力量极其有限，要增加科普公共服务供给数量、提高公共服务供给品质，目前主要的突破口还在科普公共服务的供给侧，需要在科普供给侧来一场深刻的革命。

（三）科普服务的合作性

科普服务需要社会各方面的支持和参与。我国《科普法》明确规定，国

---

① （日）佐佐木毅．科学技术与公共性［M］．（韩）金泰昌，吴光辉，译．北京：人民出版社，2009．

② 中华人民共和国科学技术普及法［M］．北京：法律出版社，2002．

家机关、武装力量、社会团体、企业事业单位、农村基层组织及其他组织应当开展科普工作。国家保护科普组织和科普工作者的合法权益，鼓励科普组织和科普工作者自主开展科普活动，依法兴办科普事业。① 科普是国家公共文化服务的重要组成部分，2016 年 12 月 25 日颁布的《中华人民共和国公共文化服务保障法》规定，国家鼓励社会资本依法投入包括科普公共服务在内的公共文化服务，采取政府购买服务等措施，支持公民、法人和其他组织参与提供科普公共服务，公民、法人和其他组织通过公益性社会团体或者县级以上人民政府及其部门，捐赠财产用于科普等公共文化服务的，依法享受税收优惠，鼓励通过捐赠等方式设立科普等公共文化服务基金。

科普具有文化产业的属性。科学有两重性，从果实上说它是生产力，还是第一生产力。但科学的土壤是文化，而且是先进文化，没有土壤的树是长不高的。作为生产力，科学是有用的；作为文化，科学是有趣的。两者互为条件，一旦失衡就会产生偏差。科普就是科学与文化之间的桥梁，也是社会竞争的软实力和创新社会的基因。人们曾经认为科普只与政府或科研机构有关，而与企业、市场的关系不大，这在一定程度上限制了科普事业的发展。科普作为公共服务产品，提供途径有多种方式，并不排除用市场竞争的方式来提供。据国内外实践经验，在多数时候，用市场竞争的方式来提供的科普公共服务，在成本、效能等方面均优于其他方式。我国科普无论作品、产业都和发达国家还有不小差距。现在我国优秀的原创作品还比较少，翻译过来的比原创的多得多。科普不仅仅是科学家的事，还需要大量专门从事科普工作的人才。在知识爆炸和学科交错的时代，面向行外的概述和面向社会的科普显得越发重要，我国目前少有这样的著作，因为我们在纯艺术和纯科学之间少有两栖人才。不是科学家都能做科普，更不是那些拿不到项目、上不了课的人才能做科普。在科学和文化之间发生了断层，关键在于缺了三种人：热爱文化的科学家、热爱科学的文化人、两栖的作家或新闻记者。②

科普公共服务往往需要在公众参与中完成，公民有参与科普活动的权利。根据科普服务中，公众参与度不同，科普服务分为：高接触科普服务，指公

① 中华人民共和国科学技术普及法［M］. 北京：法律出版社，2002.

② 罗昕. 中国科普的黄金时代来了吗［EB/OL］.［2017 - 05 - 20］. http://www.thepaper.cn/newsDetail_forword_1689713.

众在科普服务过程中，参与其中全部或者大部分的活动，如科技馆、科普报告会、科幻电影等科普服务；中接触科普服务，指公众只是部分或局部时间内参与其中的活动；低接触科普服务，指在服务推广中公众与科普服务的提供者接触较少的服务，其间的交往主要是通过仪器设备进行的，如互联网络、出版物等传播媒介提供的科普服务。

四、科普服务本质是连接

科普服务，即科普内容 + 科普表达（或科普产品） + 科普连接 + 科普受众，其本质是科普内容与科普受众的连接。

在传统科普服务体系中，科普受众获取科普内容主要依赖于图书馆；传播科普内容的传统途径，如，科普期刊、科普图书、科普广播、科普电视节目，以及现场的科普讲座、参观科普场所等（图 1 – 1）。

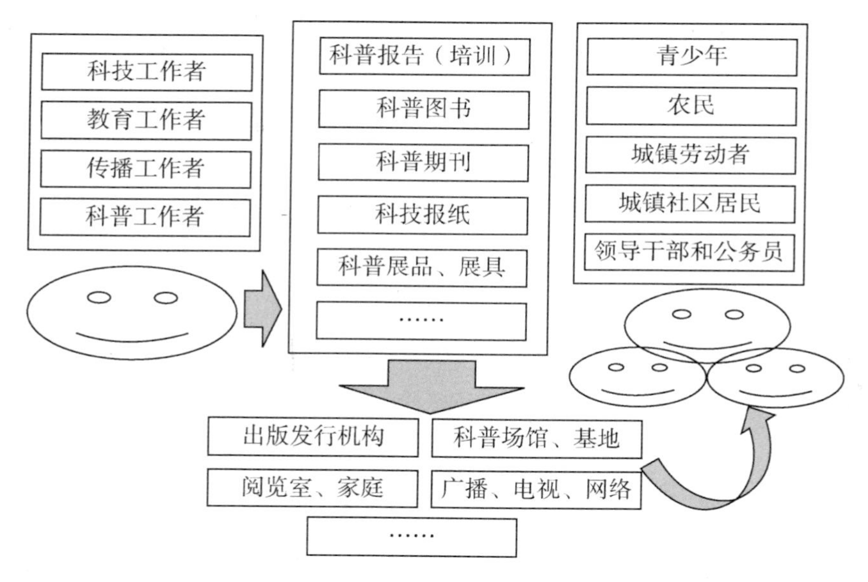

图 1 – 1　传统科普服务模式

随着信息社会的发展，在互联网络环境下，由于科普信息的发布、传播、获取和利用方式的改变，科普服务在深度和广度上随之发生变化（表 1 – 1、图 1 – 2）。互联网络科普服务与传统科普服务的区别，主要体现在以下三个方面：一是科普信息传播方式的变化。互联网络为科普信息发布提供了更大的自由度，使他们对正式的、传统的科普内容载体和信息交流途径的依赖减小，使正式的科普出版物、科普场馆、传统媒体等不再是科普信息传播的唯一方式；二是科普信息的获得渠道的变化。借助于互联网络，公众除了从图书馆、阅览室等获取所需要的科普内容外，更多的是直接通过互联网特别是移动互联网泛在化，方便地获取科普内容信息；三是科普信息交流方向的变化。公众可以通过互联网自媒体平台发布科普信息、分享科普信息，与科技工作者、科普专家、科普传播者交换意见，改变了传统的科普服务的单向性，实现了双向、多向的科普信息交流、互动、分享。

表 1－1　现代科普服务与传统科普服务的比较

方式	传统科普服务	现代科普服务
个性服务	见面、咨询等 信件、电话等	微信、QQ 等 微信、语音、E－mail 等
集中服务	现场、讲座等	直播、视频、图文等
阅读服务	图书、期刊、报纸等	微信公众号、朋友圈、APP 等
对话服务	现场、论坛等	网络社群、社区论坛等 微博、博客等

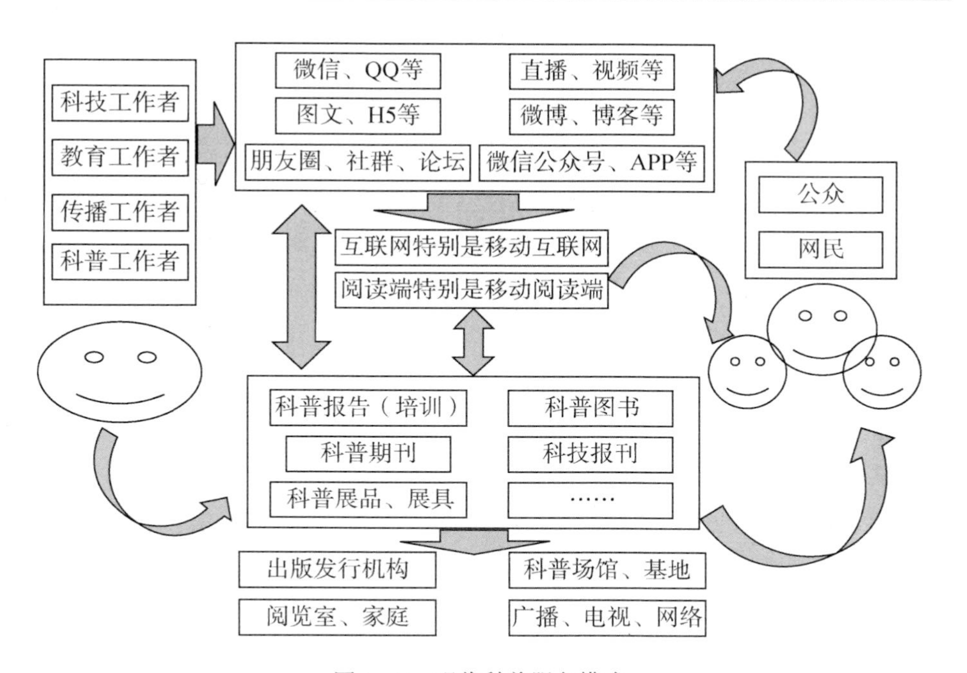

图 1－2　现代科普服务模式

第二节　迎接科普强国的新时代

科普发展经历漫长的历程，为人类留下许多宝贵的遗产。从科普发展史看，笔者认为，我国科普大致经历了古代的谋生型科普、近现代的救国型科普、现代的兴国型科普三个时代，目前我国正进入一个全新的“强国型科普”新时代。这个新时代以习近平总书记吹响建设世界科技强国的号角、提出科技创新与科学普及“两翼齐飞、同频共振”科学论断为根本标志。

一、古代的谋生型科普

中华民族的祖先很早就在华夏广阔的土地上生活，原始社会人类的足迹遍及我国南北各地。公元前22世纪—公元前21世纪，夏朝在我国中原地区建立自己的统治，奴隶制社会开始形成。到了春秋战国时期，我国科技出现明显的飞跃。经过秦与汉，总体水平迅速提高，在许多方面超过其他国家和地区，在世界科技史上产生重大的影响，如中国古代的火药、指南针、活字印刷术、造纸术四大发明。然而，中国古代科技作为古代社会的产物，除医学外，基本上停留在经验性阶段，没有形成理论体系。这与我国古代统治阶级长期坚持推行人伦化教育、轻视自然科学，主张修己治人、轻视庶民教育有直接关系。

我国古代科学多为经验之谈。以农学为例，我国古代农学著作数量很多，包括已散失的，已知的有370多种，为古代世界各国之冠。但它们基本上都是各种农业生产具体经验的记载，几乎未曾作出理论性的概括和总结，更没有形成学科理论体系。又如我国古代天文学，基本上只是为制定历法服务。

最早的科普源于人类生产和生活的需要，但科普的起源要比学校教育早。在古代，人类为了自己的生存，需要从事物质资料的生产，人们在生产劳动和生活中发现的一些规律、技巧，需要传递给别人，别人则需要向这些发现了规律和掌握技巧的人模仿、学习，这就有了原始的科普产生动机。因此最早的科普是在学校产生之前，在人们的生产和生活交往中就存在了，科普产生于正规的学校教育之前，为后来学校的科学教育奠定了很好的基础。

我国从原始社会解体到奴隶制国家建立，以及封建社会的发展，经历很长的历史时期。在此期间，学校教育经历萌芽、产生、发展的过程。后来的学校教育发展又为科普培养了科普传授者，进一步促进科普的发展。当然我国古代的科普远不如现在这样有意识、有系统、有建制地进行，而是隐含在人们的生产和生活实践中，与人们的生产和生活实际紧密地结合。而且在内容上基本都是一些农事生产、生活常识、医疗修身等方面的科技知识。

我国古代科普的途径和形式主要有三种①。

一是家传师教。在农业、畜牧业和手工业生产技术中，广泛存在着科学知识和技巧的应用。家族或师傅在把自己所掌握的专门知识与技能传授给子孙和徒弟的过程中，同时也传授了其中所包含的应用科学知识。在实践中，为了便于技艺的掌握，先人们创作一些歌谣来传播、普及科学技术知识和技巧。数学方面有《九九歌》《归除歌》等歌诀，气象方面有多种天气谚语和歌谣，医学方面有《药性赋》《药性歌》《医学三字经》《十叟长寿歌》等诗词歌赋，农学方面有《耕田歌》《耕织图诗》和多种农谚。这些歌谣，有的早在春秋战国就已出现，有的至今仍广为流传。人们通过传诵这些顺口、易记的歌谣，就能很快地学会、记住一些科技知识和方法，从而有助于这些知识和方法的普及。

二是著书立说。随着社会的进步，历代的一些专家、学者又陆续创作印发了多种图文并茂、诗画相配，既有学术价值，又有普及意义的图书。其中有些达到了相当高的水平，如春秋战国时期的《墨经》《考工记》，汉代的《论衡》《汜胜之书》，南北朝的《齐民要术》，宋代的《梦溪笔谈》，明代的《农政全书》《本草纲目》《天工开物》《乐律全书》《徐霞客游记》等。更为重要的是，中国古代学术的特点是综合。例如，儒学具有多种内容，不仅讲君臣父子、天道人伦，也包括了自然科学的内容。有人统计，在《诗经》中，涉及动植物达 334 种，谷物 25 种，蔬菜 38 种，药物 17 种。从动植物种类划分，有草类 37 种，花果 15 种，树 45 种，鸟类 42 种，兽类 41 种，虫类 31 种，鱼类 16 种。《春秋》中记载日食有 37 次，还有哈

---

① 杨文志，吴国斌. 现代科普教程［M］. 北京：科学普及出版社，2004：4.

雷彗星的记载，而且相当准确。儒家经典尚且如此，其他类的著作中科技知识就更多了。如战国末期秦相吕不韦的门客所编的《吕氏春秋》（公元前239年）中的《上农》《任地》《辨土》和《审时》四篇，主要论述农业生产的重要性和农业生产中因时、因地制宜，充分发挥人的作用等问题。因此，可以认为中国古代的专业科技教育和科普在一定程度上得益于古代学术的综合性。

三是聚徒讲学。古代有专长的士子，可以在私学中讲授科学知识，也可以在带徒中集体讲授知识和技巧，如明末清初的颜元在他创办的漳南书院中，就曾设有水学、火学等科目。

二、近现代的救国型科普

1840年鸦片战争后，中国逐渐沦为半殖民地半封建国家。西方国家科技的发展和日益强盛，给我国有识之士带来许多思考。知识界还希望从古代典籍中寻找富国强兵之道，出现“子学复兴”的思潮，而另一些人士则喊出“科学救国、民主救国、实业救国”的口号，使科学教育受到重视，西方科技引入中国。从此开启近百年的中国近现代“科普救国”的历史，奠定了我国现代科普的基础。

鸦片战争后，中国国门被打开，国外的教会进入中国，并开设许多教会学校。外国传教士开办教会学校的目的，自然是为造就服从于他们的知识分子和麻醉中国人民，实现西方列强占领和瓜分中国的野心，但在客观上也给中国带来了最早的科学教育。1842年11月，美国传教士布朗（S. R. Brown）在广州开设马礼逊学校（不久迁往澳门、香港），开设算术、代数、几何、生理学，还上过化学课。1844年，由英国“东方女子教育协会”派遣的爱尔德赛女士（Miss Aldersey）在宁波开设中国最早的教会女子学校，课程有圣经、国文、算术等，并学习缝纫、刺绣等技术。1864年，在北京开设的教会学校贝满（Bridgman）女校，开设科学初步、生物、生理学。1864年，美国北长老会传教士狄考文（Calwin W. Mateer）创办山东登州文会馆，学制3年（备斋，小学程度），1873年起增设正斋，中学程度，学制6年。1891年，该馆的“正斋课程”中的科学课程有：第一年天道溯源、代数备旨；第二年天路历程、圆锥曲线；第三年测绘学、格物；第四年天道溯源、量地法、航海法、格物（声、化、电、地石学）；第五年物理测算、化学、动植物学；第六年微积学、化学辨质、天文揭要。该校还建立物理、化学实验室，并附设有机械厂、发电厂、印刷厂以及天文设备。这些科学课程的开设，与以经学为主的传统课程相比，可以说是一种突破性的变革，客观上起到传播西方较先进的科学技术的作用，也为中国培养一批初步懂得近代科学技术的人才。

19 世纪 60 年代初，清廷的一些大臣也认识到仅用中国传统的科技已不能与西方列强抗衡，必须学习西方科技，引进机器生产，才能挽救清王朝的统治。他们开始推行洋务“新政”。新政中包括办学堂，学习“西文”和“西艺”。1862 年创办的京师同文馆，是我国近代最早也是最有代表性的一所洋务学堂，开始只学习外语，1866 年，洋务派首领恭亲王奕訢奏请在同文馆内添设天文算学馆。算学馆增设后，同文馆中的学习科目逐渐扩大，其中有算学、天文、格物、医学生理等。1876 年，算学馆报经总理衙门批准的课程设置计划分 8 年课程表和 5 年课程表两种。二者的不同为 8 年课程表先学 3 年外语，再开始学习理工类课程；5 年课程表不读外语，用译本直接读理工类课程。其中科学课程共 6 门，即数理启蒙：初等数学和自然常识；格物：物理学；化学（无机、分析）；重学测算（力学）；地理金石（矿物学）；天文测算（天文学）。

维新派和洋务派主张的主要不同之点，在于专制政体的变与不变，以及是否要发展资本主义的问题。维新派提倡的“西学”，包括社会政治学和自然科学，即所谓“政学”和“艺学”。对于艺学，他们非常重视。1876 年，徐寿和英国学者傅兰雅发起成立上海格致书院（1879 年招生）。该院与中国旧式书院、教会学校、洋务学堂均不同，为私立学堂。校内学术气氛较浓，课程以自然科学为主，分矿物、测绘、工程、汽机、制造等专科。徐寿等在创院之时，就重视购置各种仪器，学者可以免费在院内实验室做实验或用幻灯。此时，由傅兰雅编写，徐寿、徐建寅翻译的《格物须知》，已形成教科书的体系。1897 年，张元济开办北京通艺学堂。著名维新派人士严复曾到该校“考订功课，讲明学术”。严复是近代中国最早系统地阐述德、智、体全面发展教育思想的人，而且特别重视科学教育，强调学校课程应以科学教育为核心。他的科学教育思想的特点是以开发民智为目的。他把学习自然科学的“为学之道”分为三步：第一步是“玄学”，内容包括名学（即逻辑学）和数学；第二步是“玄著学”，实际上是物理学和化学；第三步是“著学”，内容包括天学、地学、动植之学、人学等（人学又分为生理之学和心理之学）。严复在重视自然科学的同时，还强调“格物求理”，即掌握规律的途径，倡导归纳法和演绎法等逻辑推理方法。

1902 年，清廷管学大臣张百熙主持制定《钦定学堂章程》，其中规定中学学制 4 年，教学计划设置 12 门课程。《钦定学堂章程》奠定了我国普通中学课程架构的基础，以后长期沿用，基本未变，史称“壬寅学制”。但这个学制实际上未获实行。“壬寅学制”的科学课程设置为博物、物理、化学 3 门，博物含生理、卫生、矿物。1904 年 1 月（旧历 1903 年底），由张之洞主持制定的《奏定学堂章程》，即“癸卯学制”颁布并实行。《奏定学堂章程》规定普通中学学制 5 年。章程中的“各学科分科教法”，可以看作是我国最早的课程标准，它对博物、物理及化学等科学课程内容作了详细规定。民国初年，蔡元培任教育总长。1912 年颁布《普通教育暂行办法》，学堂改为学校，中学学制改为 4 年。随后颁布《中学校令施行规则》，其中规定了学科及程度，说明各学科的要旨。

我国有组织有纲领地、较大规模地开展科普，是在中英鸦片战争之后，一些觉醒的知识分子为了挽救民族危亡，寻求强国富民之路，在要民主、要科学的思潮推动下兴起的。鸦片战争后，西方列强打开中国的大门，中国逐渐沦为半殖民地半封建国家。中华民族在付出惨重牺牲之后，看到了世界科技的发展和自己的落后，迫使国人为国家和民族的命运与前途思考。人们看到科学技术落后的后果，引出“科学救国”“民主救国”的呐喊，带来中国近代史上对科学技术和科学教育的重视，为我国近代科普的发展创造了良好的社会氛围和基础条件。

在辛亥革命之前，1895 年 10 月，伟大的革命先行者孙中山先生在《创立农学会征求同志书》一文中就明确提出提高与普及相结合的办会主张：“今特创立农学会于省城，以收集思广益之实效，首以翻译为本，搜罗各国农桑新书译成汉文，俾开风气之先。即于会中设立学堂，以教授俊秀，造就其为农学之师。且以化学详核各处土产物质，阐明相生相克之理，著成专书，以教农民，照法耕植。再开设博览会，出重赀以励农民。”孙中山先生这里所说的“以收集思广益之实效”和“俾开风气之先”是提高方面的工作，而“以教农民，照法耕植”和“开设博览会”等则是普及方面的工作。

五四运动前后成立的科学团体，在“科学救国”“教育救国”“实业救国”思想影响下，其办会宗旨大多为研究学术与普及知识并重，如 1915 年成立的中国科学社、1917 年成立的中华农学会、1922 年成立的中国天文学会、

1927年成立的中华自然科学社等。20世纪30年代成立的科技团体仍然肩负着这两方面的使命，如1932年成立的中国物理学会“一直向着一个目标前进，即一方面谋物理学本身的进步，一方面把已得的物理知识尽量地向大众普及”。1934年成立的中国动物学会“以联络国内动物界学者共谋各项动物学知识之推进与普及为宗旨”。1935年成立的中国数学会“以谋数学之进步及其普及为宗旨”。

视窗1－2　中国科学社

中国科学社由一群中国留学生在1915年创办于美国康乃尔大学，旨在“提倡科学，鼓吹实业，审定名词，传播知识”的科技组织。科学社的主要发起人为任鸿隽、秉志、周红、胡明复、赵元任、杨杏佛（杨铨）、过探选、章元善、金邦正9人，任鸿隽任社长。1928年定址上海，在全国设有分社或支会。社员多为科学、教育、工程、医务界人士。除学术活动外，办有生物研究所、明复图书馆、中国科学图书仪器公司，出版《科学》《科学画报》《科学季刊》等杂志及《论文专刊》《科学丛书》《科学史丛书》等。该社于1959年秋结束。

中国科学社成立之初，就把科普宣传当成该社的一项非常重要的工作来做。《科学》杂志自1915年创刊以来，始终以“传播世界最新科学知识”为帜志，在传播科学理念、介绍科学知识与科学原理、及时传达西方最新科技动态、发掘整理中国古代科学成就、阐发科学精义及其效用等方面做出了贡献。《科学》杂志仅在1919—1938年就刊行了20卷。如果按任鸿隽的统计，以每卷12期每期6万字计算，即有1400余万字；每期除了科学消息、科学通讯等内容，以长短论文8篇计算，就有论文近2000篇；以每人作论文3篇计算，则有作者600余人通过《科学》发表了诸多学术观点。

1933年，中国科学社又创办了一份普及性的《科学画报》半月刊，旨在“把普通科学智识和新闻输送到民间去……用简单文字和明白有意义的图片或照片，把世界最新科学发明、事实、现象、应用、理论以及于谐谈游戏都介绍给他们。逐渐地把科学变为他们生活的一部分”。《科学画报》发行量很大，成为当时国人了解科学知识的良师益友，在推进中国“科学化”运动方面堪称功勋卓著。1953 年，《科学画报》由上海科学技术普及协会接办。此外，中国科学社还出版有学术价值的论文专刊、科学丛书和科学译著等，如吴伟士的《显微镜理论》、李俨的《中国数学史料》及译著《最近百年化学的进展》《爱因斯坦与相对论》等堪作代表。与此同时，科学社还举办通俗科学演讲、创立科学图书馆等活动，如 1921 年开放的南京图书馆有藏书几十万册，每年从英、法等国订购杂志 140 余种；1931 年明复图书馆开馆；1936 年，金叔初捐赠一生收藏的贝壳学图书，为“东亚最完善之贝壳学图书馆……凡英德法美比日各国之斯学杂志，皆灿然大备，卷序有长至数十年者，洵为现今不易搜罗之专门典籍”。中国科学社所做的这些工作，有效地传播了科学知识和科学思想，开阔了国人的科学眼界。

抗日战争时期，在抗日民主根据地成立的科技团体更加重视科普工作。如 1938 年在延安成立的边区国防科学社的宗旨是“研究与发展国防科学，增进大众的科学常识”。1940 年 2 月，在延安成立的、影响更大的科技团体陕甘宁边区自然科学研究会，也在宣言中把“开展自然科学大众化运动，进行自然科学教育，推广自然科学知识，使自然科学能广泛地深入群众”作为自己的首要任务。此外，在晋察冀、晋西北、山东等抗日民主根据地成立的科技团体，也都把科普作为一项重要任务。

三、现代的兴国型科普

1949 年中华人民共和国的成立，为我国科普发展开创了新的天地。新中国建立伊始，科普就纳入了建国纲领。新中国建立后，科普始终坚持为国民经济建设发展和人民生活水平提高服务，经历政府推动、社会推动、政府推动与社会参与相结合的不同发展阶段（图 1－3）。

（一）将科普纳入建国纲领

在中华人民共和国成立前夕召开的中国人民政治协商会议上，根据科学家们的建议，把“努力发展自然科学，以服务于工业、农业和国防建设，奖

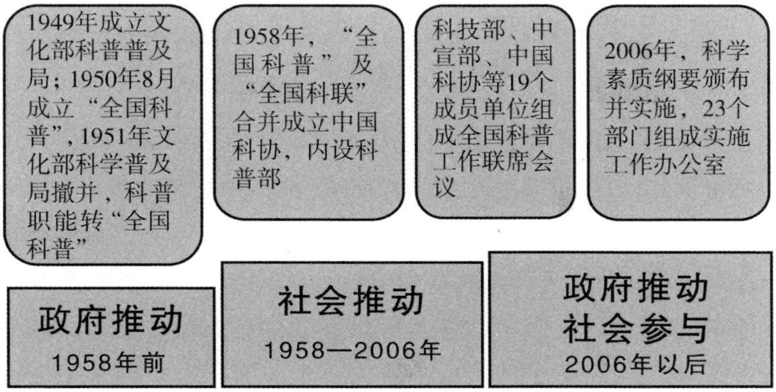

1949年成立文化部科普普及局；1950年8月成立“全国科普”，1951年文化部科学普及局撤并，科普职能转“全国科普”

1958年，“全国科普”及“全国科联”合并成立中国科协，内设科普部

科技部、中宣部、中国科协等19个成员单位组成全国科普工作联席会议

2006年，科学素质纲要颁布并实施，23个部门组成实施工作办公室

政府推动
1958年前

社会推动
1958—2006年

政府推动
社会参与
2006年以后

图 1－3　我国现代科普体制的演进

励科学的发现和发明，普及科学知识”写进具有临时宪法作用的共同纲领中，使科普成为我国社会各界的一项共同任务。

根据共同纲领的规定，中央人民政府在文化部设立科学普及局，局长由有机化学家、化学史家和化学教育家袁翰青教授担任。内设组织辅导处、编译处、器材处、电化教育处、办公室，并设立一些相应的科普事业机构①。在1950年8月召开的中华全国自然科学工作者代表会议上，成立中华全国科学技术普及协会（简称全国科普协会）。全国科普协会“以普及自然科学知识，提高人民科学技术水平为宗旨”，面向人民群众开展了广泛的科普活动。1951年10月，文化部科学普及局并入社会文化管理局，推动和组织科普工作的职能统一由全国科普协会承担。

中华人民共和国建立之初，全国80%以上的人口是文盲。这个阶段，因为我国社会处在“一穷二白”的境地，国家经济落后，社会形态处在农耕社会，国民科学文化素质极低。因此，我国科普工作主要围绕抗美援朝、国家工业化、农业合作化等展开，基本理念是提高公众了解基本的科学知识，提高民众的生存和生产能力。

---

① 章道义，袁翰青，王书庄．新中国科普事业的开拓者和奠基人［M］//中国科协机关离退休干部办公室，中国科协直属单位老科技工作者协会．亲历科协岁月．北京：中国科学技术出版社，2013：63.

视窗 1－3　全国科普协会

全国科普协会是中华全国科学技术普及协会的简称，成立于1950年8月22日，梁希任主席，竺可桢、丁西林、茅以升、陈凤桐为副主席，夏康农为秘书长，袁翰青、沈其益为副秘书长。1958年9月与全国科联合并建立中华人民共和国科学技术协会（现中国科协）。

全国科普协会的宗旨是通过组织会员进行讲演、展览、出版以及其他方法，进行自然科学知识的宣传，使劳动人民确实掌握科学的生产技术，促使生产方法科学化，在新民主主义的经济建设中发挥力量；以正确的观点解释自然现象与科学技术的成就，肃清迷信思想；宣扬我国劳动人民对于科学技术的发明创造，借以在人民中培养新爱国主义精神；普及医药卫生知识，以保卫人民的健康。1950年8月至1958年9月，全国科普协会在全国范围内共开展科普讲演7200万次，举办大型、小型科普展览17万次，放映电影、幻灯13万次，参加者达10亿人次，此外还开展黑板报、科普墙报、科普画廊以及科普山歌、小传单等科普宣传；成立了科学普及出版社、北京天文馆、模型仪器厂、科技馆筹备处等科普事业机构；出版了全国性科学期刊《科学大众》《科学画报》《知识就是力量》《学科学》《科学普及资料汇编》《天文爱好者》等，以及地方性通俗科学报刊32种，出版了文字资料29.9万余种，发行6300多万份；编制了大量科普箱、挂图、幻灯片等形象资料。到1958年9月，除西藏、台湾外，各省、自治区、直辖市都成立省级科普协会，县、市建立协会近2000个，协会基层组织4.6万多个，会员、宣传员102.7万多人。

（二）将服务国民经济建设作为科普主要职责

1958—1977年，我国科普先后经历“大跃进”“三年困难时期”“文化大革命”等运动，科普工作虽然取得一定成绩，但目标方向和工作方针处在调整变化中。这个时期的科普工作主要是围绕农村生产试验、工厂的技术革新等做了一些工作，到“文化大革命”期间科普工作几乎停止。这个阶段，由于受政治运动影响，科普徘徊不定。科普的基本理念大多是为无产阶级政治服务，以运动的形式开展，如农村科学实验运动、技术上门、消灭血吸虫科普宣传的政治性动员、除“四害”、赤脚医生等运动的开展。

1978 年以后，我国科普工作全面恢复，并随着国家社会经济和科学文化建设事业的发展，以及改革开放的深入，科普事业的不断繁荣发展、开拓创新，逐步走向群众化、社会化、经常化、法制化、现代化。尤其是近 20 多年来，我国科普组织不断健全和完善、科技馆等科普设施建设取得新的进展、科普传播形式日益多样化、科普活动丰富多彩。

在我国社会主义市场经济建设过程中，科普的作用越来越重要，为加强我国的科普工作，我国政府组织召开多次科普工作会议，印发文件，2002 年 6 月 29 日，经第九届全国人民代表大会常务委员会第 28 次会议审议通过，颁布《中华人民共和国科学技术普及法》。这是世界上第一部科普法，对我国科普的组织管理、社会责任、保障措施、法律责任等做出规定，确立我国科普工作的法律地位，为科普事业的发展提供了法律保障。《中华人民共和国科学技术普及法》明确规定，科协是科普工作的主要社会力量。科协组织开展群众性、社会性、经常性的科普活动，支持有关社会组织和企业事业单位开展科普活动，协助政府制订科普工作规划，为政府科普工作决策提供建议。

这个阶段，我国经济社会发展较快，综合国力迅速提高。随着科学技术的发展，科普迅速引起全社会的重视。市场机制的逐步建立，科普的公益性、法制化等特性得以强化。科普的基本理念是以需求为导向，突出全民性、社会化、经常性的基本特性，增强政府对科普的主导地位，实施全社会动员，科普的工具和手段得到改善。

（三）将提高全民科学素质作为科普根本任务

针对我国公民科学素质与世界发达国家相比差距甚大、严重影响和制约我国经济社会发展的实情，1999 年 11 月 30 日，在庆祝中华人民共和国建国 50 周年之际，一批科学家在中国科协常委会上提出，要顺利实现我国现代化建设“三步走”的战略目标，我国公众科学素质必须有相应的提高。为到建国 100 周年的 2049 年时，我国达到与中等发达国家经济社会发展程度相适应的、人人具备基本科学素质的水准，我国必须制订超长期、分地区、分人群、分阶段、滚动式的科学素质行动计划。根据专家们的意见，中国科协及时向中共中央、国务院提出关于实施《全民科学素质行动计划》（也称“2049 计划”）建议。2002 年 4 月，国务院批复并要求中国科协会同有关部门，在对不同发展阶段的国民科技素质标准以及工作目标、重点任务和推进措施进行深入、系统的研究基础上提出实施方案。在中国科协六届二次全委会议上，中国科协正式提出从2002年开始推动和组织实施"全民科学素质行动计划"。为此，中国科协会同中组部、中宣部、国家发改委、财政部、教育部、科技部、中国科学院、中国社科院、中国工程院、国家自然科学基金委、全国总工会、共青团中央和全国妇联等一起成立以中国科协主席周光召院士为组长的全民科学素质行动计划制订工作领导小组，建立工作办公室，发动数百位专家开展课题研究。2006年2月6日，《全民科学素质行动计划纲要（2006—2010—2020年）》正式颁布实施，从此开启我国现代科普新的历史发展时期，随后制订并实施纲要的"十一五"实施方案和"十二五"实施方案，实施10年来取得显著成效。2015年我国公民具备科学素质的比例达到6.20%，比2005年提高近3倍，进一步缩小与世界发达国家的差距。

四、新时代的强国型科普

中共中央、国务院印发《国家创新驱动发展战略纲要》，提出2020年进入创新型国家行列、2030年跻身创新型国家前列、2050年建成世界科技创新强国"三步走"目标（图1－4）。由此，新时代的科普必须紧密服务于建成世界科技强国。

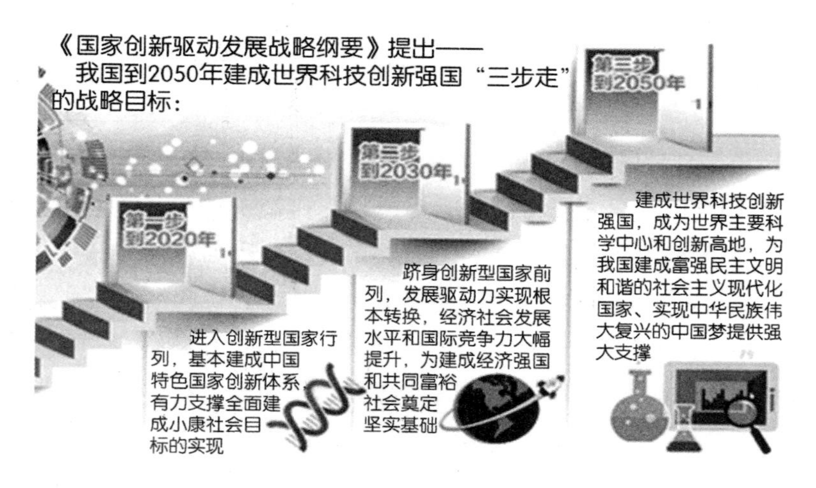

图1－4　我国建成世界科技创新强国"三步走"战略示意

（一）担当国家创新发展的历史重任

创新驱动是世界大势所趋，全球新一轮科技革命、产业变革和军事变革加速演进，科学探索从微观到宇观各个尺度上向纵深拓展，以智能、绿色、泛在为特征的群体性技术革命将引发国际产业分工重大调整，颠覆性技术不断涌现，正在重塑世界竞争格局、改变国家力量对比，创新驱动成为许多国家谋求竞争优势的核心战略。我国既面临赶超跨越的难得历史机遇，也面临差距拉大的严峻挑战。唯有勇立世界科技创新潮头，才能赢得发展主动权，为人类文明进步做出更大贡献。创新驱动是发展形势所迫，我国经济发展进入新常态，传统发展动力不断减弱，粗放型增长方式难以为继。必须依靠创新驱动打造发展新引擎，培育新的经济增长点，持续提升我国经济发展的质量和效益，开辟我国发展的新空间，实现经济保持中高速增长和产业迈向中高端水平“双目标”。

科技创新、科学普及是实现创新发展的两翼，要把科学普及放在与科技创新同等重要的位置。没有全民科学素质普遍提高，就难以建立起宏大的高素质创新大军，难以实现科技成果快速转化。习近平总书记在“科技三会”上的重要讲话，对于在新的历史起点上推动我国科学普及事业的发展，意义十分重大。

科普不到位，国家创新难。发达国家的经验也告诉我们，科技的进步和普及构成社会进步的一个内在动力。也就是说，要建设创新型国家，必须像重视科技创新一样重视科学普及。只有两者齐头并进，才能顺利实现从制造业大国向创新型国家的华丽转型。新时代的科普，必须紧紧围绕国家的创新发展，坚持把科普放在与科技创新同等重要的位置，广泛开展科技的教育、传播和普及活动，不断提高我国公民科学素质，为实现我们党在成立 100 周年时进入创新型国家行列、到新中国成立 100 周年时建成科技强国的宏伟目标，奠定更为坚实的群众基础、社会基础。①

（二）担当支撑世界科学中心转移的重任

世界科技强国必然是世界科学中心，要在 2025 年把中国建成世界科技强国，就必须把那时的中国建成世界科学中心。近代科学诞生以来，在每一个历史时期，总有一个国家成为世界科学中心，引领世界科技发展的潮流，经过大约一个世纪后转移他国。科学史家的研究表明，如果某个国家的科学成

---

① 评论员. 把科学普及放在与科技创新同等重要位置 [N]. 南方日报，2016-06-02.

果数占同期世界总数的25%以上，这个国家就可以称为世界科学中心。按照这一规律和标准，从16世纪的意大利到20世纪的美国，世界科学中心先后进行了四次大转移。①

视窗1-4　世界科学中心的转移

16世纪的意大利是第一个世界科学中心。意大利是欧洲文艺复兴运动的发源地，文艺复兴运动掀起欧洲思想解放的高潮，终结了近千年的中世纪黑暗时代。这一时期的意大利，不仅产生像但丁、达·芬奇这样的伟大诗人和艺术家，还出现一批以伽利略为代表的著名科学家，诞生《天体运行论》《星空信使》等一大批科学名著和天文望远镜等一批科学发明。这些科技成果极大地改变了人们对世界的看法，开创了崭新的实验科学新时代，近代科学第一个中心在意大利形成。但随着1600年布鲁诺被教会送上火刑柱，1642年伽利略的去世，意大利科学中心开始向北欧转移。

17世纪的英国是第二个世界科学中心。17世纪初，在弗兰西斯·培根科学思想的影响下，英国政府和社会普遍重视知识的价值，提倡科学实验，成立皇家学会，研究自然科学。学会周围云集了牛顿、虎克、波义耳、哈雷等一大批科学家，先后诞生牛顿力学、电磁场理论、进化论等一批科学理论。特别是1687年牛顿《自然哲学之数学原理》的出版，宣告牛顿力学的诞生，这是近代科学发展中第一件震撼世界的事件，也成为英国科学革命理论的顶峰。科学上的成就成为技术革命的先导，瓦特在前人的基础上发明完善了高效蒸汽机，蒸汽机技术和纺织机械技术的完美结合，引发英国第一次工业革命，从而改变整个生产和社会生活的面貌。1727年，随着牛顿的去世，英国科学技术开始急剧衰落。

18世纪的法国是第三个世界科学中心。18世纪初，法国经历一场空前的大革命，以狄德罗为代表的一批启蒙运动哲学家形成法国

---

① 世界科学中心［EB/OL］．［2017-05-26］．http：//baike. sogou. com/v63169629. htm? fromTitle=世界科学中心．

百科全书派。他们竭力提倡科学和民主，进行一次以反封建为主要内容的思想解放运动。同时，在牛顿科学理论的影响下，出现以拉格朗日、拉普拉斯、拉瓦锡等为代表的一大批卓越的科学家，出版《分析力学》《概率论的解析理论》和《化学纲要》等一批重要科学著作，使法国成为世界科学中心，到19世纪初进入高峰。但法国过于学院式的科研方式以及不重视科学成果的转化和应用，日益动摇法国世界科学中心的地位。

19世纪的德国成为第四个世界科学中心。德国科学的兴起始于19世纪初，首先进行大学改革，把教学与科学研究紧密结合起来，使德国成为世界上第一个创立导师制的国家。德国全新的科研教育体制，吸引许多世界最优秀的科学人才，成为科学研究的乐园，德国科学家不仅创立了细胞学说、相对论、量子力学等重大科学理论和学说，还为世界贡献爱因斯坦、玻尔、欧姆、高斯、李比希、霍夫曼等一大批顶尖科学家。德国还特别注重科技成果的应用，使德国在19世纪70年代一跃成为世界工业强国。德国先进的电气工业和光学工业，为德国科学家提供世界最先进的科学仪器，使德国科学家在电磁学领域做出一连串惊人的发现。但两次世界大战使德国经济受到重创，人才和资金大量流失，德国科学从此走向衰落。

20世纪的美国是第五个世界科学中心。美国科学的兴起一开始就站在巨人的肩膀上，不但继承英国科学的传统和德国科学的体制，而且特别重视科学人才的引进。在优越的科研环境下，造就了发明家贝尔、爱迪生，二次大战后又吸引爱因斯坦、费米、弗兰克、魏格纳、西拉德等一大批世界顶尖科学家，为美国科技发展做出了宝贵的贡献。世界各国优秀科学家的云集，使美国在整个20世纪引领世界科技发展的潮流，包括原子能、计算机、空间技术、微电子技术、生物技术、互联网技术等，使近70%的诺贝尔奖被美国科学家领走，至今仍保持着世界科学界领袖的地位。

世界的科学中心，一方面是国家政治、经济的巨变、崛起的结果，另外则在这个国家出现了以世界级科学家群体为特征，引领世界科学的发展方向，具有当时最有影响力的科学话语权。21 世纪的中国能否成为第六个世界科学中心？在 21 世纪的今天，世界科学中心话语权还执掌在欧美国家之中。由于现代科技发展存在越来越大的惯性，目前还没有明显的迹象表明世界科学中心将转移出美国。但随着新兴国家和地区经济、科技迅速发展的势头，世界科学中心可能呈现多中心的局面。因此，对中国来说，这既是挑战又是机遇。我们应按照世界科学中心转移的规律，高瞻远瞩，审时度势，制定积极的应对政策，站在全球科学巨人的肩膀上，凭借中华民族的勤劳和智慧，培养高度的中国文化自觉和文化自信，期待在 21 世纪或者不远的未来成为下一个世界科学中心。

一个国家要成为世界科学中心，首先是人们的思想得到前所未有的解放，有很高的公民科学素质，科学发展具备浓厚的思想文化基础；其次是要有促使本国人才迅速成长的教育制度和吸引他国人才最优的科研环境；再次是要注重科技成果的转化和应用，实现高新技术产业化，积累雄厚的物质基础，推动经济、社会和文化全面发展；最后是要制定独创的科学发展战略和鼓励原始创新的科技政策，大力倡导自由探索的学术氛围。① 我国现代科普价值的演进见图 1－5。新时代的科普，必须紧紧围绕建成世界科技强国的目标导向，

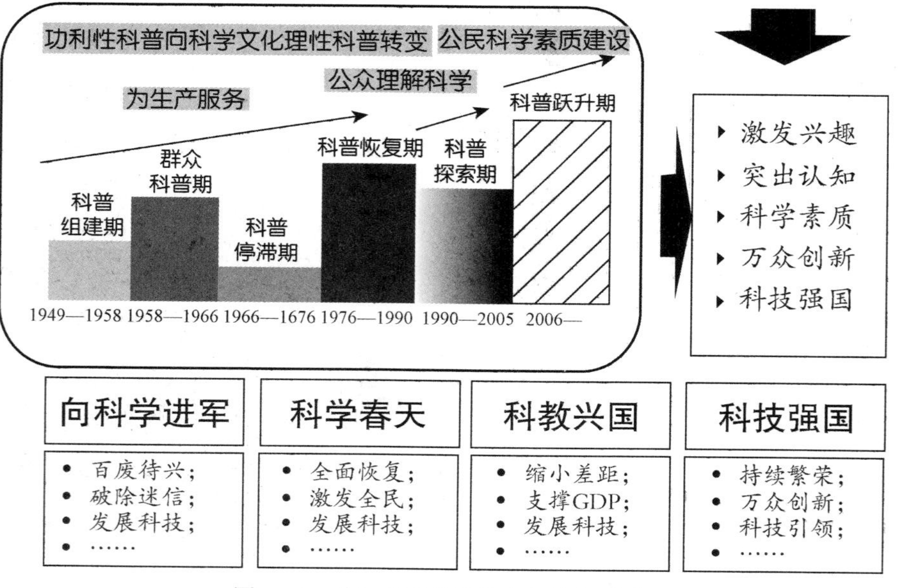

图 1－5　我国现代科普价值的演进示意

① 探索猫. 世界科学中心的转移与顶级科学家的诞生［EB/OL］.［2017－03－24］. http：//www.cn1n.com/history/powers/20170324/437395352.htm.

大力提升科普服务供给和在全球的引领能力，努力成为世界科普强国和公民科学素质强国。

第三节　新时代科普发展的新命题

当今世界，创新是引领发展的第一动力，科技创新为经济社会发展提供强劲动力，新一轮科技和产业革命的兴起对人类社会发展的影响程度前所未有。面对这种新形势、新要求，新时代的科普肩负着前所未有的强国使命，面临系列新的命题。

一、适应科技与产业革命新要求

进入21世纪以来，新一轮科技和产业革命正在创造历史性机遇，催生互联网+、分享经济、3D打印、智能制造等新理念、新业态。科技和产业革命对新时代的科普提出新的更高要求。

（一）适应新一轮科技革命的新要求

世界范围内新一轮科技革命和产业变革正在兴起。多学科多领域并进发展、重大基本科学不断孕育新突破、跨学科的交叉融合、跨界的系统集成创新、人本化的智能技术高速发展。以信息技术为引领，生物技术、新材料技术、新能源技术等技术群广泛渗透，交叉融合，带动以绿色、智能、泛在为特征的群体性技术突破，重大颠覆性创新不时出现。2013年3月4日，习近平总书记在全国政协科协、科技界委员联组会上发表重要讲话时指出，现在世界科技发展有这样几个趋势：一是移动互联网、智能终端、大数据、云计算、高端芯片等新一代信息技术发展将带动众多产业变革和创新；二是围绕新能源、气候变化、空间、海洋开发的技术创新更加密集；三是绿色经济、低碳技术等新兴产业蓬勃兴起；四是生命科学、生物技术带动形成庞大的健康、现代农业、生物能源、生物制造、环保等产业。

视窗1－5　最近搅乱世界的3项科学成果

我们看到的世界，仅仅是整个世界的5%。这和1000年前人类不知道有空气，不知道有电场、磁场，不认识元素，以为天圆地方相比，我们的未知世界还要多得多，多到难以想象。随着搅乱了世界的3项科学成果的出现，公众对当代科技最前沿发现愈发感兴趣，随之科学发展观也在改变。

一是暗物质的发现。我们原来认识的宇宙形态，是星球与星球之间通过万有引力相互吸引，你绕我转，我绕他转，星球们忙乱而有序。但后来，科学家通过计算星球与星球之间的引力发现，星球自身的这点引力远远不够维持一个个完整的星系。如果星系、星球间仅仅只是现有质量的万有引力支持的话，宇宙应是一盘散沙。

宇宙之所以能维持现有秩序，只能是因为还有其他物质。这种物质，目前为止我们都没有看到并找到，所以称之暗物质。科学家通过计算，要保持现在宇宙的运行秩序，暗物质的质量，必须5倍于我们现在看到的物质。现在没有真正地测到暗物质，只是能发现光线在经过某处时发生偏转，而该区域没有我们能看到的物质，也没有黑洞。黑洞不是暗物质，黑洞只是光出不来，它发出其他射线，它仍然是常规物质。

二是暗能量。科学家观测发现，现在的宇宙不仅在不断膨胀，而且在加速膨胀。匀速膨胀还可以理解，加速膨胀，就需要有新的能量的加入。这能量是啥？科学家也搞不清，取名叫暗能量。科学家通过计算，通过质能转换方程 $E=mc^2$ 计算，要维持当前宇宙的这种膨胀速度，暗能量应该是现有物质和暗物质总和的1倍还要多。目前为止，没有找到暗能量。

三是量子纠缠。现代科学发现，对物质的研究，在进入分子、原子、量子等微观级别后，意外非常大，出现了超导体、纳米级、石墨烯等革命性的材料，出现从分子水平治愈癌症的奇迹，而最神奇的是——量子纠缠。即两个没有任何关系的量子，会在不同位置出现完全相关的相同表现。如相隔很远（不是量子级的远，是千米、光年甚至更远）的两个量子，之间并没有任何常规联系，一个出现状态变化，另一个几乎在相同的时间出现相同的状态变化，而且不是巧合。量子纠缠是经理论提出，实验验证了的。科学家已经实现了6—8个离子的纠缠态。我国科学家实现了13千米级的量子纠缠态的拆分、发送。

我们原来认为世界是物质的，没有神，没有特异功能，意识是和物质相对立的另一种存在。现在发现，我们认知的物质仅仅是宇宙的5%。没有任何联系的两个量子，可以如神一般发生纠缠。把意识放到分子、量子态去分析，意识其实也是一种物质。

随着搅乱了世界的3项科学成果的出现，公众的疑问就来了。既然宇宙中还有95%的我们不知道的物质，那灵魂、鬼是否可以存在？既然量子能纠缠，那第六感、特异功能是否也可以存在？同时，谁能否定在这些未知的物质中，有一些物质或生灵，它能通过量子纠缠，完全彻底地影响我们的各个状态？于是，神是否也可以存在？这些都需要科普，需要为公众释疑解惑。

现在所有的物理学理论，都以光速不可超越为基础。而据测定，量子纠缠的传导速度，至少4倍于光速。科技发展到今天，我们看到的世界，仅仅是整个世界的5%。这和1000年前人类不知道有空气，不知道有电场、磁场，不认识元素，以为天圆地方相比，我们的未知世界还要多得多，多到难以想象。世界如此未知，人类如此愚昧，我们还有什么物事，必须难以释怀？①

新一轮科技革命很可能在生命科学、物质科学以及它们交叉的领域出现。因为人的生命和健康中未知的东西非常多，有很多、很大的问题需要探索，有很多新的理论需要建立。建立新的理论并得到应用，会使人们的生活质量和生存质量有很大改善，甚至会带动新产业的发生。中国错失了前四次科技革命的机遇。第五次科技革命中，中国也只是一个跟踪者，而且是一个没有取得优良成绩的跟踪者，即将到来的第六次新科技革命涉及科学和技术的深刻变革，为中国科技发展提供难得机遇。中国再不能与其失之交臂，中国必须要抢抓机遇，前瞻布局，以期在新一轮科技革命中赢得主动。② 新时代的科

---

① 科学的最高层次是证明“迷信”的真实存在. [EB/OL]. [2017-05-29]. http://www.sohu.com/a/144497176... 705226.

② 白春礼. 勇做第六次科技革命的领头羊 [R]. 在第十三届中国科协年会开幕式特邀报告，2011-09-21.

普，肩负伟大历史使命，要大力传播普及科技革命的成果，赢得社会的理解和支持，大力营造理解科技创新、支持科技创新、参与科技创新的良好创新文化氛围。

（二）适应新一轮产业革命的新要求

随着新技术、新产业的发展，不同产业之间边界渐趋模糊，新兴产业的空间巨大广阔。信息化时代的迅猛发展，依托新技术的新模式、新业态，将在短时间内改变产业发展路径，甚至能够对全球范围内的产业格局重新洗牌，全球范围的颠覆性产业创新还会进一步发生，将会给产业组织模式带来根本性变化。产业革命的深入发展，将给我国国民经济发展带来严峻挑战，同样也为我国抓住新一轮科技和产业发展先机提供了有利条件。中国作为后发国家，必须从前瞻性的视角出发，选择科学的产业发展战略，最大限度地趋利避害，在激烈的全球产业竞争中赢得潜在优势。

即将出现的新一轮产业变革与我国加快转变经济发展方式形成历史性交汇，为我国实施创新驱动发展战略提供难得的重大机遇。放眼全球，当前世界正处于第三次工业革命的“入口”上，我国与美国等发达国家基本处于同一起跑线上，能否抓住这一历史机遇，是中华民族能否实现伟大复兴、重回世界之巅的关键一招。新时代的科普，要适应新一轮产业革命的这些新要求，要肩负新的历史使命，要大力普及和传播新技术、高技术知识，更新科技理念，培养新技能、提高应用新产品的能力，增强全社会理解产业变革、适应产业变革、参与产业变革的能力。

（三）适应万物互联时代的新要求

当今世界处在一个特殊的时期，移动互联网已经发展到巅峰阶段，新的互联网形态——万物互联正在产生。移动互联网整合了社会闲置资源，产生新的商业模式。互联网也开始渗透进各行各业，“互联网+”是在推动传统行业转型升级，创造新业态。未来是万物互联的时代，智能设备将会改变产业，彻底改变我们的生活。

万物互联无处不在，从人与人联结到人与物、物与物联结，一切被数字化和联结；泛在智能如影随形，从人与人到万物之间的智慧互动与智能升级；虚拟世界包罗万象，通过增强视频以及虚拟现实/增强现实技术（VR/AR）等技术的广泛应用，使虚拟与现实世界完美结合，呈现精彩无限的新世界，丰富人类对世界的想象和认知；云计算日益普及，业务普遍云化，云端提供一切，云端支撑一切；共享经济成为潮流，成为新数字经济时代商业模式创新主旋律，设施、资源、能力、软件等皆可开放共享。不远的将来，这些趋势将推动人类生产和生活方式的巨大变革。① 新时代的科普，要适应以互联网为支撑的人与人互联，到以物联网、云计算、大数据为支撑的人与物互联，以人工智能、生物计算等技术为支撑的智慧互联和人机融合时代来临，牢牢把握万物互联对人类生活、产业变革的趋势，遵循科学传播的基本规律，重构科普的新格局和新生态。

二、开启后科学素质纲要新时代

20 世纪 90 年代中期，我国教育界和科技界的有识之士开始敏锐地关注到美国的“2061 计划”。1999 年 11 月，中国科协提出《关于实施全民科学素质行动计划的建议》，当时简称“2049 计划”，提出到 2049 年使 18 岁以上全体公民达到一定科学素质标准，使全体公民了解科学知识，并学会用科学态度和科学方法判断及处理各种事物。该建议很快得到中央的采纳，并在 2006 年由国务院颁布实施《全民科学素质行动计划纲要（2006—2010—2020 年）》（以下简称《科学素质纲要》）。该纲要提出全民科学素质行动计划在“十一五”期间的主要目标、任务与措施和到 2020 年的阶段性目标，旨在全面推动我国公民科学素质建设，通过发展科学技术教育、传播与普及，尽快使全民科学素质在整体上有大幅度的提高，实现到 21 世纪中叶我国成年公民具备基本科学素质的长远目标。目前。该纲要实施取得显著成效，但其规划期仅到 2020 年，亟须对该纲要的接续——2020 年后的中国长远的公民科学素质建设进行战略谋划和超前设计。

到中华人民共和国成立 100 周年时，我国将基本上实现现代化，成为富强、民主、文明的社会主义国家。国民科学素质强，则国家强；国民科学素质现代化，则国家现代化。国民科学素质是立国、强国之本，高科学素质的国民是实现现代化的前提。中国的现代化根本在人的现代化，所谓人的现代化，就是国民包括科学素质在内的综合素质要与时代同步提升。在 2020 年全面实现小康后，在实现建设世界科技强国、实现中华民族伟大复兴中国梦征

---

① 中兴通讯：万物互联时代的五大趋势［J/OL］．［2016 - 08 - 26］．http：//chuansony.me/n/575332534148.

程中，如何确立我国公民科学素质建设的方针原则和奋斗目标；如何增加我国公民科学素质服务供给；如何形成“大众创业万众创新”的生动社会局面，全面提升国民创新创造能力；如何推进公民科学素质现代化，全面跨越提升国民科学素质，达到世界发达国家公民科学素质的水平……都是科普强国时代摆在我国教育界、科技界、科普界的重大命题。

三、迈向科普供给侧改革新征程

长期以来，科协组织作为提供科普公共服务的社会组织，对推动我国科普事业发展做出巨大贡献。随着科普强国时代的到来，传统科普要素驱动力不断减弱，科普供给侧创新成为驱动新时期科普发展的新引擎、新常态，解决我国科普公共服务供给总量不足、供给不平衡和供给效率不高等问题成为主要任务，因此科普供给侧改革是科协组织的新时代的重大命题。

中国科协八大后，按照时任中国科协常务副主席、党组书记、书记处第一书记陈希同志的要求，在深入总结《科学素质纲要》实施工作和科普工作经验基础上，凝练出科协科普的工作域，其表述语为“一主线、三重点、两推动”。随着科普信息化的推动，2015 年底在制定《中国科协科普发展规划 2006—2020 年》时，科协科普的工作域的内涵和外延都有所拓展，其表述语为“一主线、一核心、三重点、两推动”。

一主线。科协组织科普工作要以推动《科学素质纲要》实施为工作主线。《科学素质纲要》中规定，国务院负责领导《科学素质纲要》的实施工作，中国科协要发挥综合协调作用，会同有关方面共同推进公民科学素质建设。党中央、国务院的要求，明确科协组织在全民科学素质工作的职能。这要求各级科协组织必须把推动《科学素质纲要》实施工作作为科普工作的主线。

一核心。科协组织要以科普信息化为核心。以数字化、网络化、智能化为标志的信息技术革命日新月异，互联网日益成为创新驱动发展的先导力量，深刻改变着人们的生产生活。信息化日益成为科普创新驱动发展的先导力量，成为引领科普现代化的技术支撑。这要求各级科协组织必须把推进科普信息化作为目前和今后相当长时期科普工作的核心，充分运用先进信息技术，有效动员社会力量和资源，丰富科普内容，创新表达形式，通过多种网络便捷传播，利用市场机制，建立多元化运营模式，满足公众的个性化需求，提高科普服务供给的时效性、覆盖面和获得感。这是科普适应信息社会发展、保持先进性的必然要求。

三重点。一是科协组织要着力科普内容资源开发与分享。科普资源，特别是科普内容和信息资源是开展科普的前提和基础，着力科普资源开发与共享服务是科协科普工作的永恒主题。科协组织必须发挥其开放型、枢纽型、平台型的组织优势，树立众创、众包、众扶、众筹、分享的科普资源观，努力促进教育科普资源、科研科普资源，以及企业和社会其他方面科普资源的开发共享，拓展科普资源工作的内涵和外延。二是着力科普阵地与条件建设。科普阵地和条件是开展科普服务的支撑，着力科普阵地与条件建设是科协科普工作的要务。要以科普理论和政策、基础设施、基层科普组织、跨媒体科普传播服务网络等建设为重点，构筑覆盖城乡的科普阵地、科普传播服务和科普组织网络，完善科普功能，改善科普条件，完善中国特色的公民科学素养调查体系，增加科普服务供给，提升服务质量水平。三是着力科普的社会动员机制建设。发挥科协组织作为人民团体、提供科技类社会化公共服务的社会组织、国家科技创新体系组成部分的特点和优势，坚持“围绕中心、服务大局”“大联合大协作、搭建平台”的工作方式，充分用好“名”“利”“权”“情”科普驱动机制，以指导引领、经验推广、示范活动、创建命名、激励表彰、项目引导等多种手段，广泛深入地发动广大科技工作者、教育工作者、媒体工作者，以及社会公众等深度、持续参与科普，不断增强科协组织的科普社会动员的广度、深度和力度，以及连续性和持续性。

两推动。科协组织科普工作要推动科普人才建设和科普产业发展。一方面，推动科普人才建设。科普人才是科协科普工作的第一资源，没有一支宏大、结构合理、素质优良的科普人才队伍，科普工作也就无从谈起。要积极推动高校对专门科普人才的培养（预期职业化）。同时，要努力做好自身专兼职科普人员继续教育培训（继续职业化）。另一方面，推动科普产业发展。科普是公益性事业，推动公益性科普事业的发展，科协科普工作既要靠政府“有形的手”的推动，也要充分利用市场“无形的手”的推动。科普产业发展有利于提高科普产品和服务效能，为科协科普事业发展提供有力支撑。

在科普强国时代，科协组织如何实现科普服务战略的转移，如何建立适应新时代要求的科普组织体系和体制机制，如何建设科普队伍和核心团队，如何搭建新型的科普连接平台，如何适应信息化时代科普公共服务供给的新要求，如何与公共部门、企业与社会力量合作，如何实现科普供给侧与科普需求侧的契合……都将是新时代科协组织科普服务供给侧遇到而且必须解决的关键问题。

四、攻克科普发展的关键性难题

随着科普实践不断推进，科普进入新时代，科普理论建设需要建构和完善。科普作为科技与教育、传播、社会等学科的融合跨界和交叉应用领域，不断随着这些领域理论和实践的进步而进步。但长期以来科普的理论落后于科普实践需要，落后于时代发展的要求。新时代的科普理论和实践，迫切需要在一些重大性、关键性题目上取得实质性突破。①

（一）破解科普“自圆自洽难题”

做任何事情都得有个说法，科普也是如此。实践是理论的基础，理论是人们思维活动的产物，是实践的先导。在科技日新月异发展的今天，科普越来越受到人们的关注，迫切需要构建一个完善的科普理论体系，这已成为科普事业进一步发展的迫切要求。实践中，科普尚缺乏一套能够严谨、自洽、自圆的理论系统，科普理论研究的滞后已形成对科普学科体系建设、人才培养、科普工作规律把握等的重大障碍，也阻碍科普事业的创新发展。这就是长期以来困扰科普界的所谓“自圆其说难题”。

理论是由对象、概念、逻辑及其符号诸种要素所构成的知识系统或体系。不能认为，凡是人们有关科普思维活动的产物，就一定是科普理论。人们有关科普思维活动的产物，必须在具备相关的各种规则的条件下，才能将其称为科普理论。科普理论的系统或体系构成，与其他客观事物的构成一样，总是由各种相关的要素与其结构所形成。构成科普理论系统或体系的基本要素包括科普对象、概念、逻辑和符号。科普相关的客观事物运动现象，即为科普理性思维活动的对象；对科普理性思维活动对象本质属性的抽象与概括，即为科普理论的概念；对科普理性思维活动的推理，即为科普理性思维活动的逻辑；对科普理性思维活动的文字、语音及图像描述和表达，即为科普理性思维活动对象的符号。

20 世纪 90 年代以来，我国科普界再演继鸦片战争之后的“西学东渐”现象，国外的科普思潮犹如多米诺骨牌效应，撞倒了国内的接龙，引起一连

---

① 齐培潇、郑念、王康友等同志参加本部分讨论和部分初稿撰写，在此表示衷心的感谢！

串反响，牵动社会各界参与其中，促进我国科普事业的发展。这种外来思潮已经20多年，但细究起来却有些遗憾，一方面是对这些科普思想缺乏真实、全面、深入的了解和理解；另一方面是对于引进的科普思想，习惯于单纯模仿或停留于口头的旧套，以致犯下邯郸学步的低级错误。① 当前，科普理论系统或体系的对象、概念、逻辑和符号都不够完善，如科普客观规律、科普的定义、科普的方法等研究远远不够，不能有效指导和引领科普实践和创新。我国科普理论和实践如何实现从跟踪模仿到自主创新的彻底转变，如何全方位建构并完善现代科普理论体系，是新时期我国科普的重大命题。

（二）破解科普的“钱学森追问难题”

为什么我们的学校总是培养不出杰出人才？这是钱学森生前的疑问——被誉为“钱学森之问”，也是钱老的临终遗言，非常沉重，却不容我们回避。实际上，我们可以回答，答案可能就是我们的学校总是培养不出具备科学素质的学生。

据《中国教育年鉴》统计，新中国成立后，党和政府非常重视教育事业的发展，逐步建立起一个学科门类齐全，学历教育与非学历教育相互配套的人力资源培养体系，取得令人瞩目的成就。1949—2015年，我国高等教育培养的本专科毕业生数总计超过1亿人，特别是1999年大学扩招后年平均招生规模达到600万名，2015年仅全国大学生在校人数就达到3700万名；进入21世纪，我国九年义务教育的普及迈上一个新台阶，全国普及九年义务教育人口覆盖率达到99%以上；职业教育持续快速发展，每年招生规模达到810万人。

据国家统计局发布数据②，2016年全年研究生教育招生66.7万人，在学研究生198.1万人，毕业生56.4万人；普通本专科招生748.6万人，在校生2695.8万人，毕业生704.2万人；中等职业教育招生593.3万人，在校生1599.1万人，毕业生533.7万人；普通高中招生802.9万人，在校生2366.6万人，毕业生792.4万人；初中招生1487.2万人，在校生4329.4万人，毕业生

---

① 任福君. 中文版序 [M] //程东红，等. 以人为本的科学传播——科学传播的国际实践. 张礼建，等译. 北京：中国科学技术出版社，2012.

② 中华人民共和国国家统计局. 中华人民共和国2016年国民经济和社会发展统计公报 [EB/OL]. [2017-02-28]. http://www.stats.gov.cn/tjsj/2xfb/201702/t20170228-1467424.htm.

1423.9 万人；普通小学招生 1752.5 万人，在校生 9913.0 万人，毕业生 1507.4 万人；特殊教育招生 9.2 万人，在校生 49.2 万人，毕业生 5.9 万人。学前教育在园幼儿 4413.9 万人。九年义务教育巩固率为 93.4%，高中阶段毛入学率为 87.5%。

但有一个残酷的现实，在我国教育取得如此成就的背景下，到 2015 年我国公民具备基本科学素质的比例仅为 6.20%。设想一下，如果受过高等教育、中等教育的毕业生中，绝大多数都具有科学素质，我国公民具备基本科学素质的比例何止这 6.20%。显然，“钱学森之问”背后还隐藏着一个“钱学森追问”——为什么我们的学校不仅培养不出杰出人才，而且还培养不出具备科学素质的劳动者？

这是为什么？一是因为科普遇上应试教育，导致科技教育在学校的重视和落实不完全到位；二是因为不少学校，缺乏培养杰出人才和提高学生科学素养的机制。青少年是科普的核心对象，学校阶段是一个人科学素质养成的黄金时期，学校教育是科学素质提高的根本途径和渠道。新时代的科普理论和实践亟须破解科普的“钱学森追问难题”。

（三）破解科普的“迭代难题”

科普基于公众认知、生产生活需要，是科技的伴生物和有机延伸。科技的发展、社会的进步、公众需求的变化，以及政治、经济、文化、社会等的变化都会影响科普。科普具有特殊的时代性，科普如何跟上时代步伐。这就是科普理论和实践中遭遇的科普“迭代难题”。

在世界近现代科技史上，有过几次较大的、有影响的科普。第一次是学者以科普创作为手段，在 17—19 世纪中叶进行的前科学普及；第二次，从 19 世纪中叶到 20 世纪 70 年代，新涌现的科学家和科普作家、文学家一起进行科普创作，通过书刊、广播、电视媒体传播及博物馆、科技馆等设施展示的传统科普。时代在飞速发展，新一轮全球科技革命席卷而来，信息技术发展更是一日千里，“互联网 +”“大数据”让物流、信息流、资金流发生根本改变，人民群众的科普需求日益增长和多元化，科普信息化建设与需求之间还有不小差距，科普必须紧跟时代步伐，加快信息化与科普的深度融合，推进科普服务实现深刻变革。

科普“迭代难题”基于科普时代性产生，要求科普必须体现先进性、时代性、创新性，从内容到形式都要彰显时代的鲜明特征，表现时代的潮流。科普工作本身的方法、手段当中包含着创新，越来越需要与时俱进。随着国民受教育程度和科学素质的提高，科技知识传播的速度和范围，以及人与人平等分享知识的程度都是过去所不能比拟的。① 科普创新非常重要，特别对青少年的科普教育不能老一套，要与时俱进，应以简单易懂的方式让高科技也能接地气，让更多人学习并欣赏科技创新的乐趣，共享科技创新给生活带来日新月异的变化。②

新时代的科普理论和实践，亟须破解科普的“迭代难题”，扣紧时代性，贴近社会、贴近实际、贴近生活、贴近群众，从科普内容、科普表达形式、科普服务模式等体现新潮、有料、易懂、管用。

（四）破解科普的“路径依赖难题”

随着中国的改革开放和社会转型发展，“红二代”“官二代”“富二代”“穷二代”曾成为舆论的热门词语，高度关注的背后其实是人们期待破解这种“传承怪圈”“路径依赖”，回到公平竞争的社会环境。

在科普领域，有体制和机制原因，也有不同程度的类似现象存在。如一些政府直接兴办或支持兴办的科普事业单位、科普社会团体等科普公共服务机构，在市场竞争中依仗其政府支持的背景，不思进取、不求创新，科普服务不专业、不精深，却配置丰厚的科普公共资源；一些政府直接兴办或支持兴办的传统科普企业，如科普出版机构、科普传媒、科普影视、科普报纸和期刊等，在面向市场竞争中，依仗继承的科普公共丰厚财富资源（如土地、房产、书号、刊号、传统业务等），思想僵化、怕竞争怕失败、穿新鞋走老路、无公益心、谋求小团体利益、不创新不改革，科普产品无档次、服务无品味，远远不能适应新时代科普服务的需求。

如何充分利用市场竞争机制，通过深化改革和机制创新，激发科普各路人马的活力，释放其潜在的巨大科普服务能力，以切实增强国家科普公共服务能力、改善科普供给，是新时代科普亟待破解的又一难题。

（五）破解科普的“最后一公里难题”

科普供给侧到科普需求侧，永远面临“最后一公里”的困境，也被誉为“供给侧难题”。科普的“最后一公里难题”，是指如何让人民群众真正享受

---

① 路甬祥．科普工作应与时俱进［J］．科技导报，2014，32（21）：卷首语．

② 姜广秀．科普不能老一套要与时俱进［EB/OL］．［2017－04－18］．http：//www.admin5.com/article/20170418/737133．shtml．

到自己所需的科普服务实惠，有实实在在的科普服务获得感。

新时代的科普理论和实践，亟须破解科普的“最后一公里难题”。目前的主要难题包括：一是科技创新与科普“两张皮”。我国公众的获得感并没有随着科技研发投入的增加而相应提高。不仅如此，还出现反对转基因、反智能化等社会潮流。据国家统计局发布数据①，2016 年研究与试验发展（R&D）经费支出 1.55 万亿元，比上年增长 9.4%，与国内生产总值之比为 2.08%，其中基础研究经费 798 亿元。全年国家重点研发计划共安排 42 个重点专项 1163 个科技项目，国家科技重大专项共安排 224 个课题，国家自然科学基金共资助 41184 个项目。截至 2016 年年底，累计建设国家重点实验室 488 个，国家工程研究中心 131 个，国家工程实验室 194 个，国家企业技术中心 1276 家。国家科技成果转化引导基金累计设立 9 支子基金，资金总规模 173.5 亿元。二是对科普需求侧的精准把握，即如何知道公众的真实科普需求、如何细分科普的个性需求等。三是科普供给侧的创新提升，即如何破除科普供给侧的干部思维和客户思维、如何精细分类科普供给服务产品、如何精准匹配科普的个性化需求等。四是科普公共服务模式的创新，即如何将现代最新信息技术应用到科普服务中、如何通过科普社会计算动态感知每位公众的科普需求、如何建立和维护基于信息社会的科普生态、如何建立和实行基于信息时代的科普动员体系等。五是科普管理和支撑体系的创新，即如何建立完善国家科普法律法规的制度体系、如何创新可持续和高效的科普公共服务产品供给模式等。

---

① 中华人民共和国国家统计局. 中华人民共和国 2016 年国民经济和社会发展统计公报 [EB/OL]. [2017-02-28]. http//www.stats.gov.cn/tjsj/2xfb/201702/t20170228-1467424.htm. 2017-02-28.

第二章　新时代的科普需求

当今时代，国际竞争日趋激烈，国家与国家之间的竞争，说到底是人才和国民科学素质的竞争，是民族创新能力的竞争。实践证明，一个重视科普的民族，一个具有科学精神的民族，才是真正有生机、有希望的民族。在新的时代，科普面临全新的时代主题、全新的外部环境、全新的需求变化。

第一节　创新驱动发展对科普的新要求

党的十八大做出实施创新驱动发展战略决策，强化科技创新是提高社会生产力和综合国力的战略支撑，并把科技创新与科学普及摆在同等重要的位置，创新驱动发展对新时期的科普供给提出新挑战和新的更高要求。

一、创新驱动发展事关中华民族命运

2016 年 5 月，中共中央、国务院颁布的《国家创新驱动发展战略纲要》指出，创新驱动就是创新成为引领发展的第一动力，科技创新与制度创新、管理创新、商业模式创新、业态创新和文化创新相结合，推动发展方式向依靠持续的知识积累、技术进步和劳动力素质提升转变，促进经济向形态更高级、分工更精细、结构更合理的阶段演进。

创新驱动是国家命运所系。国家力量、国家自信的核心支撑是科技创

新能力，创新强则国运昌，创新弱则国运殆。我国近代落后挨打的重要原因是与历次科技革命失之交臂，导致科技弱、国力弱。实现中华民族伟大复兴的中国梦，必须真正用好科技这个最高意义上的革命力量和有力杠杆。

创新驱动是世界大势所趋。全球新一轮科技变革、产业变革和军事变革加速演进，科学探索从微观到宇观各尺度上向纵深拓展，以智能、绿色、泛在为特征的群体性技术革命将引发国际产业分工重大调整，颠覆性技术不断涌现，正在重塑世界竞争格局、改变国家力量对比，创新驱动成为许多国家谋求竞争优势的核心战略。我国既面临赶超跨越的难得历史机遇，也面临差距拉大的严峻挑战。唯有勇立世界科技创新潮头，才能赢得发展主动权，为人类文明进步做出更大贡献。

创新驱动是发展形势所迫。我国经济发展进入新常态，传统发展动力不断减弱，粗放型增长方式难以为继。必须依靠创新驱动打造发展新引擎，培育新的经济增长点，持续提升我国经济发展的质量和效益，开辟我国发展的新空间，实现经济保持中高速增长和产业迈向中高端水平“双目标”。

当前，我国创新驱动发展已具备发力加速的基础。经过多年努力，科技发展正在进入由量的增长向质的提升的跃升期，科研体系日益完备，人才队伍不断壮大，科学、技术、工程、产业的自主创新能力快速提升。经济转型升级、民生持续改善和国防现代化建设对创新提出了巨大需求。庞大的市场规模、完备的产业体系、多样化的消费需求与互联网时代创新效率的提升相结合，为创新提供了广阔空间。中国特色社会主义制度能够有效结合集中力量办大事和市场配置资源的优势，为实现创新驱动发展提供了根本保障。同时也要看到，我国许多产业仍处于全球价值链的中低端，一些关键核心技术受制于人，发达国家在科学前沿和高技术领域仍然占据明显领先优势，我国支撑产业升级、引领未来发展的科技储备亟待加强。适应创新驱动的体制机制亟待建立健全，企业创新动力不足，创新体系整体效能不高，经济发展尚未真正转到依靠创新的轨道。科技人才队伍大而不强，领军人才和高技能人才缺乏，创新型企业家群体亟须发展壮大。激励创新的市场环境和社会氛围仍需进一步培育和优化，创新关键在于价值创新。

视窗2-1　创新关键在于创造新的价值

当关注“中国制造2025”等宏大战略的时候，往往容易忽视每一个企业面临的实际困境。面对“制造业日子不好过”的现实问题，制造业企业纷纷寻求转型升级，却面临着高概率的失败可能。阚雷调研了1135家制造业企业，涵盖汽车制造、装备制造、生物医药、基础材料、食品饮料、服装制造、图书印刷等各种领域。通过调研，他发现了这些制造企业，是如何在转型升级中把自己玩死的。

第一是巨婴病。在1000多家制造企业里，70%都感觉四面楚歌，渠道、店铺全军覆没，人力、材料成本日日攀升，靠传统方式难解困境，放眼一望四面八方都是互联网。于是，这些企业纷纷开始“转型”，做吸尘器的改做机器人，做农机的改做无人机，做衣服的改做订制互联网平台，熙熙攘攘皆为贴上互联网。

很多人以为传统企业不懂互联网，但其实说起工业4.0、CPS、C2M、互联网+、智慧工厂这些新词，这些去过大大小小培训班的企业老总比谁都明白。但进车间一看，乱七八糟一塌糊涂，连20年前的基本精益生产都没有。所以，传统制造企业的困境与其说是因为外部环境的挑战，还不如说是自己内部作死。他们通过一次次美好而成功的战术，让自己最终陷入战略困境之网，越挣扎网子勒得越紧。

传统制造企业总是在两个极端上来回摆动，当听了某位大师的互联网思维讲座，一拍脑袋、豪掷千金；而这些“跨越式”发展的企业，一旦遇到挫折又立刻缩回来，变得比任何人都保守，高呼“实业难做”，企图让政府出手相救。中国的很多制造企业就像一个巨婴，不是大笑就是大哭，要么激进要么蜷缩，总不能根据自己的现状制订一个行之有效的战略。如今上至政府、下至企业，人人都在谈转型升级，但真正能够转型升级的少之又少。

第二是文盲病。2016年去过一家做轮胎设备的企业，对方讲了一堆转型升级的经验——先是“互联网+”的理念，然后是贾跃亭跨界颠覆生态化反理论，最后告诉我准备进军医疗行业，跟日本合作做一家带有互联网思维的医院。回来后我买了本新华字典送给他，扉页上写了“转型”两字。2017年他们投了重金的医院没搞起来，再见面时我告诉他当时送你字典，就是想让你查查——“转型”不是“转行”。一个企业贸然转到全新的行业，既没有行业经验，又没有客户基础和管理团队，失败是大概率事件。

德鲁克说过，“创新未必需要高科技，创新在传统行业中照样可以进行”。美国的创新型企业有3/4来自传统行业，只有1/4是来自科技行业。转型和创新都需要专注执着的“笨人”，专注在自己的行业，要像华为那样专注，几十年如一日地做通信设备，不炒股、不卖楼、不做金融、不上市。

传统制造企业没必要妄自菲薄，觉得自己所在这个行业没什么前途，一定要跨界到云里雾里的高科技行业去。并不是所有人都要去搞什么互联网、云计算、大数据、人工智能，你是炸油条的，就把油条炸好，炸成全世界最好的油条。转型的关键在于价值创新，为整个产业链赋予新的价值。没有价值创新，“转型”只能沦为“转行”。

第三是模式病。这几年互联网行业急速发展，像一个幽灵一样笼罩在中国经济的上空，给制造企业带来了一些不好的影响，就是迷信“模式创新”。今天的传统制造企业热衷于各种各样的“模式”，线下代理商不行了改做电商、微商、直播、社群营销，C2C、C2B、C2M、O2O、OAO，令人眼花缭乱。但无论建多少平台，自己的品牌与产品依旧不值钱。

其实无论什么模式，最终能让我们记住的，还是好的品牌和产品。无论模式如何变迁，渠道如何改变，品牌都能平移、跨越这些障碍。而品牌的背后，归根到底还是你的产品，能不能给客户和消费者以信任感。中国制造企业不要迷恋各种模式，在卖货的道路上一往无前地狂奔，归根到底，我们卖的还是产品。

第四是牛人病和老板病。如今许多制造企业面临困境时，想到的解决方法就是找牛人，挖大神。但过程往往是这样：蜜月期打得火热，时间一过发现没有效果，于是反攻倒算，最终不欢而散。通过一轮又一轮地引进牛人，制造业的企业家们终于得出一个结论：这些家伙都是大忽悠、大骗子。但事实上，当你迷信这些牛人、大神能解决所有问题的时候，这种结局就已经注定了。

关于牛人如何产生，很多制造业企业家的逻辑是这样的：一帮牛人（如阿里巴巴十八罗汉），凑到一起，才能做成一件非常牛的事，所以只要把这些牛人挖过来，就一定能把我的问题也解决了。但真相是，在一个特定的历史环境下，一群普通人组织到一起，通过协作加上点运气，做成了一件牛的事，于是所有的这些普通人都成了大神。所以，这些大神是在一个特定的时机、平台和资源下功成名就的，而你的企业能够匹配这些资源给他吗？你是想跟大神一起做一番事业，还是想要榨取他们手中的资源？今天做企业面对困难，并非因为缺少牛人，而是内部组织架构和沟通机制出了问题。当你的体制不行的时候，用一群牛人，还不如用一群怂人。

与牛人病相对的，是老板病——老板亲力亲为甚至独断专行，除了老板一个人拼死拼活地干活，其他人都是旁观者。在很多传统制造企业里，内部会议成为老板个人成功经验的交流会，传授成功致富秘籍的函授班。不可否认，传统企业家大都是依靠个人的聪明才智和人脉关系逐渐壮大起来的，但悲剧在于，这种成功对于企业家的束缚，已成为企业转型升级最大的障碍。他们相信万变不离其宗，既看不到变化，也不愿意变化，这种成功的老板在企业内部培养出一个依赖于这种成功的生态系统和作为既得利益者的元老团队。任何人都不能质疑这种成功经验，这股强大的保守力量，足以扼杀任何外来的新鲜血液。对于传统制造业企业家，尤其是曾经很成功的企业家，转型升级的第一步，就是要学会破除自己的权威。这个过程很痛苦、很艰难，但只有突破过往成功的束缚，才能迎来更大的成功。只有产业的新陈代谢，没有帝国的夕阳。①

在我国加快推进社会主义现代化、实现“两个一百年”奋斗目标和中华

① 阚雷．调研了1135家制造企业，终于明白他们是如何作死的［EB/OL］．［2017-05-25］．http：//www.92to.com/shehui/2017/05-25/22247496.html.

民族伟大复兴中国梦的关键阶段，必须始终坚持抓创新就是抓发展、谋创新就是谋未来，让创新成为国家意志和全社会的共同行动，走出一条从人才强、科技强到产业强、经济强、国家强的发展新路径，为我国未来十几年乃至更长时间创造一个新的增长周期。①

二、创新驱动发展必须厚植创新文化

建设世界科技强国，必须把科技创新摆在更加重要的位置。推动科技创新涉及诸多方面，培育良好的创新文化是重要基础。只有大力培育创新文化，才能为大众创业、万众创新，推动科技创新、建设世界科技强国提供良好的文化氛围和社会环境。

创新文化是指与创新活动相关的文化形态，是社会共有的、关于创新的价值观念和制度设计。它反映社会对创新的态度，这种态度体现为一种价值取向，映现社会是否对新思想、新变革容许、欢迎乃至积极鼓励。激发创造力是创新文化建设的目的。就科技创新而言，创新文化是影响创造性科研活动最深刻的因素，是科学家创造力最持久的内在源泉。鼓励创新的价值观念是创新文化的核心，而相应的制度设计是创新得以广泛开展和持续进行的保证。因此，从广义上说，创新文化体现在鼓励创新的价值观念和相应的制度设计这两个层面。②

作为价值观念形态的创新文化，包括有利于科技创新的思想、态度、信念等。其中，最重要的是科学精神和企业家精神以及由此形成的道德准则、行为规范，如科学共同体内部的科学道德准则和行为规范、科技成果应用于社会所应遵循的科技伦理、科学家的社会责任等。科学精神是在科学漫长的发展历史中逐步积累形成的优良传统、认知方式、态度作风、行为规范和价值取向等，表现为求真务实、诚实公正、怀疑批判、协作开放等精神。技术创新的主要驱动力量是企业和企业家，技术创新呼唤企业家精神。企业家精神的核心价值表现为崇尚竞争、勇于变革、敢冒风险、追求卓越、奉献社会等。在全社会培育创新文化，就要大力弘扬科学精神和企业家精神，在全社会倡导崇尚理性、尊重知识、勇于竞争、鼓励创新、

① 国家创新驱动发展战略纲要 [M]. 北京：人民出版社，2016.

② 李惠国. 创新文化是科技创新的重要元素 [N]. 人民日报，2016-09-25.

宽容失败。

作为制度形态的创新文化，是指科技创新活动顺利开展应具有的体制机制、管理制度、法律法规等。制度形态的创新文化既包括科学共同体内部的评价、荣誉、竞争、成果共享等各项制度和规则，也包括国家的科技政策、规划等。制度构建了科技创新活动最重要的科研环境和保障机制，调节创新资源的配置，引导创新主体的价值取向，规定相应的评估标准和激励方式。制度形态的创新文化通过持续不断的作用，逐步塑造科技工作者的行为模式，并影响着全社会对科技创新活动的态度和看法。

当今时代是科技创新主导发展的时代，科技创新方式从原来注重单项突破的线性模式，转向更为注重多学科交叉融合的非线性模式；创新组织从以往相对独立的组织形态，转向多机构协同的创新体系；创新活动与人文伦理价值观的联系日益密切。与此相适应，创新文化也表现出许多新的特征：在创新思维模式上，具有更大的发散性和更强的兼容性；在创新组织模式上，具有更大的开放性和激励性；在科技创新管理上，重视创新主体的多元化和互动性；在社会文化氛围上，体现出科学精神与人文精神的深度融合。

当前，我国还存在一些不利于甚至阻碍科技创新的文化因素。传统文化中的某些消极因素、计划经济时代遗留下来的一些不合时宜的思维定式、教育中的一些不足等，都阻碍着我国科技工作者创新意识的培育和创造力的发挥。因此，在全社会培育创新意识、倡导创新精神、完善创新机制，形成宽松、自由、和谐、对创新友好的社会文化氛围，是建设世界科技强国中一项十分紧迫的任务。科技不仅是人类改变自然环境和社会环境的手段，也是完善人类自身的手段。培育创新文化的过程，其实也是社会公众普遍了解科学、提高科学素质的过程。时代要求我们必须把创新文化的价值追求融入我们民族的基本价值追求之中。党的十八届五中全会提出，创新是引领发展的第一动力。李克强总理在 2015 年 3 月的《政府工作报告》中首次将“大众创业、万众创新”上升到国家经济发展新引擎的战略高度。只有让创新文化深入人心，才能加速科技进步，增强国家创新能力，建成世界科技强国。①

---

① 李惠国. 创新文化是科技创新的重要元素 [N]. 人民日报，2016-09-25.

视窗2－2 大众创业 万众创新

党的十八届三中全会开启中国改革开放的新征程，37年的改革开放不仅推动中国社会生产力的快速发展，使中国成为经济总量居世界第二的经济大国，同时也带来中国社会结构、交往方式和精神世界的深刻变化。当前中国经济进入新常态，中国经济增长的新动能究竟应该在哪里寻找？党的十八届五中全会提出，创新是引领发展的第一动力。李克强总理在2015年的《政府工作报告》中首次将“大众创业、万众创新”（双创）上升到国家经济发展新引擎的战略高度。

“双创”体现人作为生产力系统中最活跃要素的巨大能动作用和深化改革对发展的巨大促进作用，是在当代以互联网、大数据发展为代表的科技大发展条件下，以及在制度变革和政策创新作用下，中国社会生产力的又一次解放。“双创”以其草根性成为普通大众收获新一轮改革开放红利的最直接与现实的实现方式，依托于“互联网＋”的创业和创新无处不在，普通大众都可以参与其中，并找到获得成功的机会，让更多的人富裕起来，让更多的人实现人生价值。“双创”顺应了当代社会生产力和生产方式的新变革，是对传统经济条件下创业创新的超越，带来创新组织模式的重大变化，使创新呈现出明显的个人化、小规模、分散式、渐进性特征，众创、众包、众扶、众筹等集众人之智、汇众人之财、齐众人之力的创意、创业、创造与投资的空间如雨后春笋般应运而生，使那些有梦想、有意愿、有能力的人，都找到“用其智、得其利、创其富”的机会和空间。

“双创”反映了当代信息化高度发展条件下技术范式的深刻变化，与工业革命不同，知识经济、大数据的基本特征是知识与数据的排他性约束相对少，与传统工业扩大规模带来边际成本递增不同，同一（同类）数据则可以被多个主体同时使用，乃至越用越丰富，其边际成本还会出现不断降低趋势，这对国家治理模式、企业决策、组织和业务流程、个人生活方式产生巨大的影响，催生无数的商业机会和盈利空间，它把人重新组织进新的财富创造体系之中，连接全国乃至全球大市场。

"双创"是实现创新发展战略的重要举措，是推进新一轮科技革命和产业变革的有效途径，也是我国当前稳增长、促改革、调结构、惠民生、打造经济发展新动能的重要引擎。"互联网 + 双创 + 中国制造 2025"等将在中国催生一场"新产业革命"，使我国自身的比较优势和潜力得到充分发挥。①

营造崇尚创新的文化环境。大力宣传广大科技工作者爱国奉献、勇攀高峰的感人事迹和崇高精神，在全社会形成鼓励创造、追求卓越的创新文化，推动创新成为民族精神的重要内涵。倡导百家争鸣、尊重科学家个性的学术文化，增强敢为人先、勇于冒尖、大胆质疑的创新自信。重视科研试错探索价值，建立鼓励创新、宽容失败的容错纠错机制。营造宽松的科研氛围，保障科技人员的学术自由。加强科研诚信建设，引导广大科技工作者恪守学术道德，坚守社会责任。加强科学教育，丰富科学教育教学内容和形式，激发青少年的科技兴趣。加强科普，提高全民科学素质，在全社会塑造科学理性精神。②

三、创新驱动发展必须夯实科学素质基础

科普是提升公民科学素质的基本途径，是激发全社会的创新、创造、创业活力，夯实全面建设创新型国家社会基础的必然选择、强国之举。建设创新型国家和文化强国，必须要有大批具有较高科学素养公民的有力支撑。据 2015 年 7 月发布的《国家创新指数报告 2014》显示，我国的国家创新指数排名第 19 位，处于第 2 梯队，指标得分 68. 4。2015 年我国公民具备科学素质比例达到 6. 20%，但是 2005 年美国公众具备科学素养比例就高达 27. 3%，瑞典更是高达 35. 1%，我国公民科学素质与发达国家之间的差距，严重掣肘我国自主创新发展。

科普水平决定着公民科学素质水平，而公民科学素质决定着国家的技术

① 张晓强，徐占忱. 关于大众创业万众创新的理论思考 [N]. 人民日报，2015 - 11 - 13.

② 国家创新驱动发展战略纲要 [M]. 北京：人民出版社，2016.

创新能力。科学素质的高低，对人们利用知识、进行科学思维和提高技术能力，对社会生产力的发展，有着深刻的影响。我国正处在加快转变经济发展方式的攻坚时期和建设创新型国家的关键阶段，提高公民科学素质从来没有像今天这样重要，面临的任务从来没有像今天这样紧迫。据中国科普研究所的研究，西方进入创新型国家行列的30多个发达国家公民具备科学素质比例都在10%以上。由此，2015年中共中央办公厅、国务院办公厅印发的《深化科技体制改革实施方案》已明确提出，要深入实施全民科学素质行动计划纲要，加强科普，推进科普信息化建设，实现到2020年我国公民具备基本科学素质的比例达到10%。2016年2月，国务院办公厅印发《全民科学素质行动计划纲要实施方案（2016—2020年）》明确，我国到2020年建成现代公民科学素质服务体系，实现公民具备科学素质的比例超过10%，达到创新型国家的水平。

第二节　全面建成小康社会对科普的新要求

建成小康社会是中国人民长期以来孜孜以求的美好梦想，全面建成小康社会公民科学素质是社会基础，需要补齐公民科学素质的短板，需要全面跨越提升我国全民科学素质，这对新时期的科普供给提出新的更高要求。

一、全面建成小康社会是中华民族百年梦想

小康是指介于温饱和富裕之间的生活水平，是一种社会生活稳定、丰衣足食、国泰民安的状态。小康蕴含几千年来中国人对宽裕和殷实生活的美好向往。党的十八大以来，以习近平同志为核心的党中央从坚持和发展中国特色社会主义全局出发，提出并形成全面建成小康社会、全面深化改革、全面依法治国、全面从严治党的战略布局，确立新形势下党和国家工作的战略目标和战略举措，为实现"两个一百年"奋斗目标、实现中华民族伟大复兴的中国梦提供理论指导和实践指南。

全面小康社会是一个更加注重发展质量的社会，是一个更加强调全面协调可持续发展的社会，是一个让广大人民群众共享改革发展成果的社会。全面小康关键是"全面"，不仅要求小康所涉及的领域是全面的，是经济建设、

政治建设、文化建设、社会建设、生态文明建设“五位一体”协调发展的社会；而且要求小康所覆盖的人群、涉及的地域是全面的，是包括“老少边穷”地区在内的所有地区，不让任何一个人、一个阶层、一个民族掉队的全面小康。这样的“全面”就是共享。为此，党的十八届五中全会提出了共享发展新理念，强调人人参与、人人尽力、人人享有，使全体人民在共建共享发展中有更多获得感，增强发展动力，增进人民团结，朝着共同富裕方向稳步前进。

二、全面建成小康社会必须补齐科学素质的短板

当今科技发展与人们的生产生活息息相关，个人了解科学技术知识、掌握基本的科学方法、具备的科学思想和科学精神，以及应用它们处理实际问题、参与公共事务的能力的程度，直接决定着个人或群体的生活状态和发展潜力。说到底，我国经济发达地区与经济欠发达地区、东部地区与西部地区的差距，本质上是人的差距，是公民科学素质的差距。

2015 年第九次中国公民科学素质调查显示，我国具备科学素质的公民比例达到 6.20%，比 2010 年的 3.27% 提高近 90%。上海、北京和天津的公民科学素质水平分别为 18.71%、17.56% 和 12.00%，位居全国前三位。上海和北京的公民科学素质水平已达到了美国上世纪末的水平（美国 1999 年为 17.3%）和超过欧盟 2005 年的水平（13.8%）。同时，还要清醒地看到，地区之间、城乡之间的差距在加大。从城乡分类来看，城镇居民的科学素质水平提升幅度较大，从 2010 年的 4.86% 提升到 9.72%，而农村居民仅从 2010 年的 1.83% 提高到 2.43%；从年龄分类来看，中青年群体的科学素质水平较高，18—29 岁和 30—39 岁年龄段公民的科学素质水平分别达到 11.59% 和 7.16%；从性别看，男性公民的科学素质水平达到 9.04%，明显高于女性公民的 3.38%；受教育程度越高，具备科学素质公民的比例越高。

造成这种不平衡的原因是多方面的，概括起来，主要是以下因素。

一是公众接受科技教育传播和普及的机会不均衡。公民具备科学素质一般指了解必要的科学技术知识，掌握基本的科学方法，树立科学思想，崇尚科学精神，并具有一定的应用它们处理实际问题、参与公共事务的能力。公民提高科学素质主要依靠科技教育、传播和普及三个方面的工作，每个公众获得科技教育传播和普及的机会及成本都不相同，自然也就造成公民科学素

质水平的不同。

二是公众所处客观环境的差异。每个公民所处的社会环境不同，所处的经济社会水平，所接受的教育、科技信息都不相同，也就造成公民科学素质水平不同。相对而言，东部地区比中西部地区教育和科技水平高、城市比农村高、中青年获得教育和科技的机会比中老人多，再加上，综合素质高的人才、受教育水平高的人才基本一边倒地涌向城市、涌向东部地区以及农村留守群体科学素质较低、留守农村的妇女多等客观因素的存在，也就必然造成公民科学素质建设水平的不平衡。

三是公众个人主观因素的差异。公民自身的主观愿望、学习动机、学习能力、对知识感兴趣等都有不同。在经济社会水平达到一定程度后，公民自身的需求从物质转向更高层次的精神需求，对科技的需求和满足自我发展的需求更加重视，更加积极地通过互联网、电视等各种渠道主动获取科技知识，提高自身科学素质。但公民自身的差异导致了公民科学素质建设水平的不平衡。

全面建设成小康社会，迫切需要补齐我国革命老区、民族地区、边疆地区、贫困地区公民科学素质的短板，跨越提升这些地区公民的科学素质水平，增强就业能力，转变思维观念和行为方式，进而实现美好生活和精彩人生，以自身科学素质的提升，带动思想、道德、身体、心理等各方面素质的提升，普遍践行绿色环保的生产方式和生活方式，以科学理性的态度处理实际问题、参与公共事务。要正确理解公民科学素质不平衡的长期性和艰巨性，进一步加强公民科学素质建设，加大投入，完善政策，加强基础设施建设，提高科普公共服务能力，因为只有建设才能发展。要加强科普服务均衡化和均等化，更加重视薄弱环节的公民科学素质建设，大力加强薄弱环节的建设，推动科普公平普惠。

三、全面建成小康社会必须人人都享有科普服务

全面建成小康社会坚持共享发展的理念，坚持发展为了人民、发展依靠人民、发展成果由人民共享，使全体人民在共建共享发展中有更多获得感，朝着共同富裕方向稳步前进，实现全体人民共同迈入全面小康社会。全面小康，是每一个中国人共建共享的小康，是“一个都不能少”“决不让一个地区掉队”的小康。人人参与、人人尽力、人人享有，身处发展洼地的革命老区、

民族地区、边疆地区、贫困地区不能被甩下，身处弱势的农村留守儿童和妇女、老人不能被落下，还有7000多万仍处贫穷困境的群众也不能被丢下。

科普公共服务关系到千家万户的切身利益，关系到广大儿童的健康成长。要坚持问题导向，不断改进工作，提高我国科普公共服务水平，构建覆盖城乡、布局合理、公平普惠的科普公共服务体系，满足人民群众对科普的需求。要加大对科普公共服务事业的投入力度，进一步完善配套政策体系，扩大科普基础设施建设，推动科普公共服务事业向着公益、普惠的方向持续健康发展。同时，要引导和鼓励社会力量兴办科普公共服务，强化政府购买科普服务力度，满足多元化、多层次的科普公共服务需求。要科学制订科普公共服务目标责任体系，明确各相关职能部门责任分工，强化指标分解落实工作，确保完成科普公共服务规划发展目标。要强化地方政府科普公共服务的主体责任，把科普公共服务摆在更加突出的位置，加大工作力度、强化财政投入，根据本地区人口分布，优化科普公共服务空间布局，方便人民群众。要因地制宜，结合社区改造等工程，采取新建、设施再利用、现有科普设施扩建改造等多种方式，解决部分地区科普公共服务设施不足和服务半径过大等问题，满足科普公共服务发展需求。要落实提高科普公共服务标准化建设水平，加强科普公共服务规范管理和动态监管，办好人民满意的科普公共服务。要加强督查考核，提高人民群众对科普公共服务的获得感。

第三节　信息社会发展对科普的新挑战

当今世界，信息技术日新月异，深刻改变着人们的生产生活，有力推动着社会发展，对国际政治、经济、文化、社会等领域发展产生深刻影响。以信息技术为代表的新一轮科技革命和产业变革正越来越深刻地改变世界，智能社会呼之即来。现在群众都在网上，公众获取和参与科普的方式等发生了巨大变化。

一、适应公众都在网上的新形势

随着信息化的发展，互联网络特别是移动互联网彻底改变了世界，也改变了科普的途径和方式。手机已牢牢长在人的身上，人们临睡前抚摸的最后物件是手机，醒来第一个摸索寻找的物件是手机。低头族不分年龄，没有代沟，同在地球，都在低头看手机。PC 互联网培养出一代宅男宅女，移动互联网让全民变宅。

1994 年 4 月 20 日，中国大陆接入国际互联网，2008 年后大陆网民规模保持全球第一。据 2017 年 1 月 22 日中国互联网络信息中心（CNNIC）发布的第 39 次《中国互联网络发展状况统计报告》，截至 2016 年 12 月，我国网民规模达 7. 31 亿，互联网普及率为 53. 2%；我国农村网民规模持续增长，但城乡互联网普及差异依然较大，农村网民在即时通信、网络娱乐等基础互联网应用使用率方面与城镇地区差别较小，在网购、支付、旅游预订类应用上的使用率差异为 20 百分点以上；我国手机网民规模达 6. 95 亿，网民中使用手机上网人群的占比由 2015 年的 90. 1% 提升至 95. 1%；网络直播用户规模达到 3. 44 亿，占网民总体的 47. 1%，其中游戏直播的用户使用率增幅最高，演唱会直播、体育直播和真人聊天秀直播的使用率相对稳定。搜索引擎用户规模达 6. 02 亿，使用率为 82. 4%；手机搜索用户数达 5. 75 亿，使用率为 82. 7%（图 2 – 1）。10—50 岁的网民比例占到 87%（图 2 – 2）；小学至高中文化程度的网民比例占 79%（图 2 – 3）。但要看到城乡互联网的普及率差距仍然很大，到 2016 年底，我国城镇互联网普及率达到 72. 6%，但农村仅为 27. 4%，农村居民的互联网普及程度只相当于城市居民的 38%（图 2 – 4）。

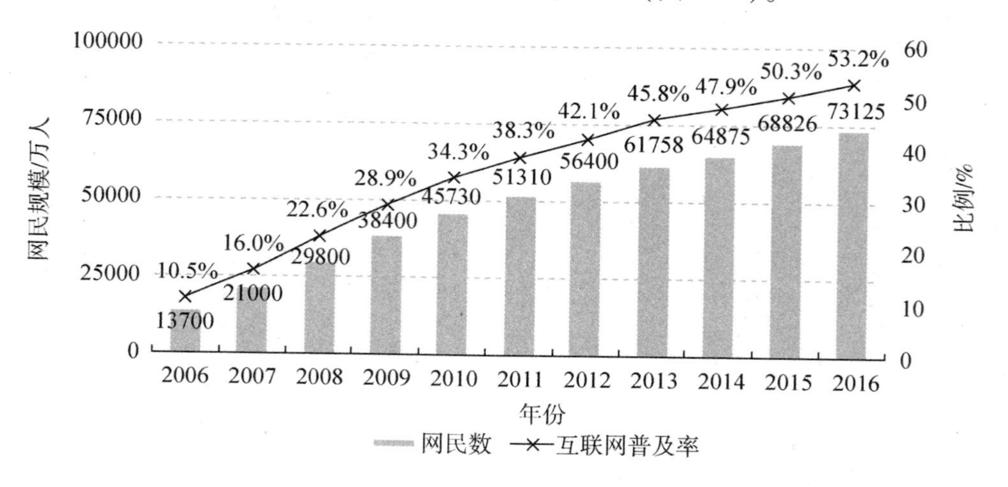

图 2 – 1　我国网民规模和互联网普及率

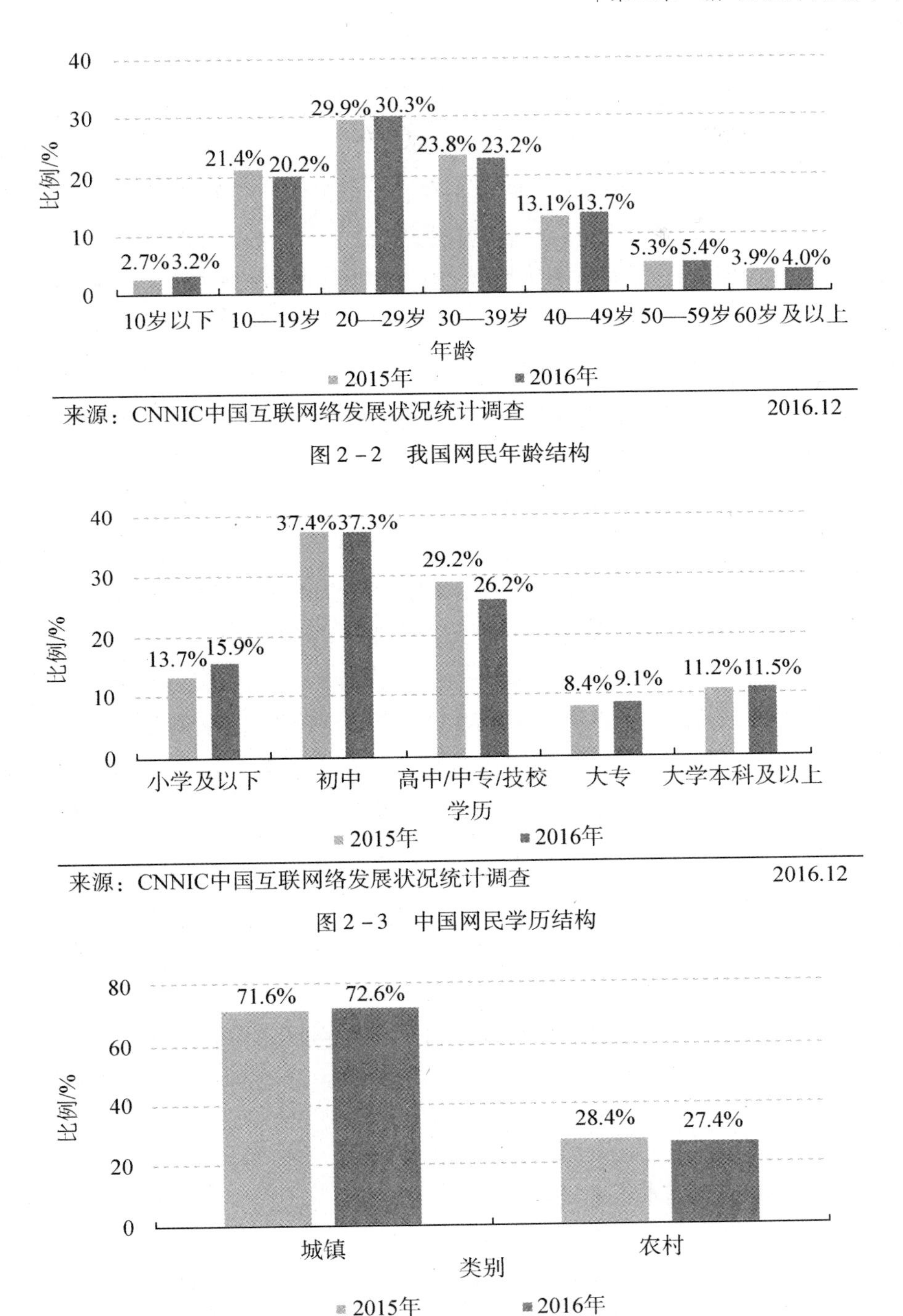

图 2－2　我国网民年龄结构

图 2－3　中国网民学历结构

图 2－4　我国网民城乡结构

另据中国新闻出版研究院2017年4月18日公布的第14次全国国民阅读调查报告显示：2016年我国成年国民各媒介综合阅读率为79.9%，图书阅读率为58.8%，数字化阅读方式的接触率为68.2%，数字阅读特别是手机阅读持续快速发展，移动阅读、社交阅读正在成为国民新的阅读趋势。

人们纷纷向互联网迁徙。互联网以去中心化、扁平化、自组织的显著特性，解构并重构着社会结构，创造新的组织方式和组织形态，赋予每一个人无限的可能，让个人力量增强、个人价值释放，催动人类一场新的迁徙，促使人们由传统社会向网络化生存的"新大陆"的集体迁徙。2013年北京的报刊亭日均营业额比上年下降50%以上；北京地区电视开机率从3年前的70%下降到目前的30%以下，其中40岁以上的公众是收看的主流人群。百度2013年总收入首次超过中央电视台，百度收入＝中央电视台收入＋江苏电视台收入。

20世纪90年代以来，科普数字出版以及专业科普网站、门户科技频道、手机客户端、科普自媒体等网络科普长足发展，为满足公众科普需求带来极大便利。但我国科普信息化发展水平与世界先进国家还有较大差距：①科普信息化的程度不高，不能满足公众需求；②科普内容资源众创分享和科学把关评价的有效机制尚未形成，科普融合创作滞后，原创优质的科普内容资源匮乏；③缺乏有效推进科普信息化的支撑环境和体制机制，科普的服务模式亟待创新。2015年中国公民科学素质调查显示，我国公民通过互联网获取科技信息的比例由2010年的26.6%增长到2015年的53.4%；中国网民科普搜索指数由2014年的27.93亿增长到2015年的41.38亿，同比增长48.19%。由此，科普必须信息化，必须充分运用先进信息技术，有效动员社会力量和资源，丰富科普内容，创新表达形式，通过多种网络便捷传播，利用市场机制，建立多元化运营模式，满足公众的个性化需求，提高科普的时效性和覆盖面，这是科普适应信息社会发展的必然要求。

二、适应科普技术革命的新趋势

信息化主要是指数字化、网络化、智能化。数字化将字符、图像、音视频等不同形态的信息，通过计算机中的编码转换器转换成机器能识别与运算的二进制数字方式来进行加工处理。网络化主要利用通信技术和计算机技术，把分布在不同地点的计算机及各类电子终端设备互联起来，按照一定的网络协议相互通信，以达到让所有用户都可以共享软件、硬件和数据资源的目的。智能化主要是指由现代通信与信息技术、计算机网络技术、行业技术、智能控制技术汇集而成的针对某一个方面的应用。

人类已进入云计算时代。浪潮集团总裁兼首席技术官王柏华认为信息技术发展已经历大型机、个人电脑、互联网三个时代，目前已经进入云计算时代。在大型机时代（1945—1980 年），以数值计算为主要特征；在个人电脑时代（1980—1995 年），主要以信息处理、单机、局域网为主要特征；在互联网时代（1995—2010 年），主要以信息共享、广域网、互联网、万维网 1.0（Web1.0）为主要特征；进入云计算时代（2010 年—），主要以信息互动、移动互联网、物联网、大数据、万维网 2.0（Web2.0）为主要特征。

信息化已经成为驱动经济社会的强力引擎。当今时代，信息化呈现四大发展趋势①。一是信息采集和处理的数字化、标准化，现代信息技术以数字为最重要信息载体，将传感技术、计算机技术等结合，使各类信息迅速地转化为标准化数据，大大提高信息收集、整理、加工和传递效率，降低人与人、人和物、物和物之间信息交换成本。二是信息处理和传输的高速化、低成本化，计算机的运算能力呈几何级数飞速增长，同时信息传播的速度快速提高，信息处理和传播的高速化，不仅显著地提高信息交换的速度，扩大信息交换的规模，还大幅降低信息交换的成本。三是可用来观察、测度和分析的数据超大规模化，随着技术的发展，感应器、传感器等信息采集设备能够方便地安装到社会的各个角落，实时进行信息的广泛采集和普遍连接，为社会提供规模难以想象的数据信息，为准确地认识经济社会发展规律创造可能，为科学地分析提供条件。四是信息技术与经济社会各领域深度融合化，一方面信息技术与社会在生产各个环节的耦合关系日益加深，推动生产方式的数字化、智能化，推动着流通方式的便捷化、扁平化；另一方面人们离不开信息技术，手机阅读、网上社交、移动购物已成为许多人的生活方式。

人工智能正在开启新的时代。随着网络的普及，人类已经步入智能化时代，移动化、泛在化、数据化、智慧化等正在成为信息化发展的新趋势。由于传感、人机交互技术的发展，可穿戴、家居、车载领域的终端产品交叉创

---

① 李伟. 充分发挥信息化的关键作用，有力推动经济转型升级［J］. 中国发展观察，2016（3）：4—5.

新频繁，泛智能终端将改变人机协同方式，正在成为新的爆发点，泛智能社会正向我们走来。中国科协负责同志 2015 年 10 月 30 日在世界机器人大会上致辞中指出，人类正在迎接即将到来的智能社会，机器人是“制造业皇冠顶端的明珠”，更是衡量国家创新能力和产业竞争优势的重要标志。以机器人技术为代表的信息、制造、能源、材料、认知等科技的融合汇聚创新，正启动一场新的变革浪潮。他指出，智能社会是工业社会与信息社会广泛深度融合、技术全面更新换代、产业系统升级、经济社会结构深刻调整演进而成的新的经济社会发展形态，融合、协同、共享、共治是其鲜明特征，对人类生产、工作、生活方式将带来新的深刻变革。

虚拟现实（VR）的交互革命，从界面到空间，契合交互界面的更替规律，成为继互联网、智能手机后人类生活方式又一次大跨越。VR 用在电商平台，你可以“试穿”；在城市规划建模中，你可以造出“实体”模型；在电影院，你可以“进入”到场景当中；在演唱会或是体育赛事上，你可以“坐”在台下等，这些产业现有的弊端都会消失，取而代之的是虚拟现实技术带来的“真实”场景，给你身临其境般的感受。VR 在 2015 年迅速增长，2016 年会是 VR 大暴发年，目前这一领域的进入者越积越多。① 把 VR 与科普等结合起来，可以让公众强烈体验到一种身临其境的科普真实感。

增强现实技术（AR）是一种同时包括虚拟世界和真实世界之要素的环境，是在虚拟现实基础上发展起来的新技术，是通过计算机系统提供的信息增加用户对现实世界感知的技术，并将计算机生成的虚拟物体、场景或系统提示信息叠加到真实场景中，从而实现对现实的“增强”。AR 在科普上的应用，将极大增强科普的沉浸感、交互体验性，给公众以震撼，提升科普的水准。如，北京理工大学王涌天教授致力于通过增强现实技术完成对于圆明园的虚拟重建，让在园中散步时戴上特殊三维眼镜的用户可以观览当年皇家园林原貌。

人工智能是信息化发展的增长极，它具有感知、获取感知后的理解以及能在理解的基础上做出决策的功能。移动互联网打开人类社会广泛使用、人人都能享用智能设备之门。智能设备越来越廉价、越来越聪明。智慧链条会

---

① 艾媒咨询. 2015 年中国虚拟现实行业研究报告［EB/OL］.［2015 - 12 - 22］. https://www.iimedia.cn/39871.html.

沿着设备泛化、智能化程度深化等方向发展。除手机、手环、眼镜、手表，未来会有更多智能可穿戴设备，还有智能家居，智慧汽车，智能环境，最让人期待的是智慧城市，包括智慧社区、智慧工作园区、智慧医疗、智能教育、智能交通、智能电网、智能销售服务等。以手机为代表的智能设备会更聪明、更智慧。在人机互动方面，语音识别、机器翻译很快会获得突破，机器学习、计算机视觉、自然语言处理、语音合成等，都会有长足进步，帮助你办好各种“网事”。随着大数据、云计算的广泛应用，手机中会内置许多感应器，各种智慧应用会被下载到手机上，手机将不仅是通信、计算、浏览、拍摄、存储工具，它将成为一台超级电脑，成为随心所欲的工具。

三、适应科普需求巨变的新要求

当今世界，信息已经成为人类生产、生活的基本元素，人与人之间以及社会运行中的信息沟通不可或缺且作用重大。随着信息社会的发展，公众获取科技信息的偏好、方式、途径等发生根本性变化，呈现泛在化、个性化等获取科普信息的新特点，从而对科普表达方式、科普服务模式等产生深刻影响，也使网民科普需求发生根本性改变。

（一）科普阅读模式的巨变

由注重内容、形式的二要素，向注重内容、形式、关系、场域的四要素转变。随着信息社会的发展，科普的权力越来越向公众转移，即科普的权力在终端。对此，2014 年 7 月国家副主席李源潮同志在听取中国科协书记处的科普工作汇报后，认真地提出“在信息化条件下，科普到底普什么？怎么普?”的时代性命题。的确，信息化时代的公众，对科普的需求发生巨大变化，正如中国人民大学喻国明教授所指出的那样，科学传播模式已经由传统传播内容、形式的二要素，向新媒体传播的内容、形式、关系、场域的四要素彻底转变。因此，坚持需求导向、精准发力是对科普服务的最基本要求；在新媒体时代，科技传播、科普服务愈加讲究强相关、强情怀、强心物、强体验，这正是信息社会公众对科普的企求。

为了精准洞察和感知公众的科普需求，亟须强化科普的数据思维、互联网思维、计算思维等大数据思维，充分利用公众的信息数据对公众的需求进行精准画像、把握公众需求的实时动态、向公众精准推送科普信息。信息化条件下的科普，必须“用数据说话、用数据决策、用数据管理、用数据创新”，要将公众在线活动行为和轨迹记录下来，同时观察感知公众的社会交互和意见情感，利用计算机技术进行分析，发现其中蕴含的规律和模式。挖掘这些规律和偏好，可以为科普的个性化服务，为精准推送和开发新服务模式提供技术和理论支持。

（二）获取科普信息的泛在化

获取科普信息由相对固定的时间、地点、途径，向泛在化、随时随地、无时无刻的方式转变。随着信息社会的发展，公众获取科技信息的方式由过去的平面阅读、肉眼阅读、深阅读、宏阅读、完整阅读等，向泛在阅读、体验阅读、浅阅读、微阅读、碎片阅读等转变；获取的途径从可读到可视、从静态到动态、从一维到多维、从一屏到多屏、从平面媒体到全媒体等转变；对科普信息表达，更加偏好科普与艺术、人文融合，以及沉浸化的科普表达、形象化的科普表达、人格化的科普表达、故事化的科普表达、情感化的表达等。

泛在阅读不欢迎严肃的科普作品。有资料显示，情感/语录、养生、时事民生占据公众号关注热点的前三名，用户每天在微信平台上平均阅读6.77篇文章，每篇平均阅读用时85.08秒；在移动端，公众不爱读包括科普在内的有深度、有难度的严肃的文章。随时随地、无时无刻进行的轻薄阅读，最重要的变化在于阅读仪式感丧失，阅读的庄重感也就丧失。阅读仪式的轻薄、终端的轻薄，决定内容的轻薄。①

泛在获取时代的到来，在浅阅读下塑造“煎饼人”的知识结构和人格。随着网络和各种信息渠道的发展，很多人都力求在各个不同领域至少获得一些基本的操作知识，不再将精力专注于某一个感兴趣的领域。由此出现“门门通，门门松”的新一代的“煎饼人”。在这种情形下，意见领袖盛行就自然而然。因此，浅阅读下容易形成低智商社会，容易陷入“小编决定智商和眼界”的陷阱。网络上风行的标题党文化、碎片化让更具冲击力的信息满足网民快速获取结论化信息的要求。因为信息铺天盖地，人们希望直接得到结论，也就逐步丧失思考判断和过滤信息的能力。人类一思考，上帝就发笑。在网络低智商时代，也许上帝再也笑不出来，因为人们几乎停止思考。在微信朋

---

① 艾媒咨询，2015中国手机网民微信自媒体阅读情况调研报告［EB/OL］．［2015-12-22］．https//www.iimedia.cn/39871.html.

友圈有种奇特的现象，就是标题党层出不穷。什么不转不是中国人，好像不点个赞就变汉奸似的，什么世界都转疯。2015 年 5 月，时任中国科协主席韩启德院士在中国科协年会致辞中指出，微信有“四多现象”，即道听途说的八卦谣言太多；缺乏理性的极端情绪宣泄太多；故作高深或假托名人的心灵鸡汤太多；违背科学原理的生活常识尤其是似是而非的养生保健知识太多。有网友认为，现在网络新媒体有七种病①。即内容克隆化，同质化严重；求快不求真，求时效而忽视真实；迷信点击率，哗众取宠；标题玩惊悚，助推网络谣言，损伤新媒体公信；广告硬推销，过度商业化，破坏新媒体平台生态；剽窃成重症，随意、恶劣、掐头去尾的嫁接、转载和“洗稿”；媚俗无底线，卖点误解成低俗，“标题党”“鸡汤党”“乌龙新闻”背后是价值观判断的偏离。可见，互联网 + 科普的使命，就是要让科技知识在网上和生活中流行。

（三）对科普表达偏好的巨变

随着互联网特别是移动互联网的快速发展，公众获取科普信息的日益细分化、个性化、多样化、异质化，网民对科普表达方式由无选择性或被选择，向有知有趣有料有用取向、主动选择等转变。公众获取呈现碎片化和泛在化，必须满足公众随时、随地、通过任何一种阅读终端获取他自己想获得的任何形式的内容信息，必须满足公众通过搜索引擎、通过手机等移动端获取内容信息的需要。公众对所获取科普信息的有知有趣有用的要求越来越高，视频化、移动化、社交化、游戏化等成为基本偏好取向。为此，必须综合运用图文、动漫、音视频、游戏、虚拟现实等多种形式，大力开发创作科普游戏、科普微视频、科普虚拟体验等沉浸性、趣味性、互动性科普作品，这是现阶段公众对科普创新提出的新要求。当下适合在互联网，特别是移动互联网上传播的科普融合作品奇缺，基于移动端的科普融合创作，是科普信息化的重大难题。

（四）公众参与科普方式的巨变

传统科学传播大多只是对科学共同体或同行认同的科技内容（又称形成的科学）的传播普及，而对正在研究、探索的科技问题很少涉及。随着网民科学素质的提高，互联网上丰富的信息，以及“话语平权化、人人都是话筒、

① 于洋，张音. 新媒体需治“七种病”[EB/OL]. [2015-04-07]. http://media.People.com.cn/n/2015/0407/c1923-26807899.html.

人人都是听众”的网络氛围，网民由以前的被动听讲、尊重权威，向深度参与讨论、共同探究科技问题、平等对话的科普参与方式转变。

现代科技发展很快，同时向着宇观和微观方向发展，学科细分、组织化程度高、投入大，与社会经济发展以及民生日益紧密，必然引起公众关注。特别是科学家等专家正在进行的科研进展、科技发展方向、科技对人类的影响等（又称行动中的科学），更是公众关注的重点。因此，现代科学传播如果仅仅对科学共同体或同行认同的科技内容进行传播普及，而不去涉及正在研究、探索的科技问题，那就远远不能满足公众的需要。突如其来类似重症急性呼吸综合征、埃博拉病毒、地震、气候变化、转基因、核利用、重大工程等，这些与人类生活生存密切相关、越来越变化莫测命题的内容更是公众的科普期待。

对行动中的科学的传播，需要应用好“新闻导入、兴趣驱动、科学解读”的传播机制，一旦社会有关注、新闻有报道，科普就要同时跟上，科普要先入为主。对行动中的科学的传播，获得公众理解，比纠结结果与过程更重要。因此，对行动中的科学的科普，最好用对话、讨论的方式展开，因为行动中的科学会有很多问题还没有研究清楚，不能绝对化，只是希望获得公众的理解和支持，而不是一味去告诉公众最终的结果。2016 年 3 月全国两会期间，世界瞩目的 5 番围棋的“人机大战”在韩国首尔展开，很快，机器人“阿尔法狗”领先并最终以 4:1 胜出。很快，网络媒体上“机器战胜人类”的各种议论铺天盖地，大有转基因被妖魔化悲剧将在人工智能领域重演之势。中国科协从 3 月 11 日开始利用科普中国能够影响的网络，迅速将“这是人类自己战胜自己”“人工智能是科技创新取得的标志性成果”“机器永远战胜不了人类”“人工智能将为人类带来新的便利和改变”等声音传播出去，很快让媒体和公众回到科学理性地看待人工智能发展的轨道。这将是今后对行动中科学科普的常态。

第四节　经济全球化对科普的新要求

人类社会正处在一个大发展、大变革、大调整的时代，世界多极化、经济全球化、社会信息化、文化多样化深入发展，国际和平发展的大势日益强劲，变革创新的步伐持续向前，全球一体化将对科普服务提出新的更高要求。

一、大科学时代科普的国际化

我国一直坚持对外开放的基本国策，在科技全球化背景下，科普"引进来""走出去"的双向开放、互利多赢，是新时代科普强国的必然选择。

在科技全球化背景下，呈现科学研究的全球化、科普服务的全球化、科技人才流动的全球化、科学承认与评估的全球化的趋势。强大的科普服务能力是我国建设创新型国家、提高综合国力与国际地位的重要一环。科学的知识性和技术的实用性决定科普服务产品没有国界，而技术存在着国际保护壁垒。从科学家、科学成果交流的角度来看，科学本身就是全球化的，但科普服务能力在世界上的分布是不均衡的，不同国家之间的科普服务能力的悬殊，导致了其在创新能力上的巨大差距。

我国科普要积极"引进来""走出去"。科普"引进来"，就是积极利用和参与科普的国际分工，分享世界最新的科普成果和服务产品，加快提升我国科普服务能力，缩小我国与发达国家之间科普服务的距离。科普"走出去"，就是积极主动把我国的科普服务产品投放国际市场，让世界分享我国最新的科普成果和服务产品，促进世界各国科普服务的共荣发展。

新时代的科普必须主动开展国际合作。我国对科普服务的投入还不能充分满足社会经济发展的需要，在一定程度上限制科普服务的规模和深度。尤其是一些需要依靠较大投入、先进的技术手段开展的科普服务产品的开发，如科幻影片等，与世界一些先进国家还有一定差距。因此，我国应当积极地开展全方位多层次的科普合作，在合作中，寻找和把握世界科学前沿的科普选题，使国内的科普资源与国际科普资源更好地结合，发挥我国科普服务的比较优势，充分利用国际上的资金、设备、信息和人力资源，来提升我国的科普服务能力、国际影响力和世界话语权。

要凭借我国独有的国家优势和区域特色，将国际科普合作的智慧与资源注入我国科普创新驱动发展中。要积极搭建国际科普交流与创新合作平台，拓展渠道；积极利用国际国内"两种资源""两个市场"，全力推进对外科普服务合作与交流，为我国科普服务创新注入新元素，为科普服务创新驱动开启新引擎，为科普服务发展添加新动力，为科普服务腾飞插上新翅膀。

二、"一带一路"科普人文交流

2013年秋天，中国国家主席习近平在哈萨克斯坦和印度尼西亚提出共建丝绸之路经济带和21世纪海上丝绸之路，即"一带一路"倡议。2017年5月14日，国家主席习近平在"一带一路"国际合作高峰论坛开幕式上，发表题为《携手推进"一带一路"建设》的主旨演讲中指出，古丝绸之路绵亘万里，延续千年，积淀了以和平合作、开放包容、互学互鉴、互利共赢为核心的丝路精神。我们正处在一个挑战高发的世界，和平赤字、发展赤字、治理赤字，是摆在全人类面前的严峻挑战。"一带一路"建设已经迈出坚实步伐，对科普人文交流提出新的更高要求。

"一带一路"国家合作空间巨大，愿望强烈。"一带一路"涉及65个国家，总人口约46亿（超过世界人口60%），GDP总量达20万亿美元（约占全球1/3），90%以上人均GDP在1万美元以下，仅为世界人均GDP的50%。在"一带一路"的建设过程中，面临地域非常广阔，人才的储备、政策配套、企业支持等力度不够；国家之间的政策沟通和协调不足，一些问题没法通过共商的方式加以解决；国与国之间的贸易便利化、投资便利化的环境水平较低，基础设施相对滞后；一些人质疑中国"一带一路"建设的真正目的等困难。为消除国际上对中国"一带一路"战略的种种误解，中国提出"五通"的重要策略，即政策沟通、贸易畅通、设施互联互通、资金融通、民心相通，将"一带一路"建成和平之路、繁荣之路、开放之路、创新之路、文明之路。

"国之交在于民相亲，民相亲在于心相通"。科普人文交流是实现民心相通，把"一带一路"建成和平之路、繁荣之路、开放之路、创新之路、文明之路的重要途径。大力开展"一带一路"科普人文交流，可以增进"一带一路"国家人民对世界科技发展的了解，增进彼此之间科技发展的理解和互信，增进对我国高速发展的科技成就的了解和理解，为促成务实的科技合作奠定坚实的民心基础。如中国的高铁、北斗导航、航天航空、数字经济、人工智能、纳米技术、量子计算机、大数据、云计算、智慧城市建设、电子商务、现代农业生产技术等取得巨大成就，与"一带一路"国家有巨大的应用合作、技术流动转移空间和潜力。科技合作、技术流动转移建立在对其理解和了解基础上，通过科普展览、科技传播、科普培训等方式，可以促成"一带一路"国家官员、技术人员、普通民众对这些科技成果、先进技术及其应用的了解、理解、支持，从而更好地促成其合作。

我国已经同很多国家达成了“一带一路”务实合作协议，其中既包括交通运输、基础设施、能源等硬件联通项目，也包括通信、海关、检验检疫等软件联通项目，还包括经贸、产业、电子商务、海洋和绿色经济等多领域的合作规划和具体项目。我国将加大对“一带一路”建设资金支持，同有关国家的铁路部门将签署深化中欧班列合作协议。此外，我国将加强同各国创新合作，启动“一带一路”科技创新行动计划，开展科技人文交流、共建联合实验室、科技园区合作、技术转移 4 项行动。将在未来 5 年内安排 2500 人次的青年科学家来华从事短期科研工作，培训 5000 人次科技和管理人员，投入运行 50 家联合实验室。设立生态环保大数据服务平台，倡议建立“一带一路”绿色发展国际联盟，并为相关国家应对气候变化提供援助。这些合作项目的启动、见成效，也同样需要通过科普，促使“一带一路”国家的官员、技术人员、普通民众对其中先进技术及其应用的了解和掌握。

我国在农村实用技术普及推广、青少年科技教育、科技馆体系建设、科普信息化建设等方面取得较大成就，具有中国特色，并在国际上有一定影响。“一带一路”的科普人文交流中，可以让“一带一路”国家的人民来很好分享中国科普成果。如组织中国各地农技协与“一带一路”国家农民的对口技术交流和生产合作；组织中国流动科技馆到“一带一路”国家巡展；将“科普中国”内容翻译成多国文字共享；联合“一带一路”国家开展科学传播论坛，分享经验等。通过科普人文交流的方式，不断增进“一带一路”国家人民的理解和互信，夯实多边和双边人文交流基础，推动实现我国与沿线国家民心相通的战略目标。

视窗 2－3　“一带一路”建设

“一带一路”是“丝绸之路经济带”和“21 世纪海上丝绸之路”的简称。这两条“丝绸之路”古已有之。

自从西汉时期张骞通西域以后，就有以长安（今西安）和洛阳为起点，经甘肃、新疆，到中亚、西亚，并连接地中海各国的陆上通道，中国和中亚及欧洲的商业往来迅速增加。通过这条贯穿亚欧的大道，中国的丝、绸、绫、缎、绢等丝制品，源源不断地运向中亚和欧洲，因此，希腊、罗马人称中国为赛里斯国，称中国人为赛里斯人。所谓“赛里斯”，即“丝绸”之意。1877年，德国地质学家李希霍芬将这条东西大道誉为“丝绸之路”。从此，丝绸之路这一称谓得到世界的承认，在世界史上有了重大的意义，它是亚欧大陆的交通动脉，是中国、印度、希腊世界三种主要文化交流的桥梁。

海上丝绸之路的雏形在汉代已存在，目前已知有关中外海路交流的最早史载来自《汉书·地理志》，当时中国与南海诸国就已有接触，而有遗迹实物出土表明中外海路交流或更早于汉代。海上通道在隋唐时运送的主要大宗货物仍是丝绸，所以后世把这条连接东西方的海道叫作海上丝绸之路。到了宋元时期，瓷器出口逐渐成为主要货物，因此又称作“海上陶瓷之路”。同时，由于输入商品历来主要是香料，因此也可称作“海上香料之路”。海上丝绸之路是约定俗成的统称，到明朝实行海禁之后，海上丝绸之路开始衰落。这两条丝绸之路一直是古代连接东西方的陆上、海上交通贸易要道，也是中外文化交流的象征。

2013年9月，习近平主席在哈萨克斯坦访问时提出，为使欧亚各国经济联系更加紧密、相互合作更加深入、发展空间更加广阔，我们可以用创新的合作模式，共同建设“丝绸之路经济带”，以点带面，从线到片，逐步形成区域大合作。这是一项造福沿途各国人民的大事业。2013年10月，在出访东盟国家时，习近平主席再次强调，中国愿同东盟国家加强海上合作，发展海洋合作伙伴关系，共同建设21世纪“海上丝绸之路”。2014年两会期间，李克强总理在《政府工作报告》中把“抓紧规划建设丝绸之路经济带、21世纪海上丝绸之路”作为2014年的重点工作。2014年11月4日，习近平同志主持召开中央财经领导小组第八次会议，研究丝绸之路经济带和21世纪海上丝绸之路规划、发起建立亚洲基础设施投资银行和设立丝路基金。

2017年5月14—15日，“一带一路”国际合作高峰论坛在北京圆满成功召开，中国国家主席习近平在开幕时做了题为《携手推进“一带一路”建设》的主旨演讲。他指出，古丝绸之路积淀了以和平合作、开放包容、互学互鉴、互利共赢为核心的丝路精神。但从现实维度看，我们正面临和平赤字、发展赤字、治理赤字，是摆在全人类面前的严峻挑战。4 年来，“一带一路”建设逐渐从理念转化为行动，从愿景转变为现实，在政策沟通、设施联通、贸易畅通、资金融通、民心相通“五通”方面建设成果丰硕。他倡导，“一带一路”建设已经迈出坚实步伐，要乘势而上、顺势而为，提出将“一带一路”建成和平之路、繁荣之路、开放之路、创新之路、文明之路的五大宏伟远景。

习近平主席表示，中国将深入贯彻创新、协调、绿色、开放、共享的发展理念，在和平共处五项原则基础上，发展同所有“一带一路”建设参与国的友好合作；在已经同很多国家达成的“一带一路”务实合作协议基础上，将继续同有关国家的铁路部门签署深化中欧班列合作协议；加大对“一带一路”建设资金支持；将积极同“一带一路”建设参与国发展互利共赢的经贸伙伴关系，促进同各相关国家贸易和投资便利化，建设“一带一路”自由贸易网络，从 2018 年起举办中国国际进口博览会；愿同各国加强创新合作，启动“一带一路”科技创新行动计划，开展科技人文交流、共建联合实验室、科技园区合作、技术转移 4 项行动；将在未来 3 年向参与“一带一路”建设的发展中国家和国际组织提供援助；将设立“一带一路”国际合作高峰论坛后续联络机制。

来自 100 多个国家的各界嘉宾围绕“加强国际合作，共建‘一带一路’，实现共赢发展”的主题，就对接发展战略、推动互联互通、促进人文交流等议题深入交换意见，达成 270 多项具体成果，同中国签署合作协议的国家和国际组织总数达 68 个。

三、深度参与科普国际分工与合作

科普服务产品是科普生产力发展水平的标志。科普服务产品属于知识类产品，因为很少涉及政治和意识形态，因此与科技发展一样，可以突破国界在世界范围进行分工和合作。伴随着经济全球化进程，科普服务、科普产品、科普活动可以超越国界，通过对外贸易、技术转移、资本流动、提供服务、相互联系、相互依存而形成全球范围的有机整体。即把全世界连接成一个统一的科普大市场，各国在这一大市场中发挥自己的独特优势，从而实现科普资源在世界范围内的优化配置。

科普产品的国际分工与合作是当今世界经济和科技发展的产物，促进了各国科普服务能力的较快发展，但也使科普服务的发展蕴藏着巨大的风险。如科普产品的国际分工与合作是在不公平、不合理的国际经济旧秩序没有根本改变的条件下形成和发展起来的，科普发展不平衡性会更加突出，少数大国一手操纵、独霸科普产品市场，使平等互利原则和国际合作屡遭破坏。

在新时代，我国科普服务不能孤芳自赏、闭门造车，要面向全球，加强与国际科普组织及其他国家和地区科普机构的联系，大力发展对外交流与合作，提升我国科普服务的国际地位和影响力。要大胆引进国外先进的科普理念、科普设备，借鉴国外开展科普工作的有益经验，积极参加国际科普项目的运作，使我国科普服务再上新台阶。推动我国科普专家在国际科普组织任职，加大向国际科普组织举荐人才力度，增强我国科普界的国际话语权。积极争取在华举办高水平国际科普会议，鼓励参与、承办和发起国际科普计划。积极拓展和建立双边科普交流合作新渠道、新机制。加强与发达国家科普战略交流合作，推动与新兴经济体国家科普产业的交流与合作。

第三章　科协组织的科普供给

科协是科技工作者的群众组织，是党领导下团结联系广大科技工作者的人民团体、提供科技类公共服务产品的社会组织、国家创新体系的重要组成部分，有效和精准地提供社会化科普公共服务是科协组织的重要职责。

第一节　科协组织的职责定位

《科协系统深化改革实施方案》明确科协组织的“三三四”定位，即开放型、枢纽型、平台型的“三型组织”；党领导下团结联系广大科技工作者的人民团体、提供科技类公共服务产品的社会组织、国家创新体系的重要组成部分的“三大功能”定位；服务科技工作者、服务创新驱动发展战略、服务公民科学素质提高、服务党委政府科学决策的“四个服务”职责（图3－1）。

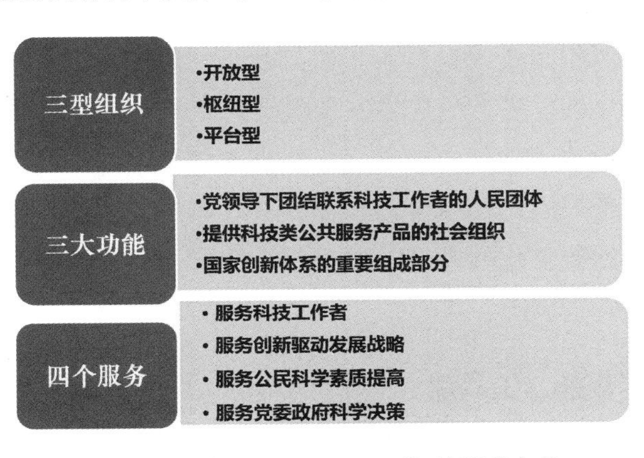

图3－1　科协组织“三三四”的职责定位

一、科协组织的三型特性

推动开放型、枢纽型、平台型科协组织建设，是增强科协组织政治性、先进性、群众性，去除机关化、行政化、贵族化、娱乐化，补足科协组织发展的短板，创新面向社会提供科技类公共服务产品的机制，切实履行好“四服务”职责的客观要求。

（一）推动开放型科协组织建设

开放型，就是要面向世界、面向前沿开放创新，面向一线、面向基层联系群众，面向公众、面向青少年搞好科普。笔者以为，开放型科协组织建设，简单讲就是牢固树立开放发展的科协工作理念，始终坚持大联合、大协作的科协工作方式，全面开门兴办科协各项事业。

（二）推动枢纽型科协组织建设

枢纽型，就是把各类科技工作者连接起来，把产学研等创新主体、创新要素连接起来，充分发挥人民团体的桥梁纽带作用。笔者以为，枢纽型科协组织建设，简单讲就是科协组织要当好“连接器”。科协组织作为人民团体，要把最广大的科技工作者紧密团结凝聚在党的周围，要把最广大的科技工作者的意见和呼声反映出来，要通过互联网络把线上线下的最广大的科技工作者聚集起来，要把各种创新资源、科普资源和要素连接起来，充分发挥科协组织的桥梁纽带作用。

（三）推动平台型科协组织建设

平台型，就是建好学术交流平台、创新创业平台、人才成长平台、科普传播平台、决策咨询平台，努力成为国家创新体系的重要组成部分。笔者以为，平台型科协组织建设，是科协组织开放型、枢纽型的集中体现，简单讲就是科协组织要多做好搭台的工作、少做登台“唱戏”的工作，要着力搭建汇聚创新要素、推动创新创业的平台，要着力搭建汇集科技思想、开展决策咨询的平台，要着力搭建开展科普和提升科学素质的平台，要着力搭建弘扬科学道德和发展创新文化的平台，要着力搭建参与创新社会治理、承接政府转移职能的平台。

二、科协组织的三大功能

习近平总书记指出，中国科协各级组织要真正成为党领导下团结联系广大科技工作者的人民团体，成为科技创新的重要力量。科协组织具有双重属性，姓“政”名“科”，即除作为人民团体的政治属性外，还有向社会提供科技类公共服务产品的社会组织属性，这与其他的群团组织有所不同。

（一）团结联系广大科技工作者的人民团体

科协组织必须把保持和增强政治性、先进性、群众性作为主线，贯穿工作各方面，加强对科技工作者的政治引领和思想引领。人民团体是指工会、妇联、青联、学联、青年团、台联、工商联、侨联、科协、文联、记协、对外友好团体等人民群众团体，是中国共产党领导下，按照其各自特点组成的从事特定的社会活动的全国性群众组织。人民团体是中国人民政治协商会议的重要组成部分，在人民政协中，履行政治协商、民主监督和参政议政的职能。人民团体在我国政治生活中占有重要的地位，在团结、代表、教育各自的成员，为完成民主革命、社会主义革命和建设的各项任务方面，发挥着不可替代的重要作用。

（二）提供科技类公共服务产品的社会组织

向社会提供科技类社会化公共服务产品，是对科协组织提出的新要求。《中国科学技术协会章程》规定，科协组织的任务是：一是密切联系科技工作者，宣传党的路线方针政策，反映科技工作者的建议、意见和诉求，维护科技工作者的合法权益，建设科技工作者之家；二是开展学术交流，活跃学术思想，倡导学术民主，优化学术环境，促进学科发展，推进国家创新体系建设；三是组织科技工作者开展科技创新，参与科学论证和咨询服务，加快科技成果转化应用，助力创新发展，为增强企业自主创新能力做贡献；四是弘扬科学精神，普及科学知识，推广先进技术，传播科学思想和科学方法，捍卫科学尊严，提高全民科学素质；五是健全科学共同体的自律功能，推动建立和完善科学研究诚信监督机制，促进科学道德建设和学风建设，宣传优秀科技工作者，培育科学文化，践行社会主义核心价值观；六是组织科技工作者参与国家科技战略、规划、布局、政策、法律法规的咨询制定和国家事务的政治协商、科学决策、民主监督工作，建设中国特色高水平科技创新智库；七是组织所属学会有序承接科技评估、工程技术领域职业资格认定、技术标准研制、国家科技奖励推荐等政府委托工作或转移职能；八是注重激发青少年科技兴趣，发现培养杰出青年科学家和创新团队，表彰奖励优秀科技工作者，举荐科技人才；九是开展民间国际科技交流活动，促进国际科技合作，发展同国（境）外科技团体和科技工作者的友好交往，为海外科技人才来华创新创业提供服务；十是兴办符合中国科技协会宗旨的社会公益性事业。①

（三）国家创新体系的重要组成部分

国家科技创新体系是指围绕创新活动，由创新主体、创新基础设施、创新资源、创新环境、创新服务等要素组成，以政府为主导、充分发挥市场配置资源的基础性作用、各类科技创新主体紧密联系和有效互动的社会系统。在国家科技创新体系中，科协组织作为提供科技类公共服务产品的社会组织，与政府部门、高校和科研机构、企业等一起，发挥着独特的作用（图 3－2）。

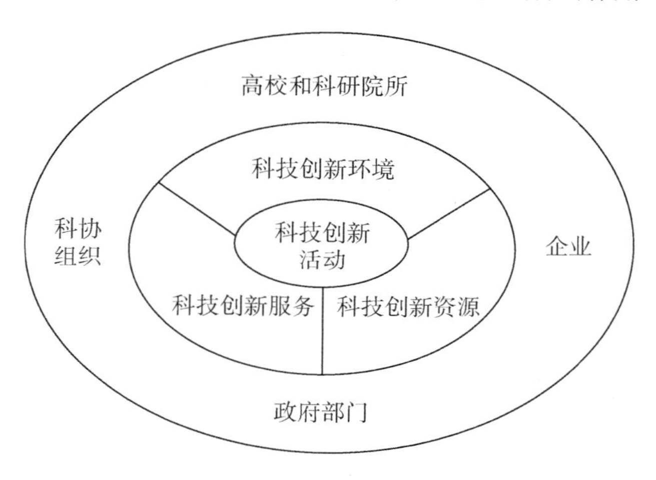

图 3－2　科协组织在国家创新体系中的地位和作用

政府的职能是对创新活动进行宏观调控和正确引导，以利于创新活动的政策调动科研人员的积极性。企业是创新体系中技术创新的主体，是研究开发经费的主要承担者，也是新技术的使用者，其主要承担技术创新和知识应用的任务，通过技术创新和知识应用，改进产品，占领市场。高校和科研机构既是基础知识的生产者，也是应用知识的生产者，是重要的人才培养者，以及创新源和新兴产业的重要创业者，其主要任务是知识创新，人才培养，推动科学进步，促进社会经济的发展。科协组织是党领导下的人民团体，是科技工作者的群众组织，是党和政府联系科技工作者的桥梁和纽带，是推动科技事业发展的重要力量，在促进科学技术的进步和繁荣，科学技术的普及

① 中国科学技术协会章程. 中国科学技术协会第九次全国代表大会文件［M］. 北京：人民出版社，2016：64.

和推广，全民科学素质的提高和科技人才的成长，科技和经济的结合等方面发挥着重要作用。科协组织在推动科技创新，建设国家科技创新体系方面更有着独特的地位和作用。

三、科协组织的四个服务

习近平总书记在全国科技三会上强调，中国科协各级组织要坚持为科技工作者服务、为创新驱动发展服务、为提高全民科学素质服务、为党和政府科学决策服务的职责定位，团结引领广大科技工作者积极进军科技创新，组织开展创新争先行动，促进科技繁荣发展，促进科学普及和推广。这是科协组织在“三主一家”“三服务一加强”基础上的迭代升级（图3－3）。

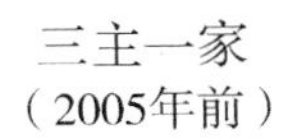

三主一家（2005年前）	三服务一加强（2006—2015年）	四个服务（2016年后）
• 学术交流主渠道	• 为经济社会发展服务	• 服务科技工作者
• 科普工作主力军	• 为提高全民科学素质服务	• 服务创新驱动发展战略
• 国际民间科技交流主要代表	• 为科技工作者服务	• 服务公民科学素质提高
• 科技工作者之家	• 加强科协自身建设	• 服务党委和政府科学决策

图3－3　科协组织职责的演进

（一）为科技工作者服务

科协是科技工作者的群众组织，科协工作主要是做“人”的工作，即做科技工作者的工作。为科技工作者服务，就要坚持以科技工作者为本，竭诚为科技工作者服务，把广大科技工作者紧紧团结在党的周围，把他们的智慧和力量凝聚到实现中华民族伟大复兴的中国梦的宏伟事业中来。科协组织必须牢固树立服务科技工作者的意识，主动了解他们的所思所盼、所忧所困，多为他们办实事、办好事。要加强与科技工作者的联系，广泛听取科技工作者的意见和建议，努力在党和政府与科技工作者之间建立畅通稳定的联系渠道，切实维护科技工作者的合法权益。科协组织要拓宽联系科技工作者的渠道，按照“哪里有科技工作者，科协工作就做到哪里；哪里科技工作者密集，科协组织就建到哪里”的要求，要做好在工业园区、高校建立科协组织的工作。科协组织要提高服务科技工作者的水平，以科技工作者需求为导向，以科技工作者是否满意为标准，综合运用服务平台，助力科技工作者创新创造、培训提高、成果转化、权益维护，满腔热情地反映和推动解决科技工作者的实际问题。

（二）为创新驱动发展服务

习近平总书记在全国科技三会上的重要讲话中强调，要激发科技人才支撑发展第一资源作用，汇聚向世界科技强国进军的强大动能。科协组织要坚持面向世界科技前沿、面向经济主战场、面向国家重大需求的科技创新方针，认真履行科协组织为科技工作者服务、为创新驱动发展服务、为提高全民科学素质服务、为党和政府科学决策服务的职责定位，以“创新争先行动”为统领，突出示范引领，集成各方资源，团结引领广大科技工作者攻坚克难、拼搏奉献，为建设创新型国家、决胜全面建成小康社会创新争先、再立新功。要推动短板攻坚争先突破，围绕国家重大科技与产业战略需求，以强化自主创新供给能力为重点，着力支撑供给侧结构性改革，凝聚学会、企业、高校和科研院所力量，破解创新发展科技难题，掌握核心技术的自主知识产权，全力攻克产业转型升级和保障国家安全的关键技术瓶颈，推动我国相关产业和产品不断向全球价值链中高端跃升。要推动前沿探索争相领跑，瞄准国际科学前沿，立足国情实际，做好重大创新领域国家实验室、创新基地科技人才服务工作，特别是支持国内外一流科研机构青年科技人才开展对口学术交流，引导他们自由畅想，大胆假设，认真求证，在独创独有上下功夫，挑战前沿科学问题，在重大科学问题上取得一批原创性突破，掌握一批重大颠覆性技术创新成果。要推动转化创业争当先锋，围绕促进转方式调结构、建设现代产业体系、培育战略性新兴产业、发展现代服务业等方面需求，破除观念、体制和政策障碍，以创新驱动助力工程和推动大众创业万众创新为抓手，积极推进科技成果转移转化，打通从实验室到产品化和产业化的“最后一公里”，依靠科技创新为经济发展注入新动力、引领新常态。要推动普及服务争做贡献，加强科普信息化建设，运用互联网等现代信息技术手段把科技送到千家万户，使科技文明普惠共享。引导广大科技工作者以提高全民科学素质为己任，当好科技知识和科学思想的传播者、科学精神的弘扬者和科学方法的倡导者。深入农村和老少边穷地区开展精准科技扶贫活动，为农牧民依靠科技脱贫致富提供支撑，把论文写在祖国的大地上。①

视窗3－1　全国创新争先奖

为深入贯彻落实习近平总书记、李克强总理等中央领导关于创新争先的系列重要指示要求，充分体现中央对科技创新和科技人才的高度重视，经中央批准，于2017年起在“全国科技工作者日”期间，颁发全国创新争先奖，2017年5月27日庆祝全国科技工作者日暨创新争先奖励大会在北京隆重召开。

设立全国创新争先奖，是党和国家赋予的重要任务，是聚天下英才而用之的重要举措，对于激励广大科技工作者积极投身创新争先行动、全面实施创新驱动发展战略、建设世界科技强国具有重大而深远的意义。该奖是继国家最高科技奖、国家自然科学奖、国家技术发明奖、国家科学技术进步奖之后国家批准设立的又一重大科技人才奖项，是国家科技奖项与国家重大人才计划的有效衔接。与国家科技三大奖不同，全国创新争先奖是人物奖而非项目奖，重点表彰那些为建设世界科技强国做出突出贡献的排头兵、领航者，并赋予全国创新争先奖章获得者省部级劳模待遇。

该奖项的评选标准是“德为先、术要精、能力强、基础厚、贡献大”，面向世界科技前沿、面向经济主战场、面向国家重大需求，在科学研究、技术开发、重大装备和工程攻关，转化创业，科普及社会服务方面做出卓越贡献，在国内外最具影响力的领军人才、优秀科技工作者和优秀科研团队。

该奖每三年评选表彰一次，每次表彰10个科研团队授予奖牌，表彰不超过30个科技工作者授予奖章（享受省部级劳模待遇），表彰不超过300名科技工作者授予奖状。为充分体现党和国家对科技创新的高度重视、对科技工作者的高度尊重，对广大科技工作者在建设世界科技强国、实现两个百年奋斗目标的新征程中报国献身精

① 中国科协印发“创新争先行动”实施方案［EB/OL］.［2016－12－05］. http://www.cast.org.cn/n17040442/n1713560/n17136006/17472078.html.

神的肯定和褒扬，进一步提升广大科技工作者的荣誉感、自豪感、使命感、获得感，在科技界和全社会营造创新争先的浓厚氛围，掀起创新争先的时代浪潮，在颁发全国创新争先奖奖章、奖状和奖牌的同时，对获奖集体和个人发放奖金。

（三）为提高全民科学素质服务

习近平总书记在全国科技三会上强调，科技创新、科学普及是实现创新发展的两翼，要把科学普及放在与科技创新同等重要的位置。没有全民科学素质普遍提高，就难以建立宏大的高素质创新大军，难以实现科技成果快速转化。科协组织和广大科技工作者要以提高全民科学素质为己任，把普及科学知识、弘扬科学精神、传播科学思想、倡导科学方法作为义不容辞的责任。科协组织要以《全民科学素质纲要》实施为主线，以科普信息化为核心，以科技创新为导向，以群众关切为主题，以政策支持为支柱，以市场机制为动力，着力优质科普内容资源、科普阵地条件、科普社会动员机制建设，推动科普人才和科普产业发展，开启传统科普创新与科普信息化“双引擎”，全面创新科普理念和服务模式，精细分类，精准推送，全面提升科普覆盖面和实效性。要紧紧围绕到2020年建成适应全面小康社会和创新型国家、以科普信息化为核心、普惠共享的现代科普体系的目标，以青少年、农民、城镇劳动者、领导干部和公务员等重点人群科学素质行动，带动全民科学素质整体水平持续提升，使我国公民具备科学素质比例超过10%，达到创新型国家水平。要牢固树立并且切实贯彻创新、提升、协同、普惠的工作理念。解放思想，转变观念，坚持创新发展，推进科普的内容创作、表达方式、传播手段、管理运行机制等的全方位创新。坚持在继承中创新，在创新中提升，以科普信息化为龙头，着力实施重点工程，丰富优质科普内容，大幅提高科普的呈现效果和传播水平，大力提升科普的受益面和实效性。坚持协同发展，会同科技、教育、宣传、文化、新闻出版等相关部门，广泛动员科研院所、学校、企业、社会组织等各方面力量，形成开源、开放、协调的全社会科普大格局。坚持普惠发展，针对公众的不同需求和特点，通过科普服务精准推送方式，实现科技成果在全社会共享，让科普有效惠及最广大公众。①

---

① 中国科协科普发展规划（2016—2020年）[M]. 北京：科学普及出版社，2016.

（四）为党和政府科学决策服务

科协组织要紧紧围绕党中央作出建设中国特色高端智库的重大部署，突出群团组织特色，动员组织广大科技工作者紧紧围绕党和政府中心工作，深入调查研究，积极建言献策，把科协组织建设成为创新引领、国家倚重、社会信任、国际知名的高水平科技创新智库。牢固树立创新、协调、绿色、开放、共享的发展理念，把建设高水平科技创新智库作为事业转型升级的重要支点，把服务党委政府科学决策作为增强政治性、先进性、群众性的重要体现，努力在走中国特色群团发展道路上不断创造新经验。要强化为党和政府科学决策服务的政治担当，始终围绕党和政府中心工作谋划智库建设主攻方向，立足国情、立足当代，把坚决维护国家利益和人民利益贯穿智库建设全过程。要突出为党和政府科学决策服务的高端引领，围绕国家发展战略、围绕科技创新前沿、围绕全面深化科技体制改革开展决策咨询，有效汇聚广大科技工作者智慧，服务党委政府科学决策。要注重为党和政府科学决策服务的开放协同，坚持开门办智库，主动加强与党政部门沟通联系，争取决策咨询选题，畅通成果报送渠道；积极加强与其他智库的交流合作，大力推进咨询理论、方法、数据、成果的开放共享。①

四、科协组织的服务产品

《科协系统深化改革实施方案》明确，要真正把科协组织建设成为对科技工作者有强大吸引力与凝聚力、能够为党委和政府及社会各界提供不同形式高质量科技类社会化公共服务产品的中国特色社会群团。服务是科协组织的命脉，科协组织服务的最终目的是满足需求，科协系统深化改革的核心是提高科协组织公共服务产品的有效供给。

公共服务，是21世纪公共行政和政府改革的核心理念，是满足公民生活、生存与发展的某种直接需求，能使公民受益或获得的服务。公共服务一般分为保障型公共服务、发展型公共服务两类，保障型科技服务主要由政府承担，发展型科技服务由社会提供，两者互为配合和补充，形成科技类服务体系，科协组织可以提供形式多样的科技类社会化公共服务（图3-4）。

---

① 中国科协发布智库建设“十三五”规划［EB/OL］.［2016-04-21］. http://www.cast.org.cn/n17040442/n17135960/n17136021/17136376.html.

政府科技类公共服务	科协组织社会化公共服务
• 科技人力资源 • 科学设施和仪器设备 • 科技政策和知识产权保护 • 科技文献信息 • 科技成果转化 • 科技创业 • 专业技术 • 科技投融资 • ……	• 学术建设服务类：学术会议、学术期刊等 • 助力创新服务类：科技服务、双创评估等 • 人才促进服务类：奖励举荐、资格认定等 • 科技规范服务类：评议、标准、规程等 • 科技评价服务类：科技评审、科技鉴定等 • 科学普及服务类：科技的教育、传播和普及等 • 科学决策服务类：咨询建议、建言献策等 • 技术咨询服务类：技术推广、技术咨询等 • 政治引导服务类：科学道德、科学行动、科学价值观、科学思想、科学精神等 • ……

图 3－4　政府性与社会性的科技类公共服务互补

保障型公共服务，政府承担全面供给责任，政府及公共部门是主要生产主体，社会组织和私人部门可以适当方式参与生产，但必须以保障公益性的实现为前提。政府保障类科技类公共服务主要包括科学人力资源、科学设施和仪器设备、科技政策和知识产权保护、科技文献信息、科技成果转化、科技创业、专业技术、科技投融资等。

发展型公共服务，政府承担主要供给责任，政府及公共部门发挥引导示范作用，社会组织是主要生产主体，私人部门在实现社会效益的前提下适当参与生产。科协组织社会化公共服务属于发展型公共服务，主要包括学术建设（学术会议、学术期刊等）、助力创新（科技信息服务、创新创业评估等）、人才促进（奖励举荐、资格认定等）、科技规范（科学道德宣讲、评议、标准、规程等）、科技评价（科技评审、科技鉴定等）、科普（科技的教育、传播和普及等）、科学决策（咨询建议、建言献策等）、技术咨询（技术推广、技术咨询等）、政治引导（政策宣讲、科学行动、科学价值观、科学思想、科学精神等）等。

近年来我国社会组织稳步发展，截至 2015 年底，全国共有社会组织 66.2 万个，吸纳社会各类人员就业 734.8 万人（平均 11 人），全年累计收入 2929.0 亿元（平均 44.0 万元）。全国共有社会团体 32.9 万个，其中科技研究类 1.7 万个。面对日益增长的科技类社会化公共服务产品需求，科协组织提供的公共服务产品数量严重不足；服务质量有待提升；服务效果有待提高，在提供科技类社会化公共服务方面潜力还很大。《科协系统深化改革实施方案》中明确指出，保持和增强科协组织的先进性，最重要的是解决资源积累不足、专业化服务能力不强、平台支撑不力等突出问题，调动激发科技工作者的积极性、主动性、创造性，充分发挥科协组织在提供社会化公共服务产品方面的独特优势，团结带领广大科技工作者助力创新发展，为完成党的中心任务而共同奋斗。

科协组织必须坚持公共服务的理念，大力推进其服务供给侧改革。特别是在科协组织项目编制和实施中，要遵循“产品化设计、协同化实施”的指导方针。产品化设计是指在项目预算编制中，按照公共服务供给侧改革要求，遵循科协组织“三三四”的职能定位，紧紧围绕四个服务，强化科技类社会化服务产品的生产与供给，编制好项目预算。协同化实施是指在项目实施过程中，遵循科协组织“三三四”的职能定位，按照开放型、枢纽型、平台型的组织特性，合理定位机关部门和直属单位的功能性分工，有效协同全国学会、地方科协和社会各方，组织实施好项目。

第二节　科协组织的科普产品

科普是科技工作者的社会责任，科协组织作为科技工作者的群众团体，科普责任与生俱来。《科普法》明确规定，科协组织是科普工作的主要社会力量，负有组织开展群众性、社会性、经常性的科普活动，支持有关社会组织和企业事业单位开展科普活动，协助政府制订科普工作规划，为政府科普工作决策提供建议等责任。科协组织作为提供科普公共服务产品的主要社会力量，其产品主要包括科普教育、科普传播、科普活动、科普动员等类型。

一、科协组织的科普教育产品

科协组织的科普教育产品，是指基于教育学基本原理的科普产品形态，包括科学引导（示范、呈现、展示、口述等）、科学对话与讨论、主动获取等形态。

（一）科普展教服务产品

科普展教服务产品是指通过科技馆、科普教育基地、科普活动室等各类科普基础设施（包括流动科普设施）进行展示和教育的科普服务内容产品。科协组织的科普展教服务产品主要围绕公众科学生产、文明生活、科学探究以及应对突发事件，制定重点创作选题规划，着力开发优秀、原创性科普展教品，加强展教衍生品的研发和推广，丰富各类科普设施的展示和活动内容。推动将科研机构、大学、企业、动植物园、自然保护区、天文台站等相关方面的教育资源开发转化为科普展教品。结合青少年活动中心、社区活动中心、农业教育培训机构、企业职业技能培训机构和党校、行政院校、干部学院等开展的培训教育活动，设计开发各类互动式、体验式科普展览和教育活动。围绕流动科技馆（科普大篷车）活动的开展，开发主题科普展览及适合各类科普场馆（公共场所）、校园、社区、农村等流动展出的展品，使尚未建设科技馆的地区同样享有科普的公共服务。

科协组织的科普教育产品一般需要科技馆、科普教育基地、基层科普场所、流动科普设施等载体配套以及相应的科普专业展教人员密切配合，进而实现科普服务供给。

（二）科普惠农服务产品

科普惠农服务产品是在科协组织的指导和帮助下，依托农村专业技术协会、农村科普示范基地、农村科普带头人等组织建立的，长期面向农民开展科普服务。科普惠农服务为广大农民获取技术、信息提供便捷的一站式服务，促进农村科普服务的阵地化、规范化和长效化。

科普惠农服务产品具有以下三个特点：第一，立足科普，服务“三农”。基层科协组织选择并动员农村科普工作方面积极性较高、组织基础好、辐射带动能力强的基层科普组织、有关单位、带头人等，尤其是获得“科普惠农兴村计划”表彰的先进单位和个人，立足农村科普事业，为农民提供及时、周到、长期、有效的科技推广、宣传、培训和咨询等服务；第二，贴近农民，注重实效。科普惠农服务就在农民身边，有专门用于科技推广、宣传、培训和咨询等服务的固定活动场地，开办农民需求的各种科普服务项目。根据当地实际情况和不同条件，围绕当地特色产业和农民实际需求，讲求实效，探索各具特色、可持续发展的服务模式；第三，常态服务，不断创新。科普惠农服务一般配备适量的用于科技推广、宣传、培训和咨询等服务的音像设备和科普宣传资料。有掌握先进适用技术或科技知识，群众基础好，文化水平相对较高，接受新知识能力强，联系方式公开的技术骨干、示范户或科普宣传员驻站；有固定联系、定期指导的科技专家，通过咨询、培训、示范、讲座等形式，主动帮助农民解决生产生活中遇到的科学技术难题；具备开展常态科普服务和不断更新的能力。

（三）社区科普教育服务产品

社区科普教育服务产品是指科协组织根据社区居民的科普实际需要，组织动员社区科普大学、社区科普协会、社区科普活动中心以及社区外机构等提供的非正规性、社会化、群众化的科普教育。2013 年 6 月，中国科协在印发的《中国科协关于加强城镇社区科普工作的意见》中强调，加强社区科普工作是全面建成小康社会和实现人生精彩的迫切需要，无论是城镇化建设，还是建成小康社会、享有小康社会，都必须以提高公民科学素质为基础。无论是提高人们融入城镇的适应能力、就业能力、创业能力，还是满足人的全面发展的需要，都需要居民科学素质的支撑。

第一，社区科普教育服务要以科普益民为目标，建立健全科普组织、改善科普工作条件、持续广泛开展科普活动，推动社区居民养成科学文明健康的生活方式，提高社区居民应用科技知识解决实际问题和参与公共事务的能力。社区科普教育服务要坚持以社区的老年人、进城务工人员和待业人员、学龄前儿童和青少年等人群为主要科普对象；坚持把群众性、社会化作为社区科普工作的主要方式；坚持以建设科普组织、建设科普阵地、开展科普活动为重点，带动社区科普工作的整体提升。社区科普教育服务应成为切实满足社区居民提升自身科学素质的新期待。

第二，社区科普教育服务要围绕“节约能源资源、保护生态环境、保障安全健康、促进创新创造”的科学素质纲要主题。广泛动员各有关单位及科协所属学会（协会、研究会），高校、科研院所、科普教育基地，面向社区居民开展经常性、阵地化的科普活动。要发动社区在全国科普日、科技活动周、防灾减灾日、食品安全宣传周等期间，广泛组织驻区单位和居民，围绕社区居民关注的卫生健康、应急避险、食品安全、生态环境、低碳生活、心理关怀、反对愚昧迷信等重点和热点问题，大力普及科学知识，及时解疑释惑，引导社区居民理性对待和处理个人生活及社会生活中的问题。

第三，社区科普教育服务要贴近公众、贴近民生、贴近实际，持续开展社区科普活动。各级科协要针对老旧住宅社区、工矿企业所在地社区，城乡接合部（村改居）、城中村、流动人口聚居地社区，新建住宅社区，商务楼宇聚居社区，保障性住房社区，少数民族聚居社区，信教群众集中居住社区等不同情况，根据社区常住居民的组成、文化背景等不同特点，开展针对性强、居民欢迎的科普活动。要注重提高老年人运用科学知识改善生活质量、应对突发事件的能力，丰富科学文化生活，保持身心健康。要注重提高进城务工人员和待业人员的就业技能和生存能力，提高科学文明生活、保持理性平和心态、适应城市环境变化的能力。要结合学龄前儿童以及青少年寒暑假、周末休息等时机，利用社区青少年科学工作室、流动科技馆、数字科技馆、科普教育基地和青少年科技教育基地等场所，积极开展社区科技教育活动，引导青少年正确使用网络资源，激发青少年科学梦想。

第四，社区科普教育服务要以“站、校、网”为支点。社区科普益民服务站是社区科普活动的重要阵地。各级科协要支持和推动社区因地制宜，采取多种形式建设完善科普图书室、科普活动中心、社区科技馆、青少年科学工作室、科普园、科普广场、科普宣传栏（橱窗）等不同形式组合的社区科普益民服务站，特别要注重将社区已有的科技、教育、文化、卫生等活动设施场所拓展和建设为科普活动阵地。社区科普学校是社区科普传播教育的活动平台。各级科协要推动社区建立以科普大学、科普讲堂、社区学院、青少年科技辅导学校等为主要形式的社区科普学校，组织社区居民开展科学教育和培训。要制订完善社区科普学校管理和运行制度，建立长效办学机制。要注重培养社区科普教师和讲师队伍，提高教学质量和水平。要立足实际、贴近居民，采用灵活多样的办学方式，切实满足社区居民学习、交往等多方面的需要。社区科普网络是社区科普传播不可或缺的途径。各级科协要推动建立完善社区电子科普显示屏、社区网络书屋、数字科普视窗等多种科普阅读终端，将“科普中国”等网络科普信息资源引入社区。要推动社区移动电视增加科普功能，定期更新科普内容。要利用博客、微博等自媒体以及微信、飞信等即时通信的新媒体手段，组织社区居民开展科普自服务和自教育。

第五，社区科普教育服务要紧紧依靠“组、会、员”。社区科普工作领导小组是社区科普工作的重要推动力量。各级科协要积极发动建立由社区居委会主要负责同志牵头的社区科普工作领导小组，并确定一名以上社区科普专干，保障社区科普工作有专人负责。要推动社区科普工作领导小组制订社区科普工作计划、筹集社区科普工作经费、集成社区科普资源、推动社区开展科普活动、加强与驻区单位的沟通和协调、组织驻区单位参与社区科普工作。社区科普协会是组织开展社区科普活动的中坚力量。各级科协要依托社区的管理者和社区工作人员、科学教师、科技人员、科普专家、离退休科技相关人员、大学生社工及社区居民等，指导成立社区科普志愿者协会、科普兴趣小组、科普爱好者协会等社区科普协会。要加强对社区科普协会的指导和服务，引导社区科普协会定期开展科普活动。社区科普员是社区科普工作的核心推动者。各地科协要积极推动社区配备3名以上的科普员。要积极动员驻区的企事业单位以及社区居民中的科技工作者和科普工作者担当社区科普员。要加强对社区科普员的业务培训和工作指导，为他们开展科普活动提供便利条件，支持他们积极主动开展工作。

第六，社区科普教育服务要广纳社区内外的科普资源。驻区单位是社区科普工作的重要组织资源。各级科协要推动社区加强与驻区单位的沟通和协调，邀请驻区单位领导进入社区科普工作领导小组，参与社区科普工作和科普活动的规划、组织和实施。要引导支持建立社区与驻区单位的科普联动机制，将驻区单位的设施、场所、器材器具等科普资源面向社区居民开放，动员驻区单位的专业技术人员面向社区居民开展科普讲座和科普咨询等活动，鼓励驻区单位支持社区开展科普活动。推动本地科普示范社区创建活动深入持久开展。积极组织开展社区科普示范单位、科普示范楼宇、科普示范门栋、科普示范家庭、科普示范标兵等示范活动，及时总结和推广社区科普工作的先进经验。大力宣传社区科普工作中涌现出的先进典型，建立健全激励机制，为社区科普工作营造良好的环境。

（四）青少年科普教育服务产品

青少年科普教育服务产品是指科协组织根据青少年的科普实际需要，组织开展的校外、课外、社会化等的科普教育和科学探究活动。科普教育有利于提高青少年学习和应用科技的兴趣，增强好奇心，变被动学习为主动进取；扩大知识面，学习课堂上一时还学不到的新知识、新见解、新技术，以开阔视野，拓宽思路；提高青少年的自学能力、思维能力、观察能力等，使青少年动脑动手，全面发展；培养青少年形成良好的基本习惯和修养以及不受成见约束的开创性格。

第一，学校课外科普教育服务产品。学校是青少年科普教育活动开展的主体，青少年科普教育作为青少年教育的重点内容，受到各中小学的高度重视。科协组织主动取得学校的积极支持配合，合作探索和开展课外科普教育活动。以学校为主导的课外科普教育，以选修课、活动课、科技兴趣小组和科学俱乐部等方式，为学生提供丰富多彩的科普教育活动。学校课外科普教育活动由科技教师或科技辅导员指导，学生在参与课外科普教育活动时，不仅可以在老师的引导下阅读科技书刊、观看科普视频资料、参观科技展览，还能够通过科普知识竞赛、科普课题研究、实验小组、发明小组等模式参与科普教育活动。课外科普教育与学校教育的融合，能帮助学生更加系统化地学习科普知识。

第二，校外科普教育服务产品。科协组织及其青少年科普教育团体，与教育管理部门、学校等联合起来，利用周末或暑假等假期，共同组织某一学科专业的青少年科普教育活动，如开展科学营、科技竞赛、考察自然、参观科技馆（科普教育基地）和实验等，开展智能机器人表演、航模车模表演、科普大篷车科普展品展示、科普图版展示、科普讲座、科普资料发放等，以更加专业的角度为学生讲解科普知识，激发青少年参与科普教育活动的兴趣，提高青少年的科普知识水平，调动社会上的科技力量参与青少年科普教育。青少年校外科普活动是以青少年为主要服务对象，主要利用包括科技馆（站）、青少年宫（家、站）、青少年活动中心、青少年科学工作室、妇女儿童活动中心等科普教育场所，开展学校之外的各种科普教育活动。

第三，网络化科普教育服务产品。科协组织结合青少年的科普需求，在传统科普教育如科普讲座、科技小组活动、科技竞赛、科技节等活动基础上，赋予新内容和新形式，充分利用互联网特别是移动互联网开展科普教育。如中国科协利用“科普中国”的平台，开设面向学校中小学生、科技教师和科技辅导员，开展青少年科技创新竞赛活动、科普活动、科技教育，以及科技教师和科技辅导员培训等线上线下相结合的校园科普服务的新阵地，即科普中国校园 e 站，校园 e 站已开设 UTC STEM 课程、科技学院、云教室等。要从培养青少年的科学素养、探究实践能力和创新精神入手，促进科普教育的多样性、新颖性和时代性。

第四，青少年科学素质竞赛。科协组织联合有关部门在全国或一定范围内举行较大型的科技竞赛活动，如青少年科学素质大赛、青少年科技创新大赛、青少年电脑机器人大赛等，激发青少年科技拼搏精神，选拔优秀科技青少年。

二、科协组织的科普传播产品

科协组织的科普传播产品是基于传播学基本原理的科普服务产品形态。科普作品的创作是科普创作者把自己对科学知识、科学方法、科学思想、科学精神的认识（包括感受、理解、评价、愿望等），用富有创造性、感染性、趣味性的科学文艺表现方式，向公众呈现的过程。科普的传播是通过一定的媒介、手段或工具来进行的，根据这些媒介、手段或工具的不同，可以把科协组织的科普传播产品分为科普语言作品、科普图文作品、科普融合作品等。

科普讲解或科普演讲是科协组织科普传播服务产品的常见形态，如科普报告、科普讲座、科普广播、科普讨论、科普影视等。组织科普图文作品生产和传播，也是科协组织的主要工作，如编发科普期刊、科普报纸、科普文学出版物以及制作传播科普影视、科普多媒体等。

组织科普融合作品的创作和传播，是新时代科协组织的特殊重要任务。为适应信息化时代科普传播的要求，必须将经互联网传播的科普作品设计成可以经多种媒体传输的信息，如文字、声音、图像等信息，包括科普展品、科普动漫、科普游戏、科普剧、科普表演、科普影视等多种作品形态，使科普信息可以以多种形式存在和交换。

三、科协组织的科普活动产品

科协组织的科普活动产品是基于科学社会学基本原理，由科技专家与公众共同参与完成、以喜闻乐见的活动方式呈现的科普服务产品形态。科普活动是指承担科普责任的相关组织或个人联合起来，为普及科技知识、传播科学思想和科学方法、弘扬科学精神而实施的行动。

（一）科普的全员动员行动

科普的全员动员行动是指由中央或中央有关部门、全国群众团体等发起，全面动员，在一定时期内、在全国范围内集中开展的全员性、综合性、专门性的科普活动，如全国科普日、全国科技周、全国防灾减灾日、全国食品安全宣传周等。

全国科普日是为纪念《科普法》颁布和推动实施，2003 年起由中国科协组织开展的全国性、群众性科普活动。从 2004 年开始，每年中央书记处领导集体与首都群众一起参加全国科普日北京主场的部分活动，全国各级党政领导同志也都参加当地的科普日活动。为便于公众更好地参加全国科普日活动，2005 年开始中国科协将全国科普日活动的时间定为每年 9 月的第三个公休日开始，活动持续一周。每年的“全国科普日”活动由中国科协统一部署，组织各级科协及其所属学会和其他社会各方面力量，围绕《科学素质纲要》工作主题和公众关注的热点问题，分别组织本地区的实施工作。

全国科技活动周是 2001 年获国务院批准设立的大规模、群众性科技活动，由科技部会同中宣部、中国科协牵头，19 个部门和单位共同组织实施，于每年 5 月第三周在全国同期组织实施。该活动旨在吸引社会公众广泛参与科技活动，丰富群众的科技文化生活，促进科技创新和科学普及。每年年初科技部、中宣部、中国科协联合印发《关于开展科技周活动的通知》，确定年度主题，动员部署活动。

经国务院批准，自 2009 年起，每年 5 月 12 日为全国防灾减灾日。中国科协作为国家减灾委的成员单位，每年“防灾减灾日”都在全国范围内组织开展防灾减灾科普宣传活动。

全国食品安全宣传周旨在深入贯彻《中华人民共和国食品安全法》，广泛开展面向全社会的食品安全宣传，进一步普及食品安全知识，2011 年 5 月国务院食品安全委员会办公室确定每年 6 月份举办活动。该活动每年确定一个主题，由国务院食品安全委员会、工业和信息化部、公安部、农业部、商务部、国家卫计委、工商总局、质检总局、食品药品监管局、中国科协等共同主办。

（二）科普专门性动员行动

科普专门性动员行动是指由中央或中央有关部门、全国群众团体等发起，面向某一特定主体或主题，在一定时期内、在全国范围内开展的科普专项活动，例如，全国科普示范县（市、区）创建活动、全国科普教育基地活动、全国首席科学传播专家聘任等。

视窗 3－2　全国首席科学传播专家聘任

中国科协遵循“依托学科、立足实际、以用促建、共建共享”的基本原则，依托学科，以自然科学、技术科学、工程技术及其相关科学的三级以上学科（专业、领域、行业）为单元建设，从各学科领域科技工作者中，遴选具有较高学术造诣和科普能力的专家，组成学科科学传播专家群体。科学传播专家应符合以下基本条件：一是坚持以邓小平理论、“三个代表”重要思想和科学发展观为指导，坚决执行党的路线、方针和政策，模范遵守国家法律法规，具备“献身、创新、求实、协作”的科学精神、良好的科学道德和学风。二是具有较高的学术造诣，具备高级职称或同等专业水平。学术水平或专业技能得到同行的广泛认可，首席专家应在本学科领域内具有学术权威和社会声望，能够正确把握和引领学科及学会科普工作发展方向。三是热爱科普工作，努力普及科学知识，弘扬科学精神，传播科学方法，在科普管理、科普创作与出版、科普活动、科普传播等方面经验丰富，效果显著，连续从事科普工作3年以上。四是组织协调能力强，有一定社会影响力，能引领同行科技工作者、科研机构、高校、企业等开展科普工作，身体健康。

科学传播专家团队作用：一是开展科普创作。围绕学科（专业、领域、行业）前沿科技进展和基本科技常识等，注重科学与艺术相结合，领衔开展或参与科普创作，开发或推介优秀科普教材、展教品、图书、影视作品、文艺节目等。承担科技计划项目、科技重大专项和重大工程项目时，通过撰写科普文章等方式向公众传播最新科技发现和创新成果。二是开展科普传播。面向未成年人、农民、城镇劳动者、领导干部和公务员、社区居民等人群，结合学科（专业、领域、行业）的国际国内重大科技事件、重大国际科技或学术会议、主题日、纪念日等，领衔举办或参与科普活动，以科普展览、讲座、咨询等多种形式，开展全国性、创新性、示范性科普活动，推动形成学科科普品牌。针对学科或行业相关社会热点、焦点和突发公共事件，及时领衔或参与开展应急科普服务，为公众解读热点、焦点及公共事件背后的科学知识，传播本学科或行业科技工作者的共识，正确引导社会舆论。充分利用报纸、杂志、电台、电视台、互联网等开展学科科普传播。三是推动和拓展学会科普工作。参与全国学会或相关学科科普工作计划的制订，对学科科普工作建言献策。推动学科或行业科技博物馆、科普基地、科普人才队伍等基础条件建设。推动所在的科研机构、高等院校、企业等单位开发开放优质科普资源，面向公众开放重点实验室、生产线、科技博物馆等。

（三）科普群众性动员行动

科普群众性动员行动是指由中央或中央有关部门、全国群众团体等发起，面向社会公众，在一定时期内、在全国范围内开展的群众性、社会性科普活动。例如，文化科技卫生“三下乡”活动是由中宣部、科技部、农业部、国家卫计委、文化部和中国科协等10部委联合发起，旨在面向广大农村、农民，旨在满足农村基层群众的精神文化生活需要、繁荣发展农村文化的精神文明建设活动。文化下乡包括图书、报刊下乡，送戏下乡，电影、电视下乡，开展群众性文化活动；科技下乡包括科技人员下乡，科技信息下乡，开展技术培训等科普活动；卫生下乡包括医务人员下乡，扶持乡村卫生组织，培训农村卫生人员，参与和推动本地合作医疗事业发展。科协系统自1996年以来，每年都参与和组织开展形式多样、内容丰富的科技下乡活动，如针对农村科普服务，形成“科普之冬”“科技之春”“科普大集”“科普宣传周（月）”等活动品牌。此外，面对青少年科技教育，每年举办全国青少年科技创新大赛、中国青少年科学素质大会等。

第三节　科协组织科普服务方略

在科技快速发展、新科技必然带来新生活、用新手段传播新知识、新技术构建新文化、新知识创造新经济的全新时代，必然对科协组织科普服务提出新的更高要求，科协组织必须发挥自身优势，确立自己的科普服务的策略和战略战术。

一、坚持用户思维的科普服务理念

科普需求是科普得以延续的动力，科普服务必须牢固树立用户思维。所谓科普供给的用户驱动，其核心是指以科普的用户思维，代替科普的客户思维，想用户所想，抢占用户终端、提供价值、塑造品牌。

（一）走出科普服务的客户思维误区

科普的客户与科普的用户，只是一字之差，但所指却完全不一样。科普客户是科普服务产品的付钱者，但未必是科普服务产品的使用者，如科普的政府管理部门、科普组织、科普传播者等，再如替孩子选购科普产品的家长；科普用户是科普服务产品的终极使用者，却未必付钱，如参观免费科技馆的公众、免费获取科普内容的网民、阅读科普图书的孩子等。

互联网打破了科普信息的不对称，使科普服务信息更加透明化，科普服务的用户获得了更大的话语权，决定科普服务产品的权力已经向科普的用户转移。科普的用户思维，是互联网思维的核心，科普服务产品的设计、极致用户体验和口碑传播等，都离不开科普用户的参与。

在组织科普公共服务产品生产与供给过程中，购买者常常是政府采购的招标代理机构，使用者是政府部门或科协科普机构等，推荐者是科技社团、科研机构、高等院校、传媒机构、科技企业等，决策者是政府部门、科协组织的领导，影响者可能包括政府财政、科技、科协、科普等部门以及社会各界和科普买方链中各角色的同事和朋友等。这些不同的部门、不同的人，在整个科普公共服务产品供给过程的不同阶段或不同环节扮演不同的角色，发挥不同的作用，并最终决定科普公共服务产品的结果。可见，要真正将科普用户（公众）思维贯彻科普服务生产与供给中并非易事。

在组织科普公共服务产品供给过程中，必须求得科普服务产品的客户与用户的和谐统一。现实中，科普服务产品的客户（付钱者），是科普服务产品的真正需求者，他们决定产品的导向，也是产品最根本诉求和愿景的提供者。而只取悦科普服务产品客户，不取悦科普服务产品用户的产品，最终会成为一个失败的产品。科普用户是科普服务产品的最终接受者，或者享用产品功能的人，他们会决定科普服务产品的细节，但用户不左右科普服务产品的方向，不决定根本。科普服务产品的用户，关心的是使用价值，而科普服务产品的客户，关心的更多是价格。

科普服务供给的用户思维有以下特征：第一，科普服务供给的用户思维是打动思维。科普服务供给的客户思维则是告知思维，告知的思维方式是以直接形成交易为目的，以这样的方式促成的交易不仅缺少温情，而且有可能存在着一定的欺骗性。而科普服务供给的用户思维是打动思维，相比淡漠、强制性的客户思维模式，用户思维是把每一个科普服务产品的用户（受众）

都当成朋友，其产品是他们产生关系的唯一媒介。第二，科普服务供给的用户思维是信任与认同的思维。打动科普服务产品的用户（受众）只是开始，想让其成为忠实的科普用户，还需要带给他们认同感和信任感。想要获得用户的信任，就要让科普服务产品的体验超出预料，带给极致的产品体验和身份认同。第三，科普服务产品的用户思维是社群营运思维。传统的客户思维体验是发生交易后才产生，而科普服务产品的用户思维则是从开始关注时，体验就已经产生。科普服务产品的用户思维模式，就是通过持续不断地体验，让你从关注到产生兴趣，再到成为科普使用者，然后变为科普粉丝，最后形成科普社群。

（二）根除科普服务的“干部思维”

科协组织虽然不是政府部门，但是参照公务员管理的单位，组织内人力资源配置与政府部门标准差别不大，实际工作中，一些地方科协组织科普服务的“干部思维”比较严重。科普服务的“干部思维”，是指在科普服务中用自己的理解或自己需要，来代替公众的科普需求，从而用这种“替公众作主”“公众科普被代表”思维模式来组织生产和供给科普服务，造成科普供给与科普需求的错配、“科普服务最后一公里”扩大的现象。科协组织在组织生产和提供科普服务中，必须克服先入为主、高高在上、居高临下、孤陋寡闻，不了解实情、不调查研究，脱离群众、脱离实际、脱离需要等问题。

（三）用把公众评价作为衡量科普产品标准

把服务产品，作为衡量科协组织服务的最根本形态。科普服务产品是科协组织通过由人力、物力和环境所组成的结构系统，来提供和实际生产及交付的，要能被科协组织服务对象实际接收及获得功能和作用。科普必须以服务用户、吸引用户、集聚用户作为出发点、落脚点和着力点，作为科普内容创新的评价标准，作为科普服务供给的终极目标和追求。科普服务产品生产必须具备一定的条件；科普服务产品提供，必须具有一定的效用，形成特定的使用价值，达到一定的结果。

（四）科普受众的精细分类和精准服务

科普产品针对指定人群的指定使用场景，而提供不同的科普解决方式。科普产品的用户思维要求对科普用户有足够深刻的理解、对科普用户需求有真知灼见、对科普产品定义有恰到好处的把控，以及对科普产品的核心结构有坚定不移的坚持。一是要细分科普用户。根据科普产品的核心价值，将科普用户分解成不同角色。二是要遵循科普同理心原理。你认为≠科普用户认为，需要站在科普用户的角度考虑问题，包括：符合科普用户已有的使用认知，抛弃自己的主观意识，变成傻瓜来体验科普。同时，别人应该知道的≠别人真的知道，置身于“小白”的位置，才能看到科普产品真实的使用价值。三是要知道你服务的科普用户是谁。科普需求的本质是对科普现状的不满，要知道这些科普用户的真实诉求是什么，如何持续满足与更好地满足这些科普用户的需求，在满足过程中要不断迭代改进科普产品，挖掘和创造更多的科普用户价值，从人性深处的弱点出发，带给大众爽到极致的科普产品。

二、坚持平台引领的科普服务方向

现代科普服务供给是一个复杂系统，需要科普供给侧、科普需求者以及各方面的互动和参与。仅从科协组织自身力量来讲，很难独立实现科普服务的有效供给，搭建科普服务平台，吸引和连接一切科普相关者、集结一切科普资源，是科协组织科普社会化公共服务供给的最优选择。

（一）世界迈入平台化时代

随着信息社会的发展，平台日益成为重要的产品生产模式、商业服务模式、产业发展模式，而且平台企业越来越多，平台业务增长迅猛，对人们生活的影响日趋巨大。目前，全球市值最高的 5 家公司全是平台企业。平台模式正迅速改变着人类社会的方方面面，日益成为重要的经济模式。如，以优步为代表的叫车平台正改变着人们的出行模式；以空中食宿为代表的房屋短租平台，颠覆着人们的投宿模式；以维基百科为代表的朋辈生产平台正成为知识创造的新模式。人类社会正经历着平台革命，世界迈入平台化时代。① 可谓三流机构做产品、二流机构做服务、一流机构做平台。科协组织作为开放型、枢纽型、平台型组织，抓住平台革命的机遇，在科普社会化公共服务供给中实施平台战略，无疑是最好的选择。

---

① 钱平凡，钱鹏展. 平台化时代需相关者共创价值与共同治理 [N]. 中国经济时报，2017-04-05.

视窗 3－3 平台时代与共享经济

在互联网的时代背景下，美国 Uber、Airbnb、Lyft 等知名共享平台迅速崛起，带动共享经济迅速增长，并开始席卷全球。近几年来，微博、微信、滴滴打车、科通芯城、众美联等以共享经济为发展理念和模式的创新型企业，在中国遍地开花。

“共享经济”最早是由美国得克萨斯州立大学社会学教授费尔逊和伊利诺伊大学社会学教授斯潘思于 1978 年提出。共享经济定义众多，没有统一的说法。可以分两个层面来理解：第一层次从消费领域（C 端）来讲，共享经济是指物品所有者将闲置的物品，包括房屋、汽车，甚至衣物等出借或出租给使用者，以实现资源的最大化利用和收益。在这种模式下，人人既是消费者，也是生产者。第二层次从生产领域（B 端）来讲，共享经济是指通过供应链平台，连接产业链大中小企业，整合产业链上下游，优化配置资源，通过平台连接，平台上的企业除可做到信息共享，还可进一步将企业非核心业务外包，集中精力在核心业务上。

共享经济的产生与发展与人类历史上的两大革命是密切相关的。工业革命推动了社会生产力的快速发展，人类社会由“短缺经济”迈向“过剩经济”。世界范围内，传统行业产能过剩、资源浪费的问题越来越突出。过去人们惯常依靠产业结构调整、资源并购重组来解决这个问题，而随着互联网、移动互联网的普及与发展，供求信息的匹配变得更加及时与迅速，“共享经济”逐渐成为一种成熟的商业模式，为解决产能过剩问题提供了另一种创新型思路。

传统经济中心化体系下，消费者只是被动地接受产品和服务，无法参与到产品的设计和生产中，不利于发挥广大消费者的创造性，无法充分满足消费者的个性化需求。共享经济模式不同于传统经济“中心化”结构模式，强调“去中心化”。互联网时代，人人都可以是新闻、知识的创造者、传播者，网民可通过微博表达自己的观点，分享自己的知识，传播信息；人们出行不再仅仅依靠出租公司提供出行服务，只要有车，都可成为司机，为别人提供乘车服务；人们住宿可通过网络平台借宿他人家中，不再非得消费昂贵的酒店不可。

共享经济模式催生一个又一个的互联网服务平台，平台通过连接一个个的个体，打通供求信息，使信息传导加快，供给机制变得灵活。生产者可以通过平台消化自己的闲置资源（提供非标准化的产品），轻而易举地满足消费者个性化、多样化的需求。消费者可通过平台进行自由选择，实现个性化消费。

共享经济挑战传统经济商业模式，实现对传统商业运行方式的颠覆式创新，“劳动者——企业——消费者”的传统商业模式逐渐被“劳动者——共享平台——消费者”的共享模式所取代。例如，作为打车领域共享经济模式的鼻祖，Uber成立于2011年，已覆盖全球63个国家，344个城市，2015年收入达108亿美元，公司估值超500亿美元。Uber的轻资产平台，实现汽车闲置资源共享；Uber盈利模式明确，平台与司机2∶8分成。Uber的成功在于它通过搭建平台，充分利用资源提高效率，从而创造出真正的价值，这个平台彻底实践“管理的扁平化”，实现互联网时代人们所需要的公平、自由、协商、共享，而不是专制、纪律、命令、控制。①

（二）科普平台“连接一切”

科普平台简单讲，就像互联网一样，就是一个科普的“连接器”。互联网的起步是“联结”，通过基础通讯架构，如光纤、海底光缆、信号塔等把整个世界连接在一起，实现人与人、人与物等彼此之间的互动，实现信息的交换和交流，创造用户新体验，实现传统与现代的融合，促进世界的创新。

科普平台重在促进科普相关者的联系与互动，连接科普的一切。一是科普平台须为特定科普相关者创造特定价值，尤其需要与依托科普平台的共生关键群体或生态系统共同创造特定价值，这要求在科普平台构建前必须有清晰的科普平台用户价值主张。二是科普平台启动后，须获得众多科普相关者

---

① 唐乐民．共享经济时代：聚众资源、发展联盟、共建平台、驱动传统产业升级［EB/OL］．［2016－12－28］．http：//www.hao.123.com/mid？key＝PZWYTjCEOQLWGmyt8mvqVQVDVn/m3rjDsnjRvn/mkpj/PH6VQS.

认可与参与。三是科普平台要促使科普相关者的互动，吸引更多的科普共生群体参与互动。四是科普平台需要有科普平台吸引力与科普资源集结力的共同作用，以实现科普平台相关者的科普价值共享和分享。

（三）科普平台共创共治

科普平台需要科普相关者共创科普价值与共同治理，要大力倡导和践行“价值共创、风险共担、收益共享”的平台理念，理解并包容科普相关者的共同利益，需要科普相关者基于众创、众包、众扶、众筹、分享的集体行动，共同治理。

科普平台要汇聚各科普相关者营造众创、众包、众筹、众扶、分享的科普生态，激发科普创新活力，构筑科普服务供给的新格局，实现政府与市场、需求与生产、内容与渠道、事业与产业的有效连接，实现科普服务供给的倍增效应。一是要以科普众智促创新。大力发展科普众创空间和网络科普众创平台，提供开放共享科普服务，集聚各类科普创新资源，吸引更多人参与科普创作和科普产品创新创造。二是以科普众包促变革。把深化传统科普机构改革和推动科普创新相结合，鼓励用科普任务众包、PPP等模式促进科普产品生产方式和供给模式的变革，聚合公众的科普智慧和社会的科普创意，开展科普产品设计研发、生产制造和运营维护，形成科普新产品新技术开发的不竭动力。三是以科普众扶促创业。通过政府和公益机构支持、企业帮扶援助、个人互助互扶等多种方式，多途径全方位凝聚社会力量的支持扶助科普创作、创新、创业，支持科普创新创业服务平台建设，开放共享科普公共信息资源，支持科普领军企业、领军团队通过科普的生产协作，开放科普平台、共享科普资源、开放科普标准、建立科普公共厨房等带动科普融合创作团队、科普小微企业和新入职科普创业者发展。四是以科普众筹促发展。众筹通常指大众筹资或群众筹资，但科普众筹不仅仅指资金，实际上科普服务供给的创意、作品、内容、活动、人力、资金等许多方面都可以通过众筹来实现，这将有效拓宽科普服务供给的渠道，提高科普服务供给能力，有效满足科普的需求。五是以科普分享促进创新。鼓励以更加开放的心态办科普，要利用全球科普资源、人才和管理经验提升科普创新能力、拓展科普发展空间，共同分享科普创新成果，促进科普的公平普惠。

视窗 3－4 腾讯的连接效应

慨然登顶！3000亿美元！这是腾讯2017年5月初的市值！上市时，腾讯的股价为3.7港元，考虑腾讯在2014年一折五，折算后上市不到13年，股价涨了333倍。

说起腾讯，自然想到腾讯的微信、腾讯的开放机制、分享的机制、让利的机制。微信不是把所有的好处全部拿走、独吃独占，而是给了创业者大量的机会和回报。腾讯平台还放弃了电子商务，放弃了出行，放弃了衣食住行……腾讯仅仅保留了平台和连接器的功能，把几乎所有接口都免费开放给了创业者，把它庞大的流量开放给了创业者，毫无保留，让最微小的个体都有自己的品牌。

无数的微信订阅号、服务号，乃至现在的小程序，滴滴、摩拜、微商，都在腾讯平台上成长。据统计，腾讯开放平台上创业公司总数量达到400多万家，合作伙伴公司总估值3000亿，“双百计划”项目成功孵化40家市值超过1亿元的公司，半年内5家公司上市。现在，腾讯已经成为广大创业者创新者的守护神。腾讯就像一片大地，承载万物，让生物欣然生长；这片大地因此获得无穷的养料，越来越肥沃！

有句古话：“浑身是铁打得多少钉儿。”腾讯牛，就牛在这么一个汇天下英雄之力、推动自己成长的商业模式：只要你有本事，尽管来嘛，腾讯作为平台帮你尽情施展才华，让你赚钱，进而带动腾讯一起成长！正因为腾讯与创业者共享平台，让天下创客尽入彀中，才有了今天腾讯3000亿美元的市值！腾讯今天的强大不是腾讯公司自己实现的，而是通过开放的平台，激励大家在这个平台上“八仙过海，各显神通”实现的。

腾讯能走到今天离不开充分的市场竞争。可以说，腾讯的崛起和阿里巴巴类似，都是依靠了2000年前后互联网时代的红利。这些都是充分利用市场竞争、在市场竞争下爬起来的中国企业。不仅需要竞争，在中国市值最大的3家公司中，有两家属于中国三大互联网公司（BAT）。这意味着什么？两家是平台。与此同时，美国五家最大的公司当中四家是平台，一家是软件行业最大的垄断者。真髓就在这儿。平台真正意味什么？难以置信的用户数，并且是以传统行业企业无法想象的速度触达的用户数目。做平台，掌握用户，成了企业走向的根本所在。

平台的可敬畏之处，在于他们直接控制着这些用户的数据！而传统行业在这一点难以望其项背。如今，平台已经进化到“云+人工智能+物联网”。这些巨型平台，渗透进我们的生活，渗透进传统行业，改变着世界。它们很大，但它们才开始，它们还会继续进化、生长、变得更大。因而我们值得将投资放在这些主宰未来的平台。①

三、坚持名利权情的科普动员策略

驱使人类行为的动力是人的一些基本需求，这些需求是实施科普社会动员的社会文化基础。我国科普法规定，科普是全社会的共同任务，社会各界都应当组织参加各类科普活动。科协组织的科普动员本质上属于社会动员②，是基于驱使相关者从事科普的基本需要，为实现科普发展目标，通过宣传、发动和组织行动，促使全社会成员形成科普共同的观念与情感，获得广泛认同、参与和支持的社会发动过程。新时期科协组织科普社会动员，主要基于科普相关者的名誉、利益、权力、情感等动机来实现。

（一）科普的名誉驱动

名誉指名望、声誉、荣誉、光荣，集中体现人格尊严。名誉可以使人们得到精神上的满足，有良好名誉者不仅可以获得社会的更多尊重，还可获得实际利益。从人的动机看，人人都想获得名誉，千方百计维护好自己的名誉。由此，无论是通过精神激励还是物质奖励手段，对于一些科普中表现突出、有代表性的先进人物、先进集体给予必要的肯定、赞誉、褒奖，都能很好地激发和调动社会参与科普。

---

① 腾讯突发大消息！马云或坐不住了！移动互联网资讯［EB/OL］．［2017－05－03］．http：//www. anyv. net/medex. php/aticle－1238136.

② 岳金柱．试论社会组织与社会动员体制机制创新发展［J］．社团管理研究，2010（12）：9—11.

基于荣誉动机的科普社会动员，实质上就是对科普荣誉的管理。即利用荣誉管理的原理设计合适的荣誉激励制度和荣誉奖励规则，并通过宣传手段不断强化，使荣誉感持续长效激励目标群体做出科普期望的行为。科普荣誉与行政荣誉一样，具有道德评价、道德激励和利益激励、内外监督等功能，对社会起到导向、示范的作用，并能最大限度地增进公共利益，有益于社会。① 基于名誉动机的科普社会动员方式非常多，如颁发科普荣誉证书、树立科普正面典型、科普排名点赞、表彰奖励等。

视窗 3-5　典赞·科普中国活动

中国科协从 2015 年开始组织开展“典赞·年度科普中国”活动。活动旨在盘点年度极具影响力的科学传播典范，表彰在科普工作中涌现出的正能量的人物、事件，揭示具有极大社会效应的，彰显“科普中国”科学、权威、高品质的品牌形象，提升科普中国品牌口碑和影响力，展现科普中国品牌未来潜在价值，以及服务创新、服务公众的成果。消除科学误区，终结流言，推广在网络上广泛流传的优秀科普作品；创新“互联网 + 科普”的生态文化，凝聚科学传播、互联网、传媒各界力量，分享科普信息化先进思想，共谋科普信息化发展。每年 8—12 月开展“典赞·科普中国”征集评选活动，每年底开展“典赞·科普中国”年度揭晓活动。现场揭晓年度十大科学传播人物、年度十大科学传播事件、年度十大优秀科普作品、年度十大“科学”流言终结榜。活动期间，充分利用大众传媒和互联网进行广泛传播，2015 年通过移动端点击揭晓结果的公众达到 4000 多万人次，2016 年达近亿人次。

（二）科普的利益驱动

利益就是指好处，基于利益动机的科普社会动员，就是要让参与科普的个人和集体从中受益、得到好处。即利用互利多赢的原理设计合适的利益联结制度和利益分享规则，并通过营销手段不断强化，使这种好处持续长效激

① 朱晓红，伊强．行政荣誉机制的三重功能 [J]．山东行政学院学报，2004 (2)：10—12.

励目标群体做出科普期望的行为。基于利益动机的科普社会动员，关键在于建立科普的利益联结机制。

基于利益动机的科普社会动员方式也很多，如政府购买社会化科普服务、政府与社会合作提供科普公共服务产品（PPP 模式）、建立科普利益共同体组织等。

视窗 3－6　利益聚合的农技协

农村专业技术协会（下文简称农技协），发端于 20 世纪 80 年代，是面向会员和广大农民开展农业技术信息咨询、技术示范、技术培训、技术交流等的群众性、技术服务性的非营利社会组织。

农技协是农民自愿组成的群众组织，维护会员权益，为会员谋利益是农技协生存的根本。农技协要坚持以服务“三农”为重点，农民受益为核心，根据会员的需求，不断开拓服务领域，创新服务方式；要适应市场规律，在立足产中技术服务的同时，考虑农业生产产业链的上下游，开展产前种子及生产资料的集中采购服务，帮助农民降低生产成本，借鉴农民专业合作社的模式开展农产品销售服务，真正让农民得到实惠。

农技协要加强自身的组织建设、制度建设、基础建设和能力建设，增强会员的权利和义务意识，提升基层农技协在管理、服务、品牌等方面的实力，提升农技协凝聚力、公信力和服务能力。建立完善各项内部规章制度，完善民主选举、民主决策、民主管理和民主监督的管理机制，提高会员民主管理水平，不断增强基层农技协可持续发展的内生动力。推进农技协党建工作和业务工作有机结合，保证协会正确的发展方向。创立农技协品牌服务项目，围绕农民群众需求，提升农技协服务水平，增强其在科普宣传、科技推广、人才培训、服务农业经营等方面的能力，扩展服务内容，提升服务质量，提高农技协产品和服务品牌的影响力。

要采取政府购买服务等方式，支持农技协开展农业技术推广，发挥农技协在新型农村社会化科技服务体系中的积极作用。多年来所开展的农业技术推广，为解决农业科技成果转化的“最后一公里”

问题发挥了重要作用，要支持农技协依靠自身组织网络优势，广泛开展技术信息交流、技术培训和技术示范等农业技术推广活动。组织会员实行标准化生产，开展农业生产资料采购和农产品销售服务，切实帮助农民增收，促进新型农村社会化科技服务体系建设。

（三）科普的权力驱动

权力是影响力和控制力的大小、支配资源的内容与多寡的体现。基于权力动机的科普社会动员，就是对参与科普的个人和集体进行科普权力的赋予和配置管理。即利用权重赋予的原理设计合适的科普影响和科普资源支配规则，并通过认定、授权、许可等手段不断强化，使这种权力持续长效激励目标群体做出科普期望的行为。基于权力动机的科普社会动员，关键在于建立科普的权利与义务、责任的对应机制。

基于权力动机的科普社会动员方式也很多，如委以科普机构职务、授予科普特定身份、授以科普特权等。

视窗 3－7 科普中国形象大使

为推动科普事业发展，扩大科普中国品牌的影响力和号召力，中国科协邀请知名科学家、文体明星担任科普中国形象大使。“嫦娥之父”欧阳自远院士，卡尔·萨根奖获得者郑永春博士，“北斗导航”专家徐颖，“青年女科学家”获得者王玲华，全国著名主持人撒贝宁、张腾岳，“未来博士”、剑桥大学工程系在读博士邓楚涵，雨果奖获得者、科幻作家刘慈欣，歌唱家雷佳、陈思思，著名演员黄晓明、沙溢、胡可等社会知名人士已同意出任科普中国形象大使，聘期两年。

科普中国形象大使将与科普中国微信、微博互动并转发科普文章，参与全国科普日“典赞·2016 科普中国”科学传播等重点科普活动，通过多种方式积极参与公益科普宣传活动，号召全社会参与科学技术普及，推动公民科学素质提升。

中国科协于 2015 年启动“互联网＋科普”行动，着力科普信息化建设，并全力打造我国科学传播的官方权威品牌——科普中国，旨在增强科学传播的准确性、科学性、权威性。

视窗 3－8　科普中国·科学百科词条编撰

科普中国·科学百科项目由中国科协牵头，百度百科主办。此项目使用开放的词条编辑与审核模式，凝聚全国科普力量，共建开放的线上科学百科全书。凡具有副高及以上职称，或博士及以上的专业人员或在业内有一定知名度的专家学者，经过资格审查后均可参加科学词条的编撰和审核。聘任科普中国百科词条专家主要职责是对词条内容进行审核认证，对科学热点进行权威解读，对争议问题进行审议把关。百科词条专家发挥自己的专业知识，将自身所处领域内公众最为关心的热点和难点科学知识以通俗易懂的方式撰写成为科学词条，确保认证词条的科学性和权威性，为公众释疑解惑，破除谣言。

科普中国百科词条评审专家享有的主要权利：中国科协颁发荣誉证书，并将对特殊贡献专家进行表彰；以特聘专家身份出席校园讲座、百科年度科学盛典等活动；科学百科专题页面、科学词条页面内容贡献展示专属特权；相关领域词条编辑特权等。

（四）科普的情怀驱动

情怀意指某种感情的心境，科普情怀就是对科学、科普事业，对公众和社会的思想感情。基于情怀动机的科普社会动员，就是对参与科普的个人和团队进行科普情怀的激发和疏导管理。即，利用人本需求的原理设计合适的科普情怀的激发和科普情怀资源支配规则，并通过激发、认同、张扬等手段不断强化，使这种情怀持续长效激励目标群体做出科普期望的行为。基于情怀动机的科普社会动员，关键在于充分尊重每份科普情怀的个性，提供个性化的自我实现途径和平台。

基于情怀动机的科普社会动员方式也很多，如提供科普志愿服务平台、支持成立科普志愿组织、开展奖励表彰等。

视窗3－9 欧阳自远院士的科普心路①

欧阳自远院士是我国天体化学学科的开创者，中国科学院院士，第三世界科学院院士，我国月球探测工程首席科学家，被誉为“嫦娥之父”。

欧阳自远从事科普，从偶然到自发，经历50余年。早在20世纪60年代，从天外来客与天人感应，小天体撞击地球与物种灭绝，月球与火星的传说与真实，外星人是否真的造访地球等开始，到1993年，经过30多年的积淀，欧阳自远认为中国探月时机已经成熟，满怀希望地向国家提出中国探月的设想。然而，迎接他的是迎头一盆凉水。“地球都没搞清楚，还去搞什么月球?”“人家搞了几十年月球，我们再去搞有什么创新和特色?”“我们中国人地球上的事情都做不完，还要去探什么月球?哪有精力搞探月?先把地球上的事情搞好再说。”

对此，欧阳自远决定要真诚和实事求是地给这些人介绍中国探测月球的必要性与可行性，人类对月球的认识，月球探测对推进高新科技进步、促进经济发展、增强综合国力、支撑社会持续发展和培养科技队伍的重大作用。科普的效果出奇地好。彼时起，致力科学传播成为欧阳自远的自发行为，渐渐地，他的科普对象范围逐步扩大起来，上到国家领导，下至中小学生。每次科普报告，欧阳自远都要根据对象调整报告内容，“每一张PPT都是经过反复思考和推敲，图应该在哪里，文字应该如何表述，都要仔细琢磨。各种内容的科普报告一共有30种版本，每种针对不同的对象。”一张张饱含着他心血的科普幻灯片也记录着他的科研生涯，在他的科普中，最新的研究进展会在第一时间反映。“听他的科普就像赴一场盛宴，色香味和营养俱佳，是精神上的极大享受。”一名听过欧阳自远报告的学生说。

在欧阳自远看来，做好自己的研究是科学家的天职，做科普也

① 王玲．欧阳自远的科学心路［J］．科学新闻，2012（5）：76—78.

是科学家的使命。“科学家需要反哺社会，一方面要做出高水平的研究成果，另外一方面让公众更好地理解科学，提高国民素质，支持科学的发展。科普是文明国家、强大国家的基础。”①

视窗 3－10　科普中国形象大使徐颖的科普情怀

我是一名青年科研工作者，简称是“青稞”，跟青椒是一个物种体系的。青稞是一个比较尴尬的年纪，在这个年龄段呢，尊称为科学家太早，要假装科研小白呢又太老，和硕士博士一起聊人生理想呢有点不着调，和老科学家一起坐而论道呢又容易被小瞧。

青稞的科研之心才刚刚开窍，就开始跌跌撞撞地走上了科普之道，大家在严谨与活泼之间摇摆、在逻辑与有趣之中取舍、在努力学习把话说得谁都听得懂和把话说得谁都听不懂之间来回切换技巧，是因为我们特别精分吗？也不是，只是因为青稞也有不得不做、非得要做和心甘情愿做科普的理由。

首先，我们的科研工作包括了很多国家的重大项目，比如嫦娥、天宫、蛟龙以及我们在做的北斗系统，等等。国家给了经费，公众作为纳税人就有知情权，对我们而言，也有一种分享的快乐，你做了一个特别好的东西你不会藏着掖着自己半夜关着门关着灯偷偷乐的，你会恨不得昭告全天下，快来看看我们各种牛逼闪闪的大国重器啊。

在科学中发现问题解决问题所带来的成就感，做出来的东西国家需要、人民有用所带来的归属感和荣耀感，实在是非常美妙值得分享的体验。

此外，做好科普对我们的生活都是有直接益处的。相信很多青稞都有过一种困扰叫作“爸妈的朋友圈”，因为在他们的年代，媒体代表着权威，自媒体时代让媒体的门槛低了很多，但他们依然固守着对权威的信任，这就造成了传说中的中老年科普重灾区。如果把这部分科普做好了，相信不少青稞能够长出一口气，至少不用再吃

① 王玲．欧阳自远的科普心路［J］．科学新闻，2012（5）：76—78.

生茄子了是不是，那玩意儿真心很难吃啊，加麻酱加辣椒油都拯救不了啊。

平时我们有很多感觉很无奈的社会现象，当然从个案来讲有太多的偶然因素，但是归根到底还是教育问题。少年强则国强，少年智则国智。

但就现状而言，在科学素质教育或儿童科学传播上，我们做得远远不够。科研工作跟娱乐文化比起来不管是在国民度还是推广度上相比都是远远不够的，娱乐很好，但是没有任何一个国家能够靠娱乐撑起民族的希望，是什么能够铸就民族的脊梁，毋庸置疑是科技。

还记得我上小学的时候，老师布置写“我的理想”，班上的同学大部分的理想是科学家，但是据调查，现在的孩子们60%以上想当明星，与其说这是社会的发展，更不如说这是科学精神的一种缺失。科学家的理想铸就了现在的“80后”“90后”这一批年轻的科研力量，但是如果今天我们放任这种科研价值导向的流失，也许30年后、40年后从老一辈科学家手里传递过来的接力棒我们将无处可放，国家科研人才断代的悲剧不能因为我们今天的不作为和不努力而重演。

每个青稞的力量都很小，但如果有成千上万的科研工作者加入进来，那么星星之火当然可以燎原，这也是每一个科普工作者的理想。

有人说理想刚开始很浪漫，中间很痛苦，最后很平淡。但我们更想说，念念不忘，必有回响，科普工作不仅是青稞的社会责任，也是每一个科学工作者、每一位教育工作者、每一位文化传播者责无旁贷、义无反顾的使命。①

视窗3－11 科普志愿服务

志愿服务是指任何人志愿贡献个人的时间和精力，在不为任何

① 徐颖．“青稞”的科普之路［J］．科技生活周刊，2017－01－11．

物质报酬的情况下，为改善社会服务，促进社会进步而提供的服务。它具有志愿性、无偿性、公益性和组织性的特征。

科普志愿者也叫科普义工、义务工作者，是指具有相应的科学背景和科普服务能力，不计报酬或无偿地为公众提供科普服务的人员。科普志愿者的工作是指一种助人、具组织性及基于科普公益责任的社会自发参与行为，对于开展科普宣传、科技咨询、科技培训、科技下乡等科普活动，具有巨大的帮助。科普志愿者参与科普活动可以使科普志愿者本人获得深入接触社会实际、真实了解与认识公众科普需求的极好机会，这不仅丰富他们的生活阅历，还增强他们的感性认识，强化社会责任感，改善社会风气，增强协作精神、团队精神。

科普志愿者队伍建设需要把握以下关键：第一，加强科普志愿者队伍的组织建设。建设完善县级各类科普志愿者协会、科普志愿者服务站等组织，加强对科普志愿者的培训，为科普志愿者成长和服务提供交流平台。第二，发展学会等科技社团的科普志愿者队伍。充分发挥学会等科技社团的科普人才资源优势，大力营造科技工作者做科普、带头做科普的氛围，搭建科技工作者做科普的工作平台和活动平台，为科技人员履行科普责任提供机会、帮助和服务。鼓励和支持学会等科技社团开展丰富多彩的科普活动，组织会员积极参加科普工作。第三，发展离退休科普志愿者队伍。发挥各级科普组织、科技社团的组织动员作用，吸引离退休科技人员尤其是老专家、老科技人员参加科普志愿者队伍，积极参加科普活动，在科普场所担任科普讲解员。第四，广泛开展科普志愿服务活动。以科普场馆、社区为依托，利用举办大型主题科普活动的契机，积极搭建科普活动平台，为科普志愿者提供科普实践和服务的机会。第五，建立科普志愿者激励机制。充分发挥已有相关奖项的激励作用，不断创新奖励机制，吸引广大科技工作者和其他专业人才加入科普志愿者队伍，壮大县级科普工作力量。

科普志愿者队伍建设可从以下几方面展开：一是志愿者招募。志愿者招募是组建稳定、高素质志愿服务队伍的基础性工作。设立规范的志愿服务岗位、明确招募选拔标准、建立规范的招募机制是做好志愿者招募工作的前提。科普志愿服务岗位的设立和招募标准应根据本场馆的实际，兼顾长期性工作和短期项目工作的需要来考虑。在志愿者选拔上，一些重要的常设岗位应更多地考虑使用退休后能发挥余热的有志之士。二是志愿者培训。志愿者培训工作是否到位会直接影响到志愿服务的工作质量。科普志愿者的培训除要做好科普专业知识的培训外，还要注意做好服务意识、服务技巧的培训。培训工作可采取授课式和互动交流相结合的形式。三是志愿者权益保障与激励。志愿者权益保障与激励是志愿服务工作可持续发展的重要保障，也是最容易忽略、最难做好的工作。要做好这项工作，首先要在财力上给予支持，可设立科普志愿服务的专项资金，为志愿者提供必要的权益保障。建立完善的激励机制则有利于科普志愿者自觉地提高个人素质，进一步激发其参与科普志愿服务工作的热情，保持志愿服务队伍的稳定和促进志愿服务队伍整体素质的提升。权益得到保障、激励措施到位才能更好地保护和引导好志愿者参加志愿服务，激发他们的工作热情，发挥他们的主观能动性，促进科普志愿服务活动持续健康发展。①

① 宋晓阳，梁丽明. 浅议科普志愿服务工作创新［J］. 广东科技，2012（5）：199—200.

第四章　科学素质服务的创新提升

20 世纪 80 年代以来，随着科技的迅猛发展，人类社会进入经济全球化时代。国民素质尤其是国民的科学素质已成为综合国力竞争的基础。公民科学素质的高低，不仅决定个人的全面发展与生活质量，而且在一定程度上影响国家的兴衰荣辱，提高全民科学素质已成为国际社会的共识。

第一节　我国科普公共服务体系的确立

随着科技对政治、经济、社会、文化，以及公民的生产生活方式产生影响的日益广泛和深刻，科学素质问题越来越多地引起学术界和社会各方面的关注。世纪之交常常是人们回首与展望的时刻，20 世纪末各国政府不约而同地对现代社会最可宝贵的资源——国民科学素质给予空前关注和重视。

一、我国科普法规体系的建设

中华人民共和国成立以来，党和国家高度重视科普工作，早在新中国成立前夕召开的政协会上，就把“努力发展自然科学，普及科学知识”写进建国纲领，随后成立文化部科普局、中华全国科学技术普及协会；1958 年成立中国科学技术协会（简称中国科协）后，科协组织一直担负着推动我国科普工作的职责。随着我国科技事业不断发展，政府推动、社会参与的国家科普动员体系日益健全完善。

随着社会的发展，人们愈来愈意识到未来的世界，科技将改变一切。2012 年 6 月 29 日《科普法》正式颁布，这是全世界首部关于科普的法律，是我国政治、科技、文化生活中的大事，是广大科技工作者和科普工作者盼望已久的喜事，标志着我国科普工作已经纳入法制化的轨道。

《科普法》起草的过程也是讨论的过程，讨论的焦点、热点和难点主要集中在 4 个方面。① 一是关于科普的定义问题。直到《科普法》颁布前，也没有形成共识的科普定义。只好在后来颁布施行的《科普法》中巧妙地表述为"本法适用于国家和社会普及科学技术知识、倡导科学方法、传播科学思想、弘扬科学精神的活动。开展科学技术普及，应当采取公众易于理解、接受、参与的方式"。二是关于建立符合我国实际的科普管理体制的问题。科普工作坚持以政府为主导，确立政府的执法主体地位，在这点上是有共识的。在科普管理体制上，问题的分歧点主要是科技行政部门在科普工作上应当承担哪些职责。科技行政部门始终认为，政府的作用只有落到一个具体部门才能发挥，科技行政部门只有被赋予"宏观管理、统筹协调"职责才能体现其执法主体的地位，否则就是对政府职能的虚化，并提出将科普联席会议写入《科普法》中。但在科协系统征求意见的过程中，地方科协对"宏观管理、统筹协调"反应强烈，认为这 8 个字的内涵非常宽泛，弹性和伸缩性太强，而且在过去的实际工作中已经造成工作上的不协调和矛盾。从科普覆盖范围看，作为社会公益性事业，科普覆盖经济建设、科技、教育文化及人民生活的方方面面，与党的宣传部门、组织部门，众多政府行政部门和各类社会团体都有密切关系。根据中央的精神和科协系统的意见，中国科协多次向全国人大常委会教科文卫委员会、法制工作委员会和法律委员会提出应该删除这 8 个字。对于科普联席会议，鉴于各地做法不同，也提出不宜固化一种模式。最后，全国人大采纳了中国科协的意见，在颁布施行的《科普法》中规定："国务院科技行政部门负责制定全国科普工作规划，实行政策引导，进行督促检查，推动科普工作发展。"三是关于科普经费的问题，分歧点集中在要不要提出刚性的要求。科普工作者特别是科协系统的有关人员大都主张要有明确的刚性要求，通过法律给它固定下来，最后在颁布施行的《科普法》中规定：

---

① 崔建平. 回顾《科普法》出台的背景与过程（一）[J]. 科协论坛，2010（12）：2—5.

“各级人民政府应当将科普经费列入同级财政预算，逐步提高科普投入水平，保障科普工作顺利开展。”四是关于科协组织在科普工作中的地位和作用的问题。多数人是给予充分肯定的，但是否是主力军，则有不同意见。有人认为教育是科普主力军，提出人们获得的知识包括科学知识主要是通过正规教育得到的；还有人认为大众传媒是科普主力军，公众获取科学知识主要是通过电视、广播、报刊、图书、网络等。随着起草工作的深入，大家逐步认识到尽管社会各方面都在做科普工作，都有社会责任，但真正以科普为自己基本职责的，也就是科协组织。最后在颁布施行的《科普法》中明确提出科协是科普的主要社会力量，应该说这是对科协在科普工作中主力军的一个认定。

我国《科普法》明确科普是公益事业，各级政府须给予支持和投入；明确政府、政府科技行政部门、科协以及社会各方面的职责；明确科普的保障措施，对科普的设施、基金、表彰奖励有明确的规定；明确科普的法律责任，对有损科普工作的，如损坏科普设施、挪用科普投入、以科普的名义损害公共利益等行为都要承担法律责任。特别是《科普法》对科普性质及各政府部门的责任等做出进一步的明确，将科普工作纳入法制的轨道，对于改变各地政府根据自己的条件办事，有条件就搞科普工作，没条件就不搞的状况，有很大的强制性作用。①

二、公民科学素质建设的兴起

20 世纪激烈的国际竞争，越来越聚焦到科技领域，聚焦到国民素质特别是国民科学素质的提高上。早在 1996 年的世界竞争力报告中就明确提出，现在国家之间的竞争已从原来的产品竞争、加工竞争和结构竞争，转向国民素质的竞争。当时，人们已普遍认识到，国民素质特别是国民科学素质，已成为现代社会发展进步的最根本的因素，成为 21 世纪各国扬帆远航的根基所在。②

① 崔建平. 回顾《科普法》出台的背景与过程（二）[J]. 科协论坛，2011（4）：2—5.

② 朱效民. 国民科学素质——现代国家兴盛的根基 [J]. 自然辩证法研究，1999（1）：41—44.

视窗 4-1　科学素质的源起

科学素质（scientific literacy）概念源于美国，最初是作为美国科学教育改革的理念被提出来，然后不同的学者和组织结合特定时期的个人和社会目标赋予它不同的内涵和内容。

当时，国际公众科学素质促进中心主任、美国芝加哥科学院副院长米勒（Jon D. Miller）教授认为，科学素质应当被看作是社会公众所应具备的最基本的对于科学技术的理解能力。科学素质具有以下几方面的内容：认识和理解一定的科学术语和概念的能力，比如原子、分子、辐射和 DNA 等，这是理解科学技术的基础；跟上科学推理的基本水平的能力，即对科学研究的一般过程和方法要有所了解，具备科学的思维习惯，在日常生活中能够判断某种说法在什么条件下才有可能成立；理解包含科学及技术内容的公共政策议题的能力，即应当全面正确地理解科学技术对社会的广泛影响，能够对个人生活及社会生活中出现的科技问题做出合理的反应。

米勒教授对科学素质的这一界定逐步被国际社会所认同，并日益成为各国测定和比较国民科学素质的基本参照标准。1993 年联合国教科文组织和国际科学教育理事会首次提出“全民科学素质”的概念①。

视窗 4-2　科学素质的基本特点

第一，后天习得性。科学素质的后天习得性源于知识与技能的特殊性，它并不是人类与生俱来的，而是一个人通过后天的生活经验或者学习经历来获得的。这种后天习得性也凸显学习的重要性，特别是在以知识为基础的社会中尤其如此。正如经济发展与合作组织（OECD）《以知识为基础的经济》所指出的：“在知识经济中，学习是极为重要的，可以决定个人、企业乃至国家经济的命运。人

① 程东红．关于科学素质概念的几点讨论［J］．科普研究，2007（3）：5—10.

们在学习新技能和应用它们的能力是吸收和使用新技术的关键。”科学素质的“后天习得性”使通过对有效学习的倡导、组织而提高个体、公众乃至全民科学素质成为可能。

第二，积累自增性。提高科学素质主要表现为增进人们所掌握的相关知识与技能，而知识和技能提高的内在规律决定了这个过程是一个不断积累的过程。但这个不断积累的过程，不是一个简单的累加过程。一方面，科学知识内在的系统性，不同知识之间相互关联度的差异，以及知识与技能和时代发展、社会需求之间复杂关系，使在这个积累的过程中，科学素质的提高具有了非线性的特征，也使人们在提高科学素质的过程中具有了选择性和能动性。特别值得指出的是，在这个非线性的积累过程中，科学素质的提高具有自增强的特点。这种自增强性，一方面表现在已有的知识和经验成为吸收、加工和处理新知识的必要前提。另一方面，科学素质的提高必然不同程度地转化为特定主体的科学能力，这种能力反映在知识应用方面，更反映在知识学习和知识再生产的能力上，使科学素质的进一步提高成为一种自觉、自为的主动行为，而且将使科学素质的提高具备了更有利的条件和机会。

第三，系统层次性。以对科学知识的正确理解和应用为基础，以对科学方法和科学研究过程的准确认识，对科学精神、科学与社会关系的深入把握为核心，以形成应用知识、学习知识和生产知识的能力为目的，“科学素质”成为一个具有丰富、复杂内涵的范畴。不同层次的科学素质之间具有递进性，同时也具有互促性。这种关系决定提高科学素质既不能超越这种层次性，又需要充分注意不同层次之间的内在联系。我们既要求全体国民达到基本的科学素质，又不要求全体国民具有所有的科学素质，而是在使国民具备基本科学素质的条件下，使其科学素质具有多样性，并在科学素质的分布上整体具有系统性和层次性，唯此，才能够适应社会发展对国民科学素质多种多样的需求。

第四，历史动态性。科学素质的内涵、结构与功能随着时代的演进呈现出历史性的变化。这一个特点在科学知识这一层面表现得尤为突出。从历史的进程看，一方面，科学在不断演化、不断更新，不同时期人们对于自然界的认识会有所进步，知识变化是不可避免的，因为新的观察发现可以对流行的理论提出挑战。在科学界，不论理论新旧，总是不断地对其进行验证、修改、有时还会抛弃。① 另一方面，社会在不断进步，社会知识化的程度在不断提高，不同发展阶段的社会需求对人们所应具有的科学素质具有不同的要求，不但基本的科学素质的内涵在历史进程中不断扩展，而且科学素质的价值及其实现程度也具有与环境的高度相关性。②

三、"2049 计划"提出和推行

20 世纪末，提升全民科学素质工作引起党中央、国务院以及全社会的普遍重视。1997 年 9 月，江泽民同志在十五大报告中明确指出，我国现代化建设的进程，在很大程度上取决于国民素质的提高和人才资源的开发。培养同现代化要求相适应的数以亿计高素质的劳动者和数以千万计的专门人才，发挥我国巨大人力资源的优势，关系 21 世纪社会主义事业的全局。

当时我国国民素质尤其是国民科学素质已经成为我国社会发展进步的严重制约因素。1992—1996 年，中国科协先后 3 次对我国公众科学素养进行抽样调查。调查采取国际通用的测定科学素养的标准，分为理解基本的科学知识，理解科学研究的一般过程和方法，理解科技对社会的影响三个部分。这几年来，我国公众科学素养的调查数据与美国 1990 年调查数据进行比较发现，我国具备科学素养的公众比例（0.3%）仅为美国（6.9%）1/23；与 1989 年欧共 12 个国家公众科学素养调查结果相比，我国公众具备科学素养的比例仅为欧洲人（4.4%）的 1/15。1996 年我国公众科学素养调查显示，对分子、计算机软件、DNA 三个最基本的科学术语很了解的中国公众分别只有 3.7%、2.2%、3.6%，不了解及未做回答的比例分别高达 84.5%、93.5%、

---

① 美国科学促进协会. 面向所有美国人的科学［M］. 中国科学技术协会，译. 北京：科学普及出版社，2001：4.

② 李正风，刘小玲，等. 提高全民科学素质的目的、意义，全民科学素质行动计划课题研究论文集［M］. 北京：科普出版社，2005：285—315.

90.6%；只有不到半数的中国公众（45.6%）知道肝不是制造尿的器官，答错和不知道的人超过一半（51.7%）；知道激光不是由汇聚声波而产生的人不到1/5（19.4%），回答错误和不知道的人高达77.5%；我国公众对科学研究过程及方法很了解的占1%，相当高比例的农村公众认为科学研究就是选育优良粮食品种，增加粮食产量；而具备理解科技对社会影响的我国公众的比例分别只有美国及欧洲国家相应比例的1/14和1/22。对此，当时中国科普研究所公众科学素养调查课题组评论道：这种状况说明我国公众还不具备基本程度的科学精神和科学意识，也就是说我国公众还不具备分辨科学和伪科学的能力，还不具备基本程度的科学思维方法，还不具备用科学方法思考和解决社会与生活中的各种问题的能力。①

视窗4-3　我国公民科学素质抽样调查

我国和欧洲、美国等科技先行国家与地区，以及印度、巴西等国家，均普遍采用社会学和统计学的测量分析方法开展公民科学素质调查，来测度和分析公民科学素质的发展状况和变化趋势。国际上的此项调查通常称作公众对科技的理解和对科技的态度调查。

经国家统计局批准，自1992年起开展全国公民科学素质抽样调查，调查范围覆盖中国大陆（不含香港、澳门和台湾地区）18—69岁的公民（不含现役军人）。调查采用分层三阶段不等概率PPS的抽样方案，由调查员入户面访采集数据。

我国历次公民科学素质调查过程包括：调查前期的指标体系修订、问卷设计、问卷印制、抽样设计和调查报送国家统计局审批等工作，调查中期实施包括调查员手册编制、调查员培训、抽样实施、入户访问、调查问卷回收和调查过程追踪及检查等工作，调查后期包括调查问卷审核、问卷数据录入、数据清洗筛查、数据分析和结果呈现等工作。2015年中国公民科学素质调查时，中国科普研究所组织自主研发了“公民科学素质数据采集与管理系统”，在调查的执

① 中国科普研究所公众科学素养调查课题组. 1996年中国公众科学素养调查报告[EB/OL]. [2015-04-06]. http://www.doc88.com/p-7542411109570.html.

行方式和质量控制方法上均有创新，实现实时无纸化调查，调查员管理、过程监控、数据传输和在线审核等过程均通过相应的操作模块在系统上完成，是一次“互联网+”的调查。

通过对全国18—69岁的成年公民（不含智力障碍者、暂未含现役军人）进行抽样调查，来了解分析我国公民对科学的理解及对科技的态度等与科学素质相关问题状况。调查包括：公民对科学的理解程度、公民的科技信息来源和公民对科技的态度，其中公民对科学的理解程度部分是公民科学素质的核心指标，用于测度公民的科学素质状况。

通过对受访者背景变量的统计加权分析，得出我国不同性别、不同年龄段、不同受教育程度及城乡、不同地区和细分人群等各分类人群的相应结果，可为公民科学素质建设提供基础数据和决策依据。

国民科学素质的低下，让我国尝到了难言的“苦果”。20世纪90年代初以来，我国出现一些与时代发展不和谐的社会现象，如封建迷信抬头、伪科学与反科学现象泛滥，甚至出现“法轮功”这样反科学、反社会、反人类的严重事件。根据我国公民科学素质现状和形势发展需要，借鉴美国“2061计划”等世界发达国家公民科学素质建设的经验和做法，中国科协于1999年11月向中共中央、国务院提出实施全民科学素质行动计划（又称“2049计划”）的建议，建议对我国公民的科学素质培养做出总体规划和系统安排，制订和实施立足我国基本国情，面向全体国民，发挥政府、企业、非政府组织和社区的全社会作用的超长期国家计划，以有效提高我国国民的科学素质，通过50年的持续努力，到新中国建立100周年即2049年时，实现人人具备科学素质的目标。

2002年4月，国务院办公厅对中国科协《关于实施全民科学素质行动计划的建议》复函并要求中国科协积极开展有关筹备工作。2003年，成立由中国科协、中组部、中宣部等14个部门组成的全民科学素质行动计划制定工作领导小组，由中国科协主席周光召任领导小组组长，正式启动全民科学素质行动计划制订工作。在充分调研的基础上，经领导小组各成员单位充分沟通，确定制订《科学素质纲要》的原则，即：围绕中心，明确定位；目标长远，抓紧当前；突出重点，聚焦关键；统筹安排，资源共享。

视窗 4－4　美国“2061 计划”

“2061 计划”是美国科学促进会联合美国科学院、联邦教育部等 12 个机构，于 1985 年启动的一项面向 21 世纪、致力于科普的中小学课程改革工程，它代表着美国基础教育课程和教学改革的趋势。1985 年恰逢哈雷彗星临近地球，而彗星再次临近地球将是 2061 年，所以取名为“2061 计划”。

“2061 计划”的发起单位美国科学促进会并不是美国政府的机构，而是世界重要的科学团体之一，长期致力于各种学术活动，致力于推动科学的发展和人类的进步。在美国特有的教育体制下，由于发起者的身份，“2061 计划”不是一个官方的计划，不是指令性的，而是示范性的，指导性的，但它在美国的影响却是巨大的。“2061 计划”得到美国国家科学基金会和其他一些基金会的资助，得到一些企业的资助，也得到来自美国政府的一部分资助。1985 年，美国科学促进会在美国首都华盛顿成立“2061 计划”总部。

“2061 计划”并不只是简单的课程改革计划，而是一个全面的、长远的、综合性的科学、数学和技术教育改革计划，它考虑的是在美国全国范围内从幼儿园到高中毕业的整个阶段的科学、数学和技术教育，是对整个教育系统的一种改革，目标是使一个美国公民在高中毕业时，能达到某种科学素养的标准，在 21 世纪越来越科学技术化的社会环境中，通过小学到高中的学习，使学生能够懂得世界是怎样运作的，能够批判性地独立思考问题，能够过一种充满乐趣的、负责任的、有意义的生活。正如美国科学促进会所声称的那样：“在下一个人类历史发展阶段，人类的生存环境和生存条件将发生迅速变化。科学、数学和技术是变化的中心。它们引起变化，塑造变化，并对变化做出反应。所以，科学、数学和技术将成为教育今日儿童面对明日世界的基础。”这也正是“2061 计划”之主旨所在。

“2061 计划”的进行和实施分若干阶段。首先，是研究教育改革的理论和指导思想，设计总体方案，明确未来儿童和青少年从幼儿园到高中毕业时应掌握的科学、数学和技术领域里的基础知识，包括其主要学科的基本内容、基本概念、基本技能和学科间的有机联系等，以及掌握这些内容、概念和联系的基本态度、方法和手段、教学方法和教学重点等。1989 年，这方面最重要的文件“2061 计划”总报告和几个分报告正式出版。其次，是从 1989 年开始，“2061 计划”总部在美国的旧金山、圣地亚哥、费城、圣·安东尼奥、麦迪逊近郊麦克伐兰和乔治亚州的两个县等 6 个不同代表性的地区建立分部，根据第一步提出的理论和指导思想，研究其实施所需要的条件、手段和战略，设计不同模式的课程，并进行试验。第三步，则是在前两步的基础上，从 1993 年开始，用 10 年或更长的时间，从 6 个分部向外辐射，在更多的一些州和校区进行教育改革的试验。

2004 年年初，中央书记处对全民科学素质行动计划工作作出重要指示；2005 年年初，中央书记处进一步强调“要加快全民科学素质行动计划的制订过程，并把它纳入国民经济和社会发展‘十一五’计划，纳入《国家中长期科学和技术发展规划纲要》，努力把这项有利于促进全民族科学文化素质提高的战略性工程抓紧抓好。”2005 年年初，国务委员陈至立同志作出指示：科学文化素质是国民素质的重要组成部分。提高全民族的科学文化素质，是全面建设小康社会、贯彻实施科教兴国战略、可持续发展战略和人才强国战略的重要的基础性工作。要以制订、实施全民科学素质行动计划为龙头，推动科普工作上一个新的台阶。

四、全民科学素质纲要颁布实施

在党中央、国务院领导下，经过两年多努力，2006 年 2 月国务院颁布实施《全民科学素质纲要》，这是立足党和国家工作大局，着眼于全面建设小康社会宏伟目标，对全民科学素质行动作出的战略规划和全面部署。《全民科学素质行动计划纲要（2006—2010—2020 年）》指出，公民具备基本科学素质一般指了解必要的科学技术知识，掌握基本的科学方法，树立科学思想，崇尚科学精神，并具有一定的应用它们处理实际问题、参与公共事务的能力。全民科学素质行动计划旨在全面推动我国公民科学素质建设，通过发展科技教育、传播与普及，尽快使全民科学素质在整体上有大幅度的提高，实现到

21 世纪中叶我国成年公民具备基本科学素质的长远目标。

《全民科学素质纲要》明确提高全民科学素质的主要途径。一是大力发展科技教育。学校、家庭、社会、网络等是开展科技教育的重要场所和阵地，其中学校是科技教育的主渠道。青少年是人生的黄金时期和公民科学素养养成的关键时期，提高青少年科学素养在全民科学素质行动计划中占有重要位置。通过科学技术教育，可以向青少年普及科学知识和科学方法，激发青少年的科学兴趣，增强中小学生的创新意识、学习能力和实践能力，培养青少年的科学思想和科学精神；引导大学生树立科学思想，弘扬科学精神，激发大学生创新、创造、创业热情，提高大学生开展科学研究和就业创业的能力。二是大力加强科技传播。大众传媒和新媒体是科技传播的主渠道和公民科学素质建设的主阵地，包括报纸、广播、电视、网络等科技新闻传播，科技类图书、期刊、音响、电子等科技出版传播，科技展示和技术示范等科技展示传播等。三是科普活动。科普活动旨在向公众普及科学技术知识、倡导科学方法、传播科学思想、弘扬科学精神，是有主题、有组织、有目的的群体性活动。科普活动的形式多种多样，群众喜闻乐见，是促进公众理解科学的重要渠道。

《全民科学素质纲要》提出全民科学素质行动的方针。全民科学素质行动坚持"政府推动，全民参与，提升素质，促进和谐"的工作方针。政府推动是关键，全民参与是核心，提升素质、促进和谐是目的。明确政府的四项责任，即政府是推动实施全民科学素质行动的责任主体，纳入有关规划计划；政府要为公民科学素质建设制定政策法规，提供政策保障；政府要加大公共财政投入；政府要动员社会各界各负其责，加强协作。明确公民是科学素质建设的参与主体，要关注公众的需求，根据不同人群的特点，组织开展各种有针对性的教育、培训和科普活动，充分调动全体公民参与实施《全民科学素质纲要》的积极性和主动性；同时，公民是科学素质建设的受益者，实施《全民科学素质纲要》与广大公民实现自身全面发展、改善生活质量息息相关。政府和社会各界要共同努力，整合各种资源，努力为公民参与科学素质建设提供广泛的机会和多样的途径。明确目的是促进人的全面发展，提高人的科学素质，是把我国从人口大国转化为人力资源强国，增强国家竞争力和综合国力，完成全面建设小康社会历史任务的重要保障；同时，促进社会和谐，坚持以人为本，实现科学技术教育、传播与普及等公共服务的公平普惠，实现社会的公平正义，促进社会主义物质文明、政治文明、精神文明建设与和谐社会建设全面发展。

全民科学素质行动的工作主题。2007 年 2 月，全民科学素质工作领导小组第二次会议讨论决定，要以“节约能源资源、保护生态环境、保障安全健康”作为当年及今后几年的工作主题。2011 年 1 月，国务委员刘延东在听取《全民科学素质纲要》实施情况汇报会上，对工作主题进行补充，强调在“节约能源资源、保护生态环境、保障安全健康”的主题基础上，增加“促进创新创造”。

2006 年 2 月国务院颁布实施《全民科学素质纲要》以来，在党中央、国务院的正确领导下，各地各部门紧紧围绕党和国家的中心工作，根据《全民科学素质纲要》的总体部署，坚持大联合、大协作，扎实推动全民科学素质工作，我国公民科学素质建设取得显著成就，公民具备科学素质的比例快速提升。2015 年中国公民科学素质调查显示，2015 年我国公民具备科学素质的比例达到 6.20%，比 2005 年的 1.60%、2010 年的 3.27% 分别提高 2.88 倍、近 90%，超额完成“十二五”我国公民具备科学素质的比例超过 5% 的目标任务，进一步缩小与西方主要发达国家的差距，为“十三五”公民科学素质建设奠定坚实基础（图 4－1）。

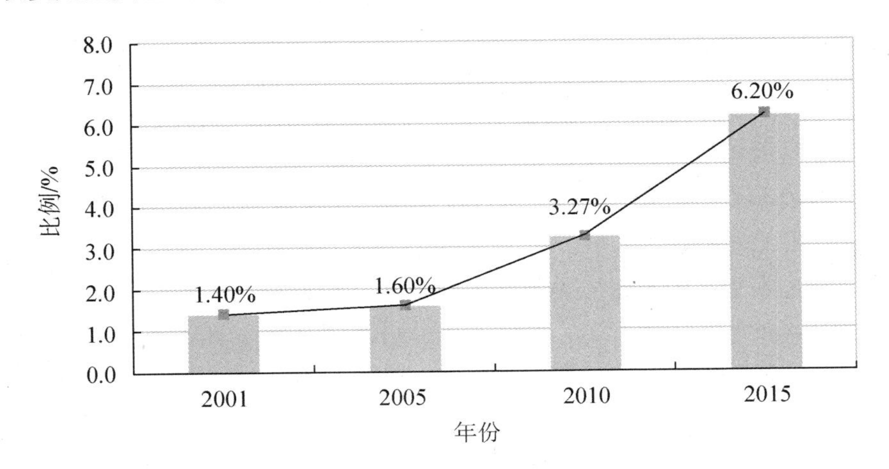

图 4－1　我国公民具备科学素质比例的持续增长

同时要清醒地看到，虽然我国公民科学素质建设取得很大成效，但各地区之间差距巨大。据 2015 年全国公民科学素质调查结果，公民具备科学素质比例最高的上海（18.7%），是公民具备科学素质比例最低的西藏（1.9%）的近 10 倍（图 4－2）。

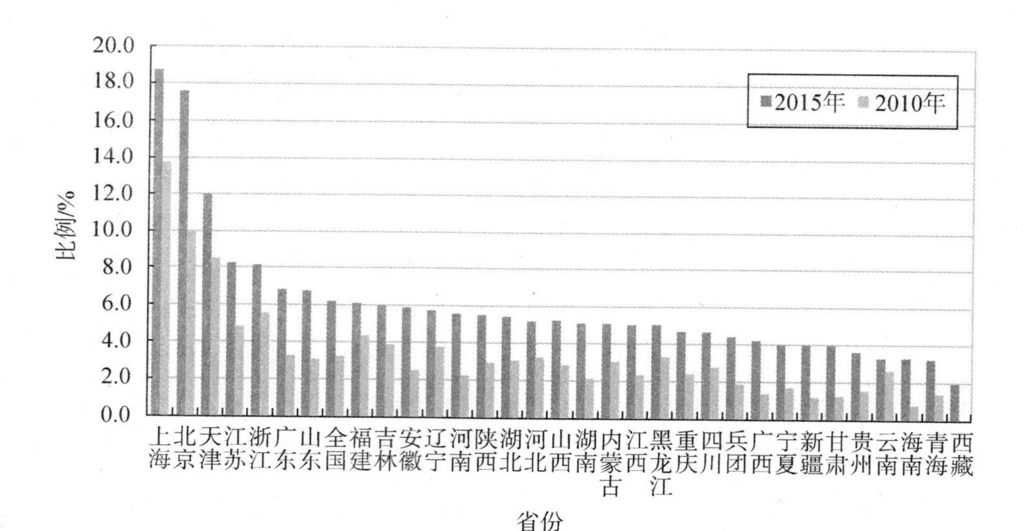

图4－2　我国不同地区公民具备科学素质比例的差异

视窗4－5　2015年我国公民科学素质调查报告

经国家统计局批准，中国科协委托中国科普研究所，于2015年3—8月组织开展了第九次中国公民科学素质抽样调查。

调查范围覆盖我国大陆（不含香港、澳门和台湾地区）31个省、自治区、直辖市和新疆生产建设兵团的18—69岁公民，调查以全国为总体、各省级单位为子总体进行抽样，设计样本量70400份，回收有效样本69832份。本次调查依托自主研发的“公民科学素质数据采集与管理系统”和专业调查团队，使用平板电脑进行入户面访，采用互联网信息技术，通过实时2015中国公民科学素质调查主要结果上传数据、远程定位监控、电话复核等多种质量控制手段，确保调查结果真实可信。

调查获得了我国及各地区公民的科学素质水平发展状况、公民获取科技信息和参与相关活动的情况及公民对科学技术的态度等方面的翔实数据。结果表明，我国公民科学素质水平大幅提升，2015年具备科学素质公民的比例达到6.20%，圆满完成了“十二五”我国公民科学素质水平超过5%的目标任务；各地区的公民科学素质水平均有不同程度的提升。互联网已经成为我国公民获取科技信息的主渠道，利用互联网及移动互联网获取科技信息的公民比例明显攀升；随着各类科普基础设施的建设和发展，公民利用科普设施及参加科普活动机会增多。我国公民对科技发展持积极支持的态度，教师、医生、科学家仍然是声望最好和最期望子女从事的职业；我国公民对低碳技术的应用和核能技术的应用持积极支持的态度。调查主要结果如下。

一、我国公民的科学素质水平大幅提升

（一）我国公民科学素质总体水平快速提升。2015 年我国具备科学素质的公民比例达到了 6.20%，比 2010 年的 3.27% 提高了 90%，比 2005 年的 1.60% 提高了 2.88 倍，表明我国公民科学素质水平发展已经进入快速增长阶段。国际比较表明，2015 年我国公民科学素质的总体水平相当于美国 1991 年（6.9%）、欧盟 1992 年（5%）和日本 2001 年（5%）等的水平，进一步缩小了与世界主要发达国家和地区的差距。

（二）各地区公民科学素质水平普遍提升。我国各地区的公民科学素质水平均有较大幅度的提升，且不同区域的公民科学素质发展呈现出与其经济社会发展相匹配的特征。

2015 年上海、北京和天津的公民科学素质水平分别为 18.71%、17.56% 和 12.00%，位居全国前 3 位。国际可比数据显示，上海和北京的公民科学素质水平已达到了美国 1999 年的水平（17.3%）并超过了欧盟 2005 年的水平（13.8%），天津达到了美国 1995 年的水平（12.0%）。江苏（8.25%）、浙江（8.21%）、广东（6.91%）和山东（6.76%）4 省的公民科学素质水平均超过全国总体水平，位居引领我国区域公民科学素质发展的第二梯队。福建（6.10%）、吉林（5.97%）、安徽（5.94%）等 13 个省、自治区的公民科学素质水平也均超过了 5%，是我国公民科学素质发展的重要基础。重庆（4.74%）、四川（4.68%）、广西（4.25%）等西部地区 12 个省、自治区、直辖市和新疆生产建设兵团（4.42%）的公民科学素质水平均低于 5%，其中海南、青海和西藏仍低于 2010 年全国的总体水平（3.27%）。

与2010年相比，北京和上海的公民科学素质水平增长幅度较大，分别增长了7.53和4.97百分点；安徽和河南的公民科学素质水平排名进步较快，安徽从第19位进步到第10位，河南从第22位进步到第12位；海南和新疆的公民科学素质水平的增长率较高。

从区域发展来看，东部沿海发达地区与西部欠发达地区的差距进一步拉大。其中，长三角、珠三角、京津冀三大区域的公民科学素质水平发展处于区域发展领先地位，公民具备科学素质的比例：长三角地区为9.11%、珠三角地区为8.95%、京津冀地区为8.78%。东部、中部和西部地区的公民科学素质水平均有明显提升，分别从2010年的4.59%、2.60%和2.33%提升到2015年的8.01%、5.45%和4.33%（图4－2）。

（三）不同分类群体公民科学素质水平均有不同程度提升。在不同分类群体公民科学素质水平普遍提升的同时，相关人群的科学素质水平提升幅度更大。城镇劳动者在《科学素质纲要》实施重点人群中科学素质水平提升幅度较大，从2010年的4.79%提升到8.24%。从城乡分类来看，城镇居民的科学素质水平提升幅度更大，从2010年的4.86%提升到9.72%；同期相比，农村居民仅从1.83%提升到了2.43%。从年龄分类来看，中青年群体的科学素质水平较高，18—29岁和30—39岁年龄段公民的科学素质水平较高，分别达到11.59%和7.16%。男性公民的科学素质水平（9.04%）明显高于女性（3.38%），且男性的提升幅度较大。受教育程度是公民科学素质水平的决定性因素，高中及以上文化程度是具备科学素质公民产生的基础，随着受教育程度的提升，具备科学素质公民的比例明显提升。大学本科及以上文化程度公民的科学素质水平为40.47%，大学专科和高中（中专、技校）依次为20.83%和10.40%，而初中及以下仅为1.33%。

（四）具备科学素质公民的群体特征。中青年人、男性公民、较高受教育程度者、城镇居民是具备科学素质公民中的主体。2015年在6.20%具备科学素质的公民中：50岁以下公民共占94.2%；男性公民占73.3%；高中（中专、技校）及以上文化程度的公民共占

84.9%；城镇居民占81.5%。

二、互联网已成为公民获取科技信息的主渠道

（一）超过半数的公民利用互联网及移动互联网获取科技信息。电视仍然是我国公民获取科技信息的最主要的渠道，有93.4%的公民通过电视获取科技信息。互联网也已经成为我国公民获取科技信息的主要渠道，公民利用互联网及移动互联网获取科技信息的比例达到53.4%，已经超过了报纸（38.5%）位居第二。在具备科学素质的公民中，有高达91.2%的公民通过互联网及移动互联网获取科技信息，互联网已成为具备科学素质公民获取科技信息的第一渠道。此外，具备科学素质的公民通过报纸杂志和图书获取科技信息的比例也明显高于全体公民。

从互联网及移动互联网渠道的利用来说，微信（74.1%），百度、谷歌等搜索引擎（69.0%），腾讯网、新浪网、新华网等门户网站（68.8%）是网民获取科技信息的最常用渠道；果壳网、科学网、百度百科等专门网站（44.6%），微博（43.5%）等也是网民获取科技信息的常用渠道。

（二）公民利用科技场馆的机会增多。公民利用科普场馆获取科学知识和科技信息的机会增多。在过去的一年中，公民参观过的各类科普场馆，按比例排列依次为：动物园、水族馆或植物园（53.7%），科技馆等科技类场馆（22.7%），自然博物馆（22.1%）。参观过人文艺术类场馆的比例依次为：公共图书馆（40.4%），美术馆或展览馆（20.5%）。参观过身边的科普场所的比例依次为：图书阅览室（34.3%）、科普画廊或宣传栏（20.7%）。参观过各种专业科技场所的比例依次为：科技示范点或科普活动站（13.5%），工农业生产园区（27.5%），高校和科研院所实验室（9.7%）。同时，在上述渠道中，相对信任度（“经常用”渠道中的“很信任”与“不信任”的比值）较高的依次为：百度、谷歌等搜索引擎（4.9），腾讯网、新浪网、新华网等门户网站（3.6），果壳网、科学网、百度百科等专门网站（3.0）；相对信任度较低的是微信（2.2）和微博（1.8）。

与2010年调查相比，在公民过去一年中没去科普场所的原因中，“本地没有”的比例明显降低。以科技馆等科技类场馆的参观情况为例：公民因“本地没有”而未参观过的比例为22.6%，比2010年的37.6%降低了15百分点。据《美国科工指标（2014年）》的最新数据，我国公民对于科普设施的利用情况与美国相当，且明显高于欧盟、日本、韩国、印度、巴西、马来西亚等国家和地区。对于科技馆等科技类场馆，按公民的参观率排列依次为：美国（2012年，25%）、中国（2015年，23%）、欧盟（2005年，16%）、印度（2004年，12%）、日本（2001年，12%）、马来西亚（2008年，11%）、韩国（2010年，9%）和巴西（2010年，8%）。同时，2012年美国公民参观动物园、水族馆或植物园和参观自然博物馆的比例分别为47%和28%，与我国2015年的情况相当。

（三）公民对各类科普活动的知晓度较高。公民对各类科普活动的知晓度较高，经常性科普活动的参与度高于大型群众性科普活动。在过去一年中，我国超过半数的公民参加过或知晓各类科普活动。公民参加过各类经常性科普活动的比例依次为：科技展览（14.6%）、科普讲座（12.4%）、科技培训（11.0%）和科技咨询（8.1%）；参加过科技周、科技节、科普日这种大型群众性科技活动的比例为7.8%。

三、我国公民积极支持科技事业的发展

（一）公民对科技信息的感兴趣程度较高。在各类新闻话题中，我国公民对科技类新闻话题的感兴趣程度较高。公民对科学新发现、新发明和新技术、医学新进展感兴趣的比例分别为77.6%、74.7%和69.8%。同时，公民感兴趣程度较高的新闻话题依次为：生活与健康（92.6%）、学校与教育（86.7%）、国家经济发展（78.6%）、体育与娱乐（78.4%）、农业发展（78.0%）、文化与艺术（74.9%）、军事与国防（66.5%）、国际与外交政策（57.9%）等。

在各类科技发展信息中，我国公民最感兴趣的科技发展信息是环境污染与治理，感兴趣的公民高达83.3%；其次公民感兴趣的科技发展信息依次为：计算机与网络技术（63.6%）、宇宙与空间探索

(50.3%)、遗传学与转基因技术（50.0%）和纳米技术与新材料（41.3%）等。

（二）公民对科学技术持积极支持的态度。我国公民支持科技事业发展并对科学技术的应用充满期望，超过80%的公民赞成“现代科学技术将给我们的后代提供更多的发展机会”和“科学技术使我们的生活更健康、更便捷、更舒适”的看法；超过75%的公民赞成“尽管不能马上产生效益，但是基础科学的研究是必要的，政府应该支持”和“科学和技术的进步将有助于治疗艾滋病和癌症等疾病”的看法；70%左右的公民对“科学技术的发展会使一些职业消失，但同时也会提供更多的就业机会”和“政府应该通过举办听证会等多种途径，让公众更有效地参与科技决策”等观点持赞成态度。

具备科学素质的公民更加关注、支持科技的发展，并对科技事业有更强的责任和担当意识。总体相比，具备科学素质的公民对科技发展带给人类的影响有更理性的认识，有70.4%的人认为延缓全球气候变化比促进经济发展更重要，有95.3%的人赞成每个人都能为减缓全球气候变化做出贡献；分别有94.9%和81.8%的人支持低碳技术和核能技术的应用；有77.3%的人在对待转基因技术应用上，与总体相比，具备科学素质的公民对转基因技术的应用持更加明确的态度，其中持支持态度的占34.3%，既不支持也不反对的占42.2%，反对的占22.1%，而不知道的仅占1.4%、明显低于全体公民7.4%的比例。

（三）科学技术职业在我国公民心目中的声望较高。在调查所列的12类职业中，科学家、教师、医生和工程师等科学技术类职业在我国公民心目中的声望较高。声望由高至低的职业依次为：教师(55.7%)、医生（53.0%)、科学家（40.6%)、工程师（23.4%)、企业家（21.9%)、律师（19.5%)、法官（18.7%)、政府官员(18.4%)、运动员（12.8%)、艺术家（11.8%）和记者（9.7%）等。公民最期望子女从事的职业依次为：医生（53.9%)、教师(49.3%)、科学家（30.6%)、企业家（29.9%)、工程师(27.4%)、律师（24.5%)、政府官员（18.7%)、法官（15.0%)、艺术家（14.8%)、运动员（10.5%）和记者（7.5%）等。

在决战建成全面小康社会和创新型国家的“十三五”时期，贯彻落实习近平总书记五大发展理念，特别是推进创新发展和全面建成小康社会，全民科学素质的提高既是一项基础性工程，又是发展的一块短板。我国公民科学素质建设任重而道远，需要未来五年加大推进力度，以实现我国公民科学素质的跨越提升。为落实好《全民科学素质纲要》最后五年的实施工作，中国科协会同中组部、中宣部、教育部、科技部、国家发改委、财政部、人社部、农业部等部门，共同编制《全民科学素质行动计划纲要实施方案（2016—2020年）》，并由经国务院审定由国务院办公厅印发，该方案对我国未来五年公民科学素质建设作出全面部署和安排。

视窗4-6　美国2016年科学素养报告

2016年美国科学院科学教育委员会发布“科学素养报告”，对于科学素养的概念和情境进行重读，报告从社会层面、群体层面、个人层面对科学素养问题进行了考察。

报告指出，科学素养问题的重要价值和意义包括：第一是经济价值。早在1918年英国自然科学与教育委员会就提出一个国家的科学教育程度直接影响其物质生产和经济繁荣。教育经济学家通过研究国家GDP与其公民知识水平测试表现之间的关系，指出一国的知识资本与其长期增长紧密相关。公民科学素养是培养科学技术及其他专业领域人才的基础，为提供经济发展的人力资本提供保障。第二是民主价值。一方面，包括空气污染、清洁能源、气候变化等一系列现代公共问题需要有具备科学知识和理性的公民参与；另一方面，社会公共资源，例如空气、海洋、国家公园、公共图书馆、健康卫生设施等，也需要具有科学精神和科学理念的公民共同参与和保护。公民科学素养工作是保障社会稳定和谐发展的重要基础。第三是文化价值。在现代社会，科学行为逐渐成为理解世界的文化行为，使人们对于世界的理解从平面化走向立体化。科学素养也成为文化素质的体现。第四是个人价值。科学素养能够帮助个体公民应对社会生活中的各种问题和挑战，促进社会和谐发展。在面对健康、卫生、能源、生活方式等一系列与个人生活息息相关的问题和决策时，科学的理念和知识能够帮助个人和家庭作出合理的判断和决策。

报告认为：第一，科学素养的概念和内容包括对科学知识和事实的掌握、对科学过程的理解以及对科学的社会过程的理解。科学素养是一个包容性很强的概念，远不止对科学事实和概念的理解，还包括对科学的本质以及科学与社会、科学与人文关系的认识。历史上，对于科学素养概念的主流观点将其局限在个人能力测量层面，然而，在科技与社会高速发展的背景下，仅注重个人的基础素养已不足以促进科学素养的整体发展。第二，近20年来美国公民在科学素养上保持稳定，2014年的全民社会调查中，调查对象平均答对了65%的知识测试题目，这与1992年和2001年的调查结果基本一致。在美国科学委员会的问卷调查中，80%的调查对象对科学及科学投入持正面的支持态度，90%的调查对象对科学家和科研机构保持较高的信任水平。同时，美国公民存在着巨大的社会素养差距，这些差距主要受到收入、教育、种族、社会阶层等结构性因素的影响。第三，科学素养具有重要的群体意义，如在科学资源较少、科学素养较低的美国社区和群体，环境和健康的危机事件更容易发生。科学素养的表现具有群体性特征，尤其是当个人的科学知识与其所属群体的科学知识能够得到互动时，如参与社区或群体活动能够帮助个体公民提出新问题，获得新知识，通过与科学家群体进行互动，加强公共参与。第四，对科学的总体态度，无法预测在对气候变化、转基因、干细胞研究、核能等一系列特定科学争议的态度。科学知识和科学态度的关系比较复杂，受到多种个体和外部因素影响，科学知识的增长并不代表对科学的更大支持。

为了更好地理解科学素养概念的复杂性和多层次特点，美国科学院科学教育委员会通过在报告中提出两方面建议：一是加强科学素养的理解。包括科学界在内的社会参与者应该继续加强和扩展对科学素养概念的理解，一方面理解社会结构和组织如何能有效支持个人科学素养的提升；另一方面，理解社会和群体层面上的科学素养并不是个体层面的科学素养的简单加总，在社会和群体层面上理解科学素养有助于全民科学素养的提升。二是加强科学素养的理论和实践研究。委员会建议相关科学界需要对科学素养的新问题进行理论和实践的研究，进一步扩展科学素养的概念。这些研究问题包括科学知识和科学态度的关系、科学素养的效用、科学素养和其他公民素质的关系、科学素养对公民参与社会治理的作用等。①

五、实施重点人群科学素质行动

紧紧围绕青少年的科学兴趣、创新意识、学习实践能力明显提高，领导干部和公务员的科学意识和决策水平不断增强，农民和城镇劳动者的科学生产生活能力快速提高，革命老区、民族地区、边疆地区、集中连片贫困地区公民的科学素质显著提升，大力开展重点人群科学素质行动，带动全民科学素质整体水平跨越提升。

（一）突出重点人群科学素质行动

据国家统计局发布数据②，2016 年年末我国大陆总人口 13.83 亿人，其中城镇常住人口 7.93 亿人，占总人口比重（常住人口城镇化率）为 57.35%，户籍人口城镇化率为 41.2%（下页表）。要根据我国不同地区不同人群的实际情况，精细分类开展科学素质行动。一是实施青少年科学素质行动，着力推进义务教育、高中和高等教育阶段科技教育，开展校内外结合的科技教育活动。二是实施农民科学素质行动，广泛开展农业科技教育培训和农村科普活动、加强农村科普公共服务建设、加强薄弱地区的科普精准帮扶。三是实施城镇劳动者科学素质行动，大规模开展职业培训，加强进城务工人员科学素质工作。四是实施领导干部和公务员科学素质行动，把科学素质教育作为领导干部和公务员教育培训的长期任务。青少年科学素质行动、农民科学素质行动将在本章后续重点描述。

（二）着力城镇劳动者科学素质提升

我国经济增长已从高速转入中高速的“新常态”，进入人口红利渐失、简

---

① 鲁晓，周建中，张思光. 解读 2016 年美国科学院科学素养报告 [EB/OL]. [2017-05-12]. http://news.sciencenet.cn/htm/news/2017/5/376127.shtm.

② 中华人民共和国国家统计局. 中华人民共和国 2016 年国民经济和社会发展统计公报 [EB/OL]. [2017-02-28]. http://www.stats.gov.cn/tjsj/zxfbi/201702/t20170228-1467424.html.

2016 年年末我国大陆人口数及其构成表

指 标	年末数/万人	比重/%
全国总人口	138271	100. 0
其中：城镇	79298	57. 35
乡村	58973	42. 65
其中：男性	70815	51. 2
女性	67456	48. 8
其中：0—15 岁（含不满 16 周岁）	24438	17. 7
16—59 岁（含不满 60 周岁）	90747	65. 6
60 周岁及以上	23086	16. 7
其中：65 周岁及以上	15003	10. 8

单依靠对原材料加工转口式的生产难以为继、资本流动的国际化趋势明显、服务业兴起、科技创新驱动与制度红利凸现的经济发展阶段。面对新时期的新要求、新变化和新特点，必须以强化劳动者自身素质为突破口，提高和发挥劳动者素质技能，妥善应对人口结构变化和劳动力市场转型所引发的严峻挑战。科学素质是劳动者综合素养和能力的重要方面，受到教育程度、知识、技能、科学精神等的影响。目前我国劳动者科学素质偏低，结构不合理现象突出。以职工群体为例，尽管随着科学技术的发展，我国职工群体受教育程度大幅提高，比重情况是：大学本科以上占 19%，初中以下仅占 1. 6%，初中为 22. 6%，高中为 34. 6%，大专占 22. 2%，但是与美国、日本等发达国家相比仍然有较大的差距，相比而言，这种情况难以更好地适应和推动产业结构的优化升级以及高新技术产业的发展。

新时期要着力提升城镇劳动者科学素质，大力宣传创新、协调、绿色、开放、共享的发展理念，弘扬创新创业精神，引导更多劳动者积极投身创新创业活动。要围绕加快建设制造强国、实施“中国制造 2025”、推动生产方式转变，以专业技术人才、高技能人才、进城务工人员及失业人员的培养培训为重点，大力开展劳动者的职业培训。要推动职业技能、安全生产、信息技术等知识和观念的广泛普及，提高城镇劳动者科学生产和健康生活能力，促进城镇劳动者科学素质整体水平提升。为此，要做好以下工作。

第一，加强专业技术人员继续教育工作。完善专业技术人员继续教育制度，深入实施专业技术人才知识更新工程，全面推进高级研修、急需紧缺人才培养、岗位培训、国家级专业技术人员继续教育基地建设等重点项目。开展少数民族专业技术人才特殊培养工作，构建分层分类的专业技术人员继续教育体系。充分发挥科技社团在专业技术人员继续教育中的重要作用，帮助专业技术人员开展技术攻关、解决技术难题，参加跨行业、跨学科的学术研讨和技术交流活动。

第二，大规模开展职业培训。构建以企业为主体、技工院校为基础，各类培训机构积极参与、公办与民办共举的职业培训和技能人才培养体系。面向城镇全体劳动者，积极开展订单式、定岗、定向等多种形式的就业技能培训、岗位技能提升培训、安全生产培训和创业培训，基本消除劳动者无技能从业现象，提高城镇劳动者安全生产意识，避免由于培训不到位导致的安全事故。组织开展技能就业培训工程暨高校毕业生技能就业和新一轮全国百家城市技能振兴等专项活动，深入实施国家高技能人才振兴计划，开展全国职工职业技能大赛、全国青年职业技能大赛、全国青年岗位能手评选等工作，大力提升职工职业技能。

第三，广泛开展进城务工人员培训教育。大力开展农民工求学圆梦行动、“春潮行动”——农民工职业技能提升计划、家政培训、城乡妇女岗位建功评选等活动，将绿色发展、安全生产、健康生活、心理疏导、防灾减灾等作为主要内容，发挥企业、科普机构、科普场馆、科普学校、妇女之家等作用，针对进城务工人员广泛组织开展培训，提高进城务工人员在城镇的稳定就业和科学生活能力，促进常住人口有序实现市民化，助力实现城市可持续发展和宜居。

第四，大力营造崇尚创新创造的社会氛围。深入开展“大国工匠”“最美青工”“智慧蓝领”“巾帼建功”等活动，倡导敢为人先、勇于冒尖的创新精神，激发职工创新创造活力，推动大众创业、万众创新，最大限度地释放职工创新潜力，形成人人崇尚创新、人人渴望创新、人人皆可创新的社会氛围。

（三）着力领导干部和公务员科学素质提升

新时期领导干部和公务员科学素质行动，要着眼于提高领导干部和公务员的科学执政水平、科学治理能力和科学生活素质，大力加强马克思列宁主义、毛泽东思想和中国特色社会主义理论体系，特别是习近平总书记系列重要讲话精神等科学理论的教育，宣传创新、协调、绿色、开放、共享的发展理念，开展科技革命、产业升级等前沿科技知识的专题教育，充分利用现代信息技术，加强科技知识、科学方法的培训和科学思想、科学精神的培养，使领导干部和公务员的科学素质在各类职业人群中位居前列，推动领导干部和公务员更好地贯彻实施创新驱动发展战略，推进国家治理体系和治理能力现代化。

第一，重点提高“关键少数人”的科学素质。领导干部和公务员是国家关键的少数，是谋划和引领国家创新发展的中坚力量，必须以深厚的科学素养全面武装，全面提高驾驭当代科技革命浪潮的能力，担负起执政兴国的重任。要大兴学习科技新知的风气，了解把握当代科技发展态势、学习掌握新科技知识，使科学思想、科学方法、科学精神有机融汇于领导发展的实践；始终以敏锐的眼光和宽阔的视野，广泛涉猎最新科技知识，丰富知识结构，增强与国内外产业界、科技界的对话能力，增强对事物发展内在规律的洞察能力；跟上时代的步伐，在发展中不落伍、不掉队，以日积跬步、水滴石穿的精神，厚植科学素养，做到书到用时胸有成竹，使之真正成为认识辩知科技创新的通才，运用驾驭科技创新的将才，服务支持科技创新的“后勤部长”；把创新摆在核心关键位置，全面研判世界科技革命大势，主动跟进、精心选择、有所为有所不为，从创新中找出路、想办法、促发展，提高对本地区本部门创新发展的战略谋划能力，牵住科技创新这一牛鼻子，下好科技创新这一先手棋，把创新作为发展的内生动力，不断增强自主创新这一供给侧结构改革的能力，努力破解发展难题，厚植发展优势，形成想创新、会创新的良好局面。

第二，把科学素质教育作为领导干部和公务员教育培训的长期任务。认真贯彻落实《2013—2017 年全国干部教育培训规划》有关部署要求，严格执行《干部教育培训工作条例》有关规定。在研究制订领导干部和公务员培训规划时，突出科学理论、科学方法和科技知识的学习培训以及科学思想、科学精神的培养，重点加强对市县党政领导干部、各级各部门科技行政管理干部、科研机构负责人和国有企业、高新技术企业技术负责人等的教育培训。

第三，创新学习渠道和载体，加强领导干部和公务员科学素质教育培训。在党委（党组）中心组学习中，加强对马克思主义基本原理、习近平总书记系列重要讲话精神等内容的学习。把树立科学精神、增强科学素质纳入党校、行政学院和各类干部培训院校教学计划，合理安排课程和班次，引导、帮助领导干部和公务员不断提升科学管理能力和科学决策水平。鼓励领导干部和公务员通过网络培训、自学等方式强化科学素质相关内容的学习。积极利用网络化、智能化、数字化等教育培训手段，扩大优质科普信息覆盖面，满足领导干部和公务员多样化的学习需求。在干部培训教材建设中强化新科技内容的编写和使用，持续编发《新科技知识干部读本》等领导干部和公务员应知必读科普读本。

第四，在领导干部考核和公务员录用中，体现科学素质的要求。贯彻落实中央关于改进地方党政领导班子和领导干部政绩考核工作的有关要求，不断完善干部考核评价机制。在党政领导干部、企事业单位负责人任职考察、年度考核中，强化与科学素质要求有关的具体内容。在公务员录用考试中，强化科学素质有关内容。制订并不断完善领导干部和公务员科学素质监测及评估标准。

第五，广泛开展针对领导干部和公务员的各类科普活动。办好院士专家科技讲座、科普报告等各类领导干部和公务员科普活动。继续在党校、行政学院等开设科学思维与决策系列课程。做好心理咨询、心理健康培训等工作，开发系列指导手册，打造网络交流平台。有计划地组织领导干部和公务员到科研场所实地参观学习，鼓励引导领导干部参与科普活动。组织开展院士专家咨询服务活动，着力提升广大基层干部和公务员的科学素质。

第六，加大宣传力度，为领导干部和公务员提高科学素质营造良好氛围。加强科技宣传，充分发挥新闻媒体的优势，增加科技宣传版面和时段，用好用活新媒体工具，推广发布一批优秀科普作品，大力传播科技知识、科学方法、科学思想、科学精神。围绕科技创新主题，选树一批弘扬科学精神、提倡科学态度、讲究科学方法的先进典型。

第二节 青少年科学素质服务创新

少年智则国智，少年强则国强。青少年是祖国的未来，科学的希望，国民科学素质提高基础在青少年。提高青少年科学素质需要学校、家庭、社会等共同努力，其中以学校为主、社会参与的科技教育是培养青少年的科学思维和科学精神，提高青少年的科学素质，引领青少年建构适应社会发展的科学文化知识体系的重要途径。①

一、青少年科技教育的使命责任

青少年科技教育肩负着培养青少年对科技的兴趣和爱好，增强其创新精神和实践能力，引导青少年树立科学思想、科学态度，逐步形成科学的世界观和方法论的重任，对于提高全民科学素质、保障我国创新驱动发展战略、建成世界科技强国、实现中华民族伟大复兴具有基础性和战略性作用。

（一）激发青少年科学兴趣

兴趣和爱好是最好的老师。从小培养青少年的科学兴趣和爱好，是青少年科技教育的最基本使命与重要责任。20 世纪末以来，青少年的科技兴趣普遍下降，引起国际科技界和教育界学者的广泛关注和热烈讨论。例如，在澳大利亚，学生们对科学和技术的态度低迷，而且科学和技术常常被本土人士看成是不相干的东西；在英国，年轻人漠视科学和技术；在韩国，年轻一代伴随着拒绝科学的潮流而成长，并没有表现出多少对科学的兴趣等。

而造成青少年科学兴趣下降的原因，普遍认为有三点：一是科学形象被歪曲，大大减弱了青少年对科学的兴趣。科技不像其他领域那样是一个吸引人的职业选择，英国年轻人往往把科学视为乏味、无关的东西，韩国年轻人常常把科学视为仅仅对科学家而不是青少年有用的东西。二是学校课程的糟糕设计和错误的科学教育理念，导致他们的科学兴趣越发减弱。学校课程过分关注科学知识的课程设计，导致学生没有机会去体验科学的趣味、发展他们的创造性和培养尝试了解未知世界的能力；尽管年轻人仍然信任科学和技术，但并未参与到自然科学和技术中，因为学校没有抓住年轻人的兴趣；课堂书本的内容过于理论化，过多强调记忆性知识而不是对知识的理解，使得学生无法发展他们的情感和社会竞争力等。三是物质障碍在青少年科学兴趣的减弱中起了影响作用。如，许多处在偏远、农村地区的青少年很难有更多

---

① 刘阳、单长勇、楼伟、李燕祥、李冬晖、范体宇、任高、季士治、张奇等同志参加本节书稿讨论和部分初稿撰写；李冬晖博士完成本节大部分书稿撰写，并最终审定本节书稿。在此一并鸣谢！

的机会参加科普活动和受到良好的科技教育。①

在我国，当“60后”“70后”还是孩子的时候，被问及长大想做什么，多数会毫不犹豫地说想当科学家。如果问20世纪80年代、90年代出生的孩子长大想做什么，则很少人说想当科学家。据2015年的一项调查显示，我国青少年对科技的兴趣和爱好呈下降趋势，在青少年未来愿意从事供选择的11类职业中，仅有7.3%的青少年表示将来愿意当科学家，排在11种职业中的第7位；在青少年的心目中，经理或老板（14.8%）、军人或警察（13.4%）以及教师（9.6%）和医生（9.5%）是他们较为向往的职业，其余是工程师（6.2%）、政府官员（4.5%）、农民（0.6%）和工人（0.5%）。②

激发青少年的科学兴趣，对于促进他们选择科学作为未来的职业，以及培养未来的创新者、决策者、新知识型劳动者等具有启蒙性、先导性、基础性和根本性的作用。新时代的科普服务中，我国青少年科技教育必须将培养青少年的科学兴趣和爱好、重新唤起和点燃青少年的科学梦，作为首要的使命和重要的责任。

视窗4－7　青少年是科学素质养成黄金期

对青少年的年龄划分，目前没有统一的标准。联合国教科文组织在1982年墨西哥圆桌会议上，提出青年包括14—34岁年龄组人口。联合国《到2000年及其后世界青年行动纲领》（1995）中规定青年为15—24岁的年龄组。美国科学促进会将科学教育的对象设定为从幼儿园至高中。我国《宪法》《未成年人保护法》和《预防未成年人犯罪法》都规定不满18周岁为未成年人；共青团的主要工作对象界定为10—29岁。中共中央办公厅印发的《中共中央国务院关于深化教育改革全面推进素质教育的决定》提出“实施素质教育应当贯穿于幼儿教育、中小学教育、职业教育、成人教育、高等教育等各级各类教育，应当贯穿于学校教育、家庭教育和社会教育等各

① 珍妮·梅特卡夫，李曦. 青少年科技传播的困境与对策，以人为本的科学传播—科学传播的国际实践［M］. 北京：中国科学技术出版社，2012（4）：33—35.

② 石长慧，赵延东. 重新唤起中国孩子的科学梦想［N］. 光明日报，2017－05－04.

个方面”。《全民科学素质行动计划纲要实施方案（2016—2020）》在实施青少年科学素质行动的措施中提出，“推进义务教育阶段的科技教育；推进高中阶段的科技教育；推进高等教育阶段科技教育和科普工作”等措施。由此，我国青少年科技教育中的青少年，可以界定为幼儿教育至高等教育的年龄范畴。

青少年是人生介于童年与成年的特殊过渡时期，是身心经历快速改变和转化的时期，是为成人角色的转换做准备的时期。青少年时期有着不同于其他年龄段人群的特点，主要体现为：一是在年龄上处于未成年阶段，具有特殊的生理和心理特征，他们的实际需求、思维方式、接受能力和社会经历与成年人大不相同；二是处于学校学习阶段，他们的主要任务是按照教学计划，学好学校规定的各门课程，学习方式主要是课堂听讲和做练习、实验等作业；三是不同学段的青少年在认知水平上存在较大差异，同一学段青少年因性别、家庭文化背景、社会经济发展状况的差异也会导致学习科学技术知识时的某些差异。因此，青少年是一个同质性较强的群体，青少年科技教育有着自身的特点和规律。开展青少年科技教育工作，要了解和遵循他们特有的生理和心理发展规律，在关注相关影响因素的基础上，其内容、方式与情景等方面要与成年人有所不同。

视窗 4－8　兴趣是科学探索的源泉

童年尝过的甜头，长大以后会念念不忘。如果父母老师从小就能培养孩子对事物细心观察、追根到底的习惯，长大后他们就会在学习和工作中不断地找兴趣，保持学习和探索的动力。培养孩子的兴趣，不等于是让他们去上兴趣班。

理查德·费曼（Richard Feynman，1918—1988 年），美国物理学家，1965 年诺贝尔物理奖得主。费曼是 20 世纪最重要的物理学家之一，他对任何事物都拥有强烈的好奇心，除研究物理学，还有很多传奇经历，如破解保险柜密码、演奏手鼓、破译玛雅象形文字、绘画，甚至调查航天飞机失事，是少数几个在大众心目中形象生动鲜活的前沿科学家。

费曼讲，在他出生前，他的父亲对母亲说："要是生个男孩，就把他培养成科学家。"当费曼还坐在婴孩椅上的时候，父亲有一天带回家一堆小瓷片，就是那种装修浴室用的各种颜色的玩艺儿。他父亲把它们叠垒起来，弄成像多米诺骨牌似的，然后让他推动一边，它们就神奇地一个接一个全倒了。过了一会儿，他父亲又帮着把小瓷片重新堆起来。这次变出了些复杂点儿的花样：两白一蓝，两白一蓝……他母亲忍不住说："唉，你让小家伙随便玩不就是了？他爱在哪儿加个蓝的，就让他加好了。"可他父亲回答道："这不行。我正教他什么是序列，并告诉他这是多么有趣呢！这是数学的第一步。"他父亲就是这样，在费曼还很小的时候就教他认识世界和世界的奇妙。

费曼讲，他家有一套《不列颠百科全书》，父亲常让费曼坐在他的膝上，给费曼念里边的章节。有一次念到恐龙，书里说："恐龙的身高有25英尺，头有6英尺宽。"父亲停顿了念书，对费曼说："唔，让我们想一下这是什么意思。这也就是说，要是恐龙站在门前的院子里，那么它的身高足以使它的脑袋凑着咱们这两层楼的窗户，可它的脑袋却伸不进窗户，因为它比窗户还宽呢！"就是这样，他父亲总是把所教的概念变成可触可摸，有实际意义的东西。费曼想象，居然有这么这么大的动物，而且居然都由于无人知晓的原因而灭绝了，觉得兴奋新奇极了，一点也不害怕会有恐龙从窗外扎进头来。

费曼讲，他们常去卡次基山，那是纽约人夏天避暑消夏的去处。他父亲常在漫步丛林时，给费曼讲树林里动植物的新鲜事儿。其他孩子的母亲瞧见了，觉得这着实不错，便纷纷敦促丈夫们也学着做。可是这些丈夫们不理她们，她们便来央求费曼的父亲带他们的小孩去玩。费曼的父亲没有答应，不想让别人夹杂进来。于是，其他小孩的父亲也就只好带着他们的小孩去山里玩了。周末过去了，父亲们都回城里做事去。孩子们又聚在一起时，一个小朋友问费曼："你瞧见那只鸟儿了吗？你知道它是什么鸟吗？"费曼说："我不知道它叫什么。"这位小朋友说："那是只黑颈鸫呀！你爸怎么什么都没教你呢?!"

其实，情况正相反。费曼的父亲是这样教费曼的：“看见那鸟儿了吗？”“那是只斯氏鸣禽。”“在意大利，人们把它叫作‘查图拉波替达’，葡萄牙人叫它‘彭达皮达’，中国人叫它‘春兰鹟’，日本人叫它‘卡塔诺·特克达’。你可以知道所有的语言是怎么叫这种鸟的，可是终了还是一点也不懂得它。你仅仅是知道世界不同地区的人怎么称呼这只鸟罢了。我们还是来仔细瞧瞧它在做什么吧——那才是真正重要的，”“瞧，那鸟儿总是在啄它的羽毛，看见了吗？它一边走一边在啄，”“它为什么要这样做呢？”费曼说：“大概是它飞翔的时候弄乱了羽毛，所以要啄着把羽毛再梳理整齐吧。”……“那让我们来观察一下，它们是不是在刚飞完时啄的次数多得多。”费曼说：“得啦，我想不出来。你说道理在哪儿？”费曼的父亲说：“因为有虱子在做怪，你看，只要哪儿有食物，哪儿就会有某种生物以之为生。”费曼知道鸟腿上未必有虱子，虱子腿上也未必有螨，但在原则上是正确的。费曼很早就学会了“知道一个东西的名字”和“真正懂得一个东西”的区别。①

视窗 4－9　青少年想当科学家的有多少

国际经合组织（OECD）公布的 2015 年国际学生能力评估（PISA）结果显示，中国的中学生期望将来进入科学相关行业的从业者的比例仅为 16.8%，明显低于美国的比例（38%），不及 OECD 国家的平均比例（24.5%）。如何让中学生爱上科学？中国科技发展战略研究院对全国 23 个省（自治区、直辖市）的小学五年级、初中二年级和高中二年级学生进行了抽样调查。

调查询问了青少年未来愿意从事的职业，并提供包括工人、农民、政府官员、科学家、工程师、医生、教师、军人/警察、记者/律师/作家等、歌星/影星/体育明星、经理或老板 11 类常见职业供选择，结果仅有 7.3% 的青少年表示将来愿意当科学家，排在 11 种

---

① 费曼. 小时候父亲这样教我［EB/OL］.［2016－02－02］. http：//www.sohu.com/a/57858207_372485.

职业中的第7位。在青少年的心目中，经理或老板（14.8%）、军人或警察（13.4%）以及教师（9.6%）和医生（9.5%）是他们较为向往的职业，其余工程师（6.2%）、政府官员（4.5%）、农民（0.6%）和工人（0.5%）。

青少年中想当科学家的比例随着年龄增长而不断降低，小学生（五年级）中想当科学家的比例是12%，而到了初中（二年级）和高中（二年级）阶段则减少为6%和4.5%。从性别来看，女生想当科学家的比例（3%）显著低于男生（11.5%），其中初中和高中女生想当科学家的比例分别只有1.5%和1.9%。

青少年与科学家的人际接触能显著地提升青少年对科学技术的兴趣，同时也明显提升了他们从事科学技术职业的意愿。数据显示，在那些日常生活中接触过科学家的青少年中，表示对科学感兴趣的比例高达88%，而在那些不认识科学家的青少年中，表示对科学感兴趣的比例为77.3%。接触过科学家的青少年中，将来想当科学家的比例为15.6%，而未接触过科学家的青少年的相应比例只有6.8%。

遗憾的是，青少年中有机会与科学家直接交往的人的比例太低，小学仅有4.8%，初中和高中也分别只有6.6%和7.7%。对那些来自偏远农村地区和较低社会地位家庭的青少年来说，接触科学家的机会更是微乎其微，农村地区青少年认识科学家的比例仅有3.2%，而城镇青少年的相应比例为9.9%。家庭收入位于最高20%的家庭中的青少年有11.4%的人认识科学家，而家庭收入最低20%的家庭中的青少年认识科学家的比例仅为3.5%。

当前的学校教育和科普工作通常“见物不见人”，比较重视科学知识的讲授、科技及产品的普及和宣传，忽视向青少年介绍科学家群体的相关信息，尤其忽视人际交流在科学教育和科普中的重要性，无法为青少年提供在现实生活中与科学家直接接触的机会。近年来有关部门对这一问题已有所重视，在科普活动中开始注意加强科学家、工程师与青少年的直接互动，开展了诸如“万名‘科学使者’进校园（社区）”“科普教育基地进课程”和“流动科技馆进基层”

等活动。但这些活动一是持续时间比较短，通常不足月余；二是覆盖范围窄，仅在几个省市地区开展，更多情况下主要针对经济发达地区的学校。既有科普活动还远不能满足广大青少年，尤其是偏远地区和困难家庭的青少年的需求。

从科学家的角度来说，多数科研人员自身的科研工作压力比较大，没有时间和精力走进校园与青少年直接交流。我国当前对科研人员的评价体系中，没有充分体现科普工作的价值，降低了科学家参与科普活动的积极性。另外，科学家缺乏与公众尤其是青少年进行沟通的技能，不擅长深入浅出地为青少年讲解科学发现，也阻碍了科学家与青少年的直接交流和互动。为提高青少年对科学职业的从业意愿，建议大力发动科学家进校园，同时为青少年“走进科学实验室”提供更多机会，促进科学家与青少年的直接接触和互动。①

视窗 4－10　“大手拉小手”点燃科学梦

科普报告又称科普演讲或科普讲座，是科学家、科技工作者向公众进行科学传播的一种方式，它以生动浅显的语言，来普及科学知识，宣传科技成果，讲述科学人生，以增进公众的科学兴趣、培养公众的科学思想。中国科协“大手拉小手”科普报告希望行活动于2000年设立，旨在以科学家的大手拉青少年的小手，搭起科学家与青少年之间的沟通桥梁，以科普报告的形式面向青少年开展科学传播，激发青少年的科学兴趣、点燃青少年的科学梦想。

科普报告不仅突出知识性、科学性和通俗性，更强调趣味性和新颖性；采取演讲、演示方式，并与现场讨论交流相结合。演讲者利用一线工作获得的丰富知识、图片和资料，以浅显、通俗、幽默的语言，讲授深奥的科学、技术知识，介绍最新的科学、技术成果和未来发展趋势，同时通过讲述一些科学事件和知名科学家的拼搏、创新故事，展示科学思想、科学精神和科学人生。科普报告的对象

① 石长慧，赵延东．重新唤起中国孩子的科学梦想［N］．光明日报，2017－05－04．

是公众尤其是青少年，报告的内容包括信息科学技术、生命科学和生物技术、生物多样性、生态与环境保护、地球科学、核科学技术、天文、航天、航空、激光、微电子、遥感、新材料、新能源、现代磁学及应用技术，公共安全等。该活动17年来，足迹遍及全国32个省、自治区、直辖市的近千个市、县，举办科普报告5000多场，受益青少年约200万人。

该活动的核心团队——中国科学院老科学家科普演讲团成立于1997年，主要由中国科学院离退休研究员组成，也有高等院校、解放军和国家各部委的教授和资深专家参加，还吸收了一些热心科普事业的优秀中青年学者。在老团长钟琪和继任团长们的带领下，演讲团严谨务实的精神和深入浅出的讲座、演讲中生动活泼的讨论和热烈互动的气氛，化解了科学与百姓之间的隔膜，使听众在和谐轻松的氛围中，真切地体会到“科学就是力量”“科技就在身边”。演讲团的辛勤耕耘受到社会广泛关注和高度评价，2002年时任副总理李岚清同志亲切接见了演讲团的领导和代表，2003年演讲团被评为全国科普先进团体，2007年荣获全国科普教学“银杏奖”，2011年被评为首都市民热爱的品牌科普团。

（二）教会青少年科学思考

每一个教育对象都有智慧的潜质，通过知识的获取、思维的培养，人人都能发展智慧。在笔者看来，当今教育最为深刻的危机之一，就在于知识在教学过程中占据了至关重要的位置，培养和塑造“知识人”成为根深蒂固的教育理念。然而，在知识与思维之间，知识本身并无价值，知识的价值存在于“解决问题”的过程中。唯有当知识被用来开启心智，知识被用于解决实践问题的时候，知识才真正找到了通向美德的通途，才能够转化成为人生智慧的力量。因此，走出传统教学阴影的出路在于对知识和思维要有一个合理的态度，只有善于思维的人，才能将知识灵活地运用于实际问题的解决，才能实现知识向智慧的转化。一个成功的教者，不在于他教会学生多少知识，更在于他教会学生思维，为思维而教。① 思维、思考是把人和动物区别开来的

① 郅庭瑾. 为思维而教［M］. 北京：教育科学出版社，2007.

特征，是人的智慧的集中体现。思考开始于某种模棱两可、不确定的状态，试图寻找某个立足点去审视补充的事实，以便寻找某些证据，从而判定这些事实彼此之间的关系，人类生活和学习的质量取决于思维的质量。① 激发青少年对科学的好奇心、教会青少年进行科学思考，是科技教育的重要使命和责任。

在现实科技教育中，科学思维教学往往缺乏。很多科学教师、科技辅导员认为学生只要记住科学课本、科技场馆解说词中的内容，能在测验中取得高分就说明他已经掌握了它们，记住科学术语就等于概念内化了，还把科学讲解等同于科学理解。他们固执地认为在培养学生的科学思维能力上，科学内容更加重要。尽管很多教师赞同发展学生的科学思维能力，但他们的教学仍以记忆（内容）为中心，记忆式的限制性学习在当前的科学课堂实践中占据优势，牢不可破。教师关注的是内容和效率，在学生出错后，并不会探索学生是如何形成错误答案的，只是简单推断学生的想法可能是什么，然后告诉他正确答案以节约时间，对如何让他们形成合乎逻辑的答案也不关心，教学目标不是使学生思考由概念和推理得出的结论，而是提供教师认为正确的答案。丝毫没有关注到学生怎样想、怎样建构概念为己用，对正确与错误的关注其实是在强调内容比发展和运用个人认知能力更重要。对内容的关注，使讲授法理所当然得到青睐，而其助长思维的被动性，不仅表示缺少判断和理解，也表示好奇心的减弱，使科技教育成为一桩苦差使而索然无味。

科技教育要为思维而教，新课程的全面实施，素质教育特别是科学素质教育的全面推进，已经成为这个时代脉动的最强音，而科技教育模式创新、提高教师的专业素养和水平，正日益成为教育界备受关注的课题。教会青少年怎样科学思考，而不是去教青少年思考什么。科学思维起源于疑惑，是一个不断提问、不断解答、不断追问、不断明朗的过程。在科技教育过程中，要通过教师的提问、激励与引导，学生自由思考、自由表达而获得知识技能和发展能力，教师不断询问，学生对某个问题的解释，使学生处于思维的应急状态并迅速地搜寻解题的策略。这个过程中，还应鼓励学生主动提问并学会提出好问题，这本身就是一个主动思考的过程，也是思考习惯养成的过程。

---

① 吕星宇. 对话教学：为思维而教 [N]. 教育学报，2008-06-03.

（三）激励青少年科学探究

学习能力、探究能力是创新能力的重要方面。探究能力作为人们探索、研究自然规律和社会问题的一种综合能力，通常包括提出问题的能力、收集资料和信息的能力、建立假说的能力、进行社会调查的能力、进行科学观察和科学实验的能力、进行科学思维的能力等。

在青少年科学探究学习能力培养方面，我们已取得很大进步，对于青少年学习科学知识、掌握科学技能、实践科学方法、进行科学创新等起到积极的引导促进作用，但是也存在一些问题。例如，科学知识学习与科学探究学习的失衡，有学者对部分省市的6356名中学生的调查发现，我国青少年的科学态度具有科学知识学习兴趣度高、科学方法实践意愿不足、科学职业选择意愿不高等特征，① 反映出我国科技教育对科学方法实践、科学探究学习的重视不够。又如，青少年接触校外、课外的实际科学知识、深度参加科学活动等的机会偏少，理解科学与自身、科学与社会之间的关系等很不够。由此，新时代的科技教育必须强化青少年科学方法与科学技能的锻炼，通过科技实践活动来培养学生探究能力，突出玩中学、想中学、做中学、用中学，加大青少年科学探究学习能力的培养。

（四）培养青少年创新能力

创新是民族进步的灵魂，是国家竞争力的核心。当今社会的竞争，与其说是人才的竞争，不如说是人的创造力的竞争，是青少年创新意识和创新能力的竞争。一个青少年缺乏创新意识和创新能力的民族，将是一个没有希望的民族。通过科技教育手段，培养学生的创新意识，提高学生的创新能力，从而培养适应时代发展的学生，是科技教育的又一重大使命和责任。

视窗4－11　创新意识与创新能力

创新是人类特有的认识能力和实践能力，是人类主观能动性的高级表现形式，是推动民族进步和社会发展的不竭动力。创新，即更新、创造、改变，以新思维、新发明、新描述、新产品等为特征。

---

① 袁洁，陈玲，李秀菊．我国青少年科学态度现状调查［J］．上海教育科研，2015（1）：45—48.

> 创新意识是指人们根据社会和个体生活发展的需要，引发创造前所未有的事物或观念的动机，并在创造活动中表现出的意向、愿望和设想。创新意识是创造性思维和创造力的前提，是人类意识活动中的一种积极、富有成果性的表现形式，是人们进行创造活动的出发点和内在动力。
>
> 创新能力是运用知识和理论，在特定环境中，在科学、艺术、技术和各种实践活动领域中不断提供具有经济价值、社会价值、生态价值的新思想、新理论、新方法和新发明的行为能力。

随着科技教育的加强，我国青少年科技创新意识和创新能力不断提高，但与世界发达国家相比，仍然存在较大差距，不能适应建设世界科技强国的需要。有学者抽取我国10个大城市中的9720名青少年作为研究对象，对其青少年创新能力进行研究，中国都市大学生平均创新能力得分36.65分，而基于同一量表的美国南部地区大学生平均得分为42.43分，差异十分明显。① 该研究还认为，美国研究生在创新潜力因素，如思维流畅性、原创性、精致性等方面高于中国研究生。有创新力的青少年，通常富有想象力、有原创性、有好奇心，愿意尝试新事物。有创造性的科学家，具有更高的外向性和开放性。

二、青少年科技教育的发展动向

青少年科技教育作为提高青少年科学素养的重要途径、作为提高国民科学素质和人力资源建设的前提和基础，越来越受到重视。从世界范围看，青少年科技教育呈现出全景化、融合化、乐享化、促成化等趋势。

（一）科技教育的全景化趋势

国家创新能力和竞争能力，取决于一个国家的教育能否培育和造就出适应时代发展的大批创新人才。实践表明，科技教育有助于培养学生的科学探究能力、创新意识、批判性思维、信息技术能力等未来社会必备的技能和创新能力，并有可能在学习者的未来生活和工作中持续发挥作用。由此，从世界科技教育发展态势看，各国特别是一些发达国家，纷纷聚焦未来社会必备

---

① 陆烨．我国都市青少年创新能力发展状况及其特征［J］．中国青年研究，2016（12）：98—103.

的技能和创新能力，确立一个理想化的全景化教育远景，着力提高全景化、综合性的素质。

近10年来，美国针对青少年开展科学、技术、工程、数学（简称STEM）学习的方式发生很大变化，日渐呈现出学校课程学习与校外活动参与相结合、分科式课程学习与综合性项目学习互为补充的发展趋势。美国教育部、美国教育研究所联合于2016年9月发布《STEM 2026：STEM 教育创新愿景》报告，引起全世界的极大关注。该报告旨在促进STEM教育公平以及让所有学生都得到优质STEM教育的学习体验，对实践社区、活动设计、教育经验、学习空间、学习测量、社会文化环境6大方面提出全景化的愿景规划，指出STEM教育未来10年的发展方向以及存在的挑战。

视窗4－12　美国的《STEM 2026》

2016年9月，美国教育部与美国教育研究所联合发布《STEM 2026：STEM 教育创新愿景》（简称《STEM 2026》），旨在促进STEM教育公平以及让所有学生都得到优质STEM教育的学习体验，对实践社区、活动设计、教育经验、学习空间、学习测量、社会文化环境6大方面提出愿景规划，指出STEM教育未来10年的发展方向以及存在的挑战。

各国的教育实践表明，STEM（Science，Technology，Engineering，and Mathematics；科学、技术、工程、数学）教育有助于培养学生的科学探究能力、创新意识、批判性思维、信息技术能力等未来社会必备的技能和创新能力，并有可能在学习者的未来生活和工作中持续发挥作用。

美国的STEM教育已有近30年的历史积淀，其特点是由政府顶层设计，并集结各方力量，共同促进STEM教育发展。2013年5月，STEM教育委员会颁布《STEM教育五年战略计划》，旨在促进联邦机构合理有效地利用联邦投资，优先发展国家的STEM教育。2015年12月10日，奥巴马总统签署《每一个学生都成功法（ESSA）》，关注可能取得教育进步的关键领域，包括鼓励地方投资和创新以促进STEM教学和学习，确保学生和学校取得成功。

2016 年 9 月，美国政府颁布的《STEM 2026》，旨在推进 STEM 教育创新方面的研究和发展，并为之提供坚实依据。该报告提出网络化且参与度高的实践社区、加入特别设计的游戏和风险的学习活动、包含用跨学科方法解决“大挑战”的教育经验、创新技术支持的灵活且包容的学习空间、创新且具操作性的学习测量、促进多元化且多机遇的社会文化环境 6 个愿景，力求在实践社区、活动设计、教育经验、学习空间、学习测量、社会文化环境等方面促进 STEM 教育的发展，以确保各年龄阶段以及各类型的学习者都能享有优质的 STEM 学习体验，解决 STEM 教育公平问题，进而保持美国的竞争力。

《STEM 2026》总结出促进公平的 STEM 教与学的经验和资源、培育参与度高且网络化的实践社区、重新设计课堂活动以提高趣味性和风险性、开展早期教育、打破学科间以及与其他非学科间的分界、重新构想学习空间、开发创新且可操作的学习评价方式、赋予 STEM 新面孔以促进多元化多机遇的社会环境 8 大挑战。

《STEM 2026》是专家学者针对美国国情所提出的对未来 10 年 STEM 教育的展望，对 STEM 教育普及具有非常明确的指向性，强调政府引导和顶层设计、注重学科整合和师资培养、创新课程设计和社区建设、提高社会参与和资金投入。

我国在重视 STEM 教育发展的同时，应该思考如何为 STEM 教育提供创新的、健康的发展环境和机遇。需要考虑在国家层面规划未来 STEM 教育的课程设置方式、师资培养模式和教育创新模式，增加学科融合的正式和非正式探究类课程类型，帮助学生冲破现有分科教学的局限性，学会多学科解决问题的方法，以培养学生解决真实问题的能力、创新思维和科学素养。另外，还需要思考 STEM 教育的推广和规模化，增加社会参与路径、宣传力度和资金投入，将 STEM 教育和学校教育、创客教育、实践社区等方面结合起来，促进 STEM 教育的参与性、共享性和普及性。美国经验对我国 STEM 教育发展以及国际竞争力的提高，无疑有着非常宝贵的借鉴意义。[1]

---

① 金慧，胡盈滢. 以 STEM 教育创新引领教育未来 [J]. 远程教育杂志，2017 (1)：17—25.

（二）科技教育的融合化趋势

科技教育的结果，是期待今天的青少年，今后变成两类人：一类是涉及科学并能理解科学和技术的人，即具备科学素质的公民；另一类是成为从事科学和技术相关的科学家、工程师等，即把科学和技术作为自己的职业。对青少年不同的未来取向，科技教育的方式也不同。对此，到底科技教育应该由谁来主导、谁有资格向青少年传播科技知识，一直没有达成共识。近年来，在科技教育中，充分发挥科学家的榜样作用，教育界与科技界的紧密结合、深度融合成为基本趋势，并由此形成一些科教结合的青少年科技教育实践模式。

一是学校主导型科技教育模式。学校组织各种科技类必修课、选修课、活动课、科技兴趣小组及科技俱乐部，开展各种学习、研究和探索活动。如指导青少年阅读科技书刊，收听、收看广播电视的科技节目，放映科技电影、录像，参观科技展览，访问科技专家，组织专题讨论会、课题研究、科技竞赛、学科探秘、科技制作、种植养殖、发明创造等活动。美、英等国教育界普遍认识到，科普教育与学校科学教育的融合，有助于解决目前学校教育存在的一些问题，如学生学习科学课的兴趣低，教师教学方法单调死板以及教科书存在的局限性等。美国国家科学基金会（NSF）实施的非常规科学教育计划就非常强调科普与学校科学教育的联系。该计划之一是要使科普项目的有关设计方案和材料能被中小学教师所利用。

二是科教交融型科技教育模式。基础教育课程与科技教育相融合。站在战略性的高度上，早在 1985 年，美国就启动著名的基础教育课程改革“2061计划”，针对从幼儿园到高中阶段的技术教育问题，提出了一系列重大改革举措，代表着美国基础教育课程改革的趋势。在该计划第一阶段技术专家小组的报告里，针对技术教育问题提出一系列重要的观点。报告所提出的建议，意义远远超出现有学校课程中增加的一点点技术，而在于这些建议将成为美国基础教育一次重大改革的内容基础。要通过中小学整个学习过程反映技术已渗进我们的生活，要求学生采取实验和亲身体验的方法，随着从幼儿园到第 12 年级而不断增加其深度。

三是社会与学校互动科技教育模式。校外教育机构和自然科学学术团体为科技爱好者组织相应的活动，利用假期举办综合的或专业的科技夏（冬）令营，组织青少年进行学科竞赛活动，组织各种科技参观、考察和实验活动，组织短期研习活动等。科技团体组织高校、科研单位与学校建立科技教育方面的合作，使一部分有志于科学技术研究和探索的优秀青少年科技爱好者直接得到向著名科技专家咨询学习的机会，在科技专家指导下进行高层次的科普活动，进一步激发他们对科学探索的兴趣，并掌握初步的科学研究方法。组织社会多种科普资源，使之进入中小学教育教学过程，是国外科普教育值得借鉴的模式。有关部门联合或单独在全国、省、区、市、范围内举行较大型的科技竞赛活动，如全国青少年科技创新大赛、全国青少年机器人大赛等，并从中选拔优秀项目参加国际青少年科技交流活动；组织科学家演讲团深入各地中小学巡讲，这种形式能让青少年获得珍贵的与科学家面对面的机会。

四是网络化科技教育模式。信息技术引入学校，运用于教学，会逐步改变传统的老师教、学生听的教学方式，教师的知识传授者角色将日益淡化，学生也将更多地自主学习。在此情形下，政府研究机构、科技团体、大学等开发的各种科普教育资源借助互联网方便地进入学校，学生的科学学习内容和方式也会更加科普化。美国能源部为把计算科学纳入中学科学教育，实施了一项称为“超级计算探索”的计划，该计划支持开发了许多计算科学学习资源，比如让若干名学生组成学习小组，共同登录因特网进行科学探究。华盛顿大学为帮助中小学生的科学学习，专门开发了一系列虚拟现实演示项目用于课堂教学，它还帮助学生自己动手设计虚拟生态环境等虚拟现实作品，不仅提高了学生对科学工作的兴趣，而且还培养了学生的独立思考能力。

（三）科技教育的乐享化趋势

科技教育的责任和使命之一是要培养青少年的创新能力，无数实践证明，唯有自由的人，才有感悟思考的闲暇和创新创造的快乐。修建出金字塔的注定是那些自由的人，而不是没有自由的“奴隶”。科技教育注定要让学生获得自由，免于恐惧，才能使他们的灵感自由飞扬，思维自由穿越，微笑和友谊都会自由潜滋暗长。随着互联网的发展，一种基于创新、交流、分享的“乐享化”的科技教育理念和行为迅速萌发，并在世界范围内兴起。例如，美国政府在2012年初推出一个新项目，将在未来四年内在1000所美国中小学校引入“创客空间”，配备开源硬件、3D打印机和激光切割机等数字开发和制造工具；2014年启动“创客教育计划”并颁布一系列政策措施以支持创客教育发展。创客教育已经成为美国推动教育改革、培养科技创新人才的重要内容。我国教育部2015年9月明确提出探索创客教育等新教育模式，要通过创客教育提升学生信息素养和创新能力，并开始创客教育的尝试，如开设校内创客空间、通过课外社团等形式组织创客活动。

创客是指那些酷爱科技、热衷实践、乐于分享，努力把各种创意转变为现实的人。创客的共同特质是创新，实践与分享，通常有着丰富多彩的兴趣爱好以及各不相同的特长，一旦他们围绕感兴趣的问题聚在一起时就会爆发出巨大的创新活力。创客教育起源于近年来欧美创客运动在教育领域的实践探索，这些教育实践以行之有效的方式继承并践行了杜威、皮亚杰、佩珀特（Seymour Papert）等人的教育理想，赢得越来越多教育研究者的关注。① 多年来，我们急于培养大师特别是科学大师，然而在现在教育模式下，我们总是没有培养出真正的大师，“钱学森之问”仍然没有破解。将创客文化注入科技教育，将彻底改变科技教育的方式，用这种新的方法鼓励创造和创新——利用新的数字技术来设计、制作、分享和跨时空的学习，是科技教育的重大变革，将会使我国科技教育焕发新枝。

视窗 4－13　奴隶造不出金字塔

“金字塔的建造者，绝不会是奴隶，而只能是一批欢快的自由人。”1560 年瑞士钟表匠布克在游览金字塔时，做出这一石破天惊的推断。很长的时间，这个推论都被当作一个笑料。然而，400 年后，即 2003 年埃及最高文物委员会宣布：通过对吉萨附近 600 处墓葬的发掘考证，金字塔是由当地具有自由身份的农民和手工业者建造的，而非希罗多德在《历史》中所记载——由 30 万奴隶所建造。

历史在这里发生了一个拐点，穿过漫漫的历史烟尘，400 年前，那个叫布克的小小钟表匠，究竟凭什么否定了伟大的希罗多德？何以一眼就能洞穿金字塔是自由人建造的？埃及国家博物馆馆长多玛斯对布克产生了强烈兴趣，他一定要破解这个谜团，真相一步步被揭开。

布克原是法国的一名天主教信徒，1536 年因反对罗马教廷的刻板教规，锒铛入狱。由于他是一位钟表制作大师，囚禁期间，被安排制作钟表。在那个失去自由的地方，布克发现无论狱方采取什么

① 陈刚，石晋阳. 创客教育的课程观［J］. 中国石化教育，2016（11）：11—17.

高压手段，自己无论如何都不能制作出日误差低于 1/10 秒的钟表；而在入狱前，在自家的作坊里，布克能轻松制造出误差低于 1/100 秒的钟表。为什么会出现这种情况呢？布克苦苦思索。

起先，布克以为是制造钟表的环境太差，后来布克越狱逃跑，又过上了自由的生活。在更糟糕的环境里，布克制造钟表的水准，竟然奇迹般地恢复了。此时，布克才发现真正影响钟表准确度的不是环境，而是制作钟表时的心情。在布克的资料中，多玛斯发现了这么两段话："一个钟表匠在不满和愤懑中，要想圆满地完成制作钟表的 1200 道工序，是不可能的；在对抗和憎恨中，要精确地磨锉出一块钟表所需要的 254 个零件，更是比登天还难。"正因为如此，布克才能大胆推断："金字塔这么浩大的工程，被建造得那么精细，各个环节被衔接得那么天衣无缝，建造者必定是一批怀有虔诚之心的自由人。难以想象，一群有懈怠行为和对抗思想的奴隶，绝不可能让金字塔的巨石之间连一片小小的刀片都插不进去。"

布克后来成为瑞士钟表业的奠基人与开创者。瑞士到现在仍然保持着布克的制表理念：不与那些强制工人工作或克扣工人工资的外国企业联合。他认为，在过分指导和严格监管的地方，别指望有奇迹发生，因为人的能力，唯有在身心和谐的情况下，才能发挥到最佳水平。

电光石火，石破天惊，人们不得不想到我们的教育。当前，我们的教育生态就是以束缚、控制、压制、监管为特征，以大负荷、高速度和快节奏为根本，以每节课都是最后一课，每次测验都是最后一考相要挟，把水灵灵的教育业，弄成干巴巴的制造业。只有制造，没有教育；只有教训，没有教育；只有统一模型的产品，没有千姿百态的学生。

金字塔必须由自由人建造，教育，也必须在自由中产生。唯有自由的人，才有感悟的闲暇，创造的快乐。这个时候，我们的灵感在飞扬，思维在穿越，微笑和友谊都在潜滋暗长。制造出金字塔注定是那些自由的人，教育注定要让学生获得自由，免于恐惧。在现有的教育体制下，我们永远不会培养出真正的大师。真正的大师不会在恐惧和束缚中产生。如果不能给教育真正松绑，钱学森之问，会成为天问。①

视窗 4 – 14　乐享科学的创客空间

创客运动是指在全球范围内推广创客理念，培育创客文化，推动大众参与创客实践的一场创新运动。包括创新探索的精神、动手实践的文化、开放共享的理念，以及对技术的极致钻研和对美好生活的不懈追求。

一些学校意识到他们已经失去激发学生主动学习的办法，便尝试把创客精神带到学校教育中。过去几年内，美国高校中的学术性创客空间和制造类实验室迅速多了起来。而一些 K12 学校也纷纷尝试在图书馆设立创客空间，或者改装教室以适应基于项目和实践的学习。创客教育的关键是，如何把创客空间整合到现有的教育项目中；创客空间是创客们制作、交流、共享知识和资源，以及项目协作的场所，而对学校来说还要把创客空间变为课程实施的环境。教师要善于把课堂变成一个充满活力的创客空间，鼓励学生创建物品、发明工艺、分享创意点子。创客课程最重要的是：动手做、开放和分享，大胆尝试，迭代设计，注重美学，打破年龄歧视，强烈的个性化学习，技术是基本要素，学生自己掌控学习等。创客教育继承并践行了杜威、皮亚杰、派珀特等人的教育理想，赢得越来越多教育研究者的关注。奥巴马政府于 2014 年启动“创客教育计划”并颁布一系列政策措施以支持创客教育发展。我国教育部 2015 年 9 月明确提出探索创客教育等新教育模式，通过创客教育提升学生信息素养和创新能力。我国一些中小学校已经开始创客教育的尝试，他们自建校内创客空间，主要通过课外社团的形式组织创客活动。②

---

① 奴隶是造不出金字塔的 [EB/OL]. [2015 – 04 – 06]. http://www.haokoo.com/money/2309484.html.

② 创客教育是什么 [EB/OL]. [2016 – 10 – 31]. http://sanwen8.cn/p/3a7KonT.html.

视窗 4 - 15　极致钻研的工匠精神

极致钻研与工匠精神是指工匠对自己的产品精雕细琢、精益求精的精神理念。工匠们喜欢不断雕琢自己的产品，不断改善自己的工艺，享受着产品在双手中升华的过程。工匠们对细节有很高要求，追求完美和极致，对精品有着执着的坚持和追求，把品质从 99% 提高到 99.99%，其利虽微，却长久造福于世。

工匠精神，即精益求精的精神，注重细节，追求完美和极致，不惜花费时间精力，孜孜不倦，反复改进产品，把 99% 提高到 99.99%；严谨、一丝不苟的精神，不投机取巧，确保每个作品、产品的质量，不达要求绝不轻易出手；耐心、专注、坚持的精神，不断提升工作、产品和服务，在专业领域上不断追求进步；专业、敬业的精神，打造本行业最优质的产品，其他同行无法匹敌的卓越产品。如，英国航海钟发明者约翰·哈里森（1693—1776 年），费时 40 余年，先后造出了 5 台航海钟，其中以 1759 年完工的“哈氏 4 号”最为突出，航行 64 天，只慢了 5 秒，远比当时法案规定的最小误差（2 分钟）小很多，完美解决了当时航海经度定位问题。

当今社会心浮气躁，追求“短、平、快”（投资少、周期短、见效快）带来的即时利益，而忽略品质的灵魂，故而亟须极致钻研与工匠精神。

（四）科技教育的促成化趋势

突出科学探究、重视培养学生的科学探究能力是当前国际科学教育改革的核心理念。我国中小学新课程体系中注重强化科学课程，并在“十三五”青少年科学素质行动中明确，基于学生发展核心素养框架，完善中小学科学课程体系，研究提出中小学科学学科素养，更新中小学科技教育内容，加强探究性学习指导。[①] 青少年科学探究是通过竞赛选拔等促成手段、个性化培养等方式，激励学有余力、有科学爱好与特长的青少年，在感兴趣的学科专业领

---

① 全民科学素质行动计划纲要实施方案（2016—2020 年）[M]. 北京：科学普及出版社，2016：7.

域，去发现与实践、研究与解决现实问题与科学问题。通过青少年科学探究，提升基于现实生活发现问题、应用科学文化知识规律于创新与实践以及应变等诸方面的能力，形成不拘泥书本知识与规律、质疑客观现象的创新思维、科学精神与价值观，实现培养科技创新、学科专业人才后备力量的作用。

但要看到，在青少年科学探究活动中，由于过分关注结果、急于求成，以追求培养科学大师为主要目标，而投入过多的热情，注入太多的外部刺激和诱惑（如考试分数、竞赛成绩、表彰奖励、奖金、升学加分等）、过多的选择（如层层选拔）、过多的预设（如人为的标准、程序、管制等）等促成手段，殊不知这些青少年科技活动有些偏离初心和原旨，迎合应试教育，走向功利性、排他性的境地，结果事与愿违。早在2012年，时任云南省教育厅厅长罗崇敏就曾公布对状元职业发展的调查报告，引起社会的极大关注和反思，他曾专门调研过云南近10年来的22名“高考状元”和学科奥赛获奖者，尤其关注他们毕业后的现状。令他吃惊的是，这些“状元”、大奖获得者，在各自的事业上几乎都没有什么大的建树，与当初人们对状元的预期相差甚远。不少状元在国内读完大学后，最终选择去国外继续读研，其中以欧美国家居多，或者留在北京、上海等发达地区工作，回到原地区就业的相对较少。其中一些状元本科毕业后就开始工作，并未在相关领域继续学习或研究。他还查阅了1977—2009年来全国的124名高考状元，结果他们一个都没有成为所从事职业领域的领军人物。没能成为各行业的领军人物，关键是教育培养机制没有相应保障。中国学生从小的目标是考上理想的中学、高中再至大学，一旦成为老师眼里的尖子生，就会被特别关照。自己的希望再加上学校的期盼，双重压力就更坚定了考生的升学决心：争取更高分数，十年寒窗苦，一朝高考时。① 在这样的情况下，我国青少年科学探究活动亟待进一步改进和创新提升。

视窗4－16　青少年科学调查体验活动

青少年科学调查体验活动由教育部、中央文明办、广电总局、共青团中央、中国科协等单位共同发起，是一项面向全国中小学的

① 网易教育频道专稿. 可怜高考状元为中国的应试教育买单［EB/OL］.［2012－07－04］. http://edu.163.com/12/0704/15/85J48PH900294JD8.html.

广大青少年群体，以提升青少年的科学文化素质为目标，以科学调查、体验、探究为主要内容和形式，面向全体青少年，具有群众性、基础性、引领示范性的科学普及传播类科技教育活动。

调查体验活动把学习与巩固、延伸与拓展科学知识作为关键，把调查与体验作为手段。活动过程中，青少年在科技教育工作者的指导下，围绕着活动的主题，结合客观实际，采取项目研究等学习方式，利用所学的科学文化知识，通过实证、实践性的调查体验，以理解、巩固所学的基本科学知识与规律，延伸学习科学知识与方法，在体会、感悟过程中提高运用科学知识分析、解决客观问题的能力，提升科学文化素质，实现青少年书本科学知识从感性到理性的升华，巩固、建构青少年适应社会进步发展所需的科学文化知识体系。

视窗 4 – 17　全国青少年科技创新大赛

全国青少年科技创新大赛是由中国科协、教育部、科技部、环境保护部、体育总局、自然科学基金会、共青团中央、全国妇联等共同主办的一项全国大型青少年科技竞赛活动。该活动前身是 1982 年全国青少年发明创造比赛和科学讨论会，2000 年更名为全国青少年科技创新大赛，2002 年将 1991 年开始举办的全国青少年生物百项活动纳入大赛，2008 年又将举办七届的全国科技辅导员科教创新竞赛纳入大赛。

大赛旨在激发广大青少年的科学兴趣和想象力，培养其科学思维、创新精神和实践能力；促进青少年科技创新活动的广泛开展和科技教育水平的不断提升；发现和培养一批具有科研潜质和创新精神的青少年科技创新后备人才。每年有 1000 万名青少年参加不同层次的大赛活动，经过选拔挑选出 500 多名青少年科技爱好者、200 名科技辅导员相聚一起进行竞赛、展示和交流活动。该大赛不仅是国内青少年科技爱好者的一项重要赛事，也是与国际上许多青少年科技竞赛活动建立联系，选拔出优秀的科学研究项目参加国际科学与工程大奖赛（ISEF）、欧盟青少年科学家竞赛等国际青少年科技竞赛活动的平台。

大赛分为国家级竞赛和地方竞赛。地方竞赛包括省级创新大赛及省级以下的竞赛活动。省级创新大赛遵循全国创新大赛的章程和规则。中小学生和科技辅导员根据每年竞赛规则，申报项目参加竞赛；组委会聘请专家评定出优秀项目并给予奖励；组织优秀项目的展示和交流活动。创新大赛奖项分为：主办单位和组委会设立的大赛奖项；社会机构设立的专项奖。

大赛每年举办一届。全国创新大赛终评活动每年在各省、自治区、直辖市和香港、澳门特别行政区等地轮流举办。大赛包括青少年科技创新成果竞赛、科技辅导员科技创新成果竞赛、青少年科技实践活动比赛、青少年科技创意比赛和少年儿童科学幻想绘画比赛等，分别按不同规则组织评审和展示。终评活动期间开展一系列科学主题交流和体验活动。

凡在竞赛申报时为国内在校的中小学生均可参赛。中小学校科学教师、科技辅导员，各级教育研究机构、校外科技教育机构和活动场所的科技教育工作者均可申报科技辅导员科技创新成果竞赛。

视窗 4-18　中国青少年科学素质大会

中国青少年科学素质大会由中国科协、中央电视台联合主办，旨在深入贯彻《全民科学素质行动计划纲要（2006—2010—2020年）》和《中国科协科普发展规划（2016—2020 年）》，促进青少年科技创新后备人才成长，培养学生学习科学的兴趣，提高青少年科技实践探究和创新创造能力。首期大会于 2016 年 10 月—2017 年 3 月举办，通过电视节目的传播方式，展现青少年大胆质疑、探索求知、奋发进取的精神风貌，体现科学的内涵，推动学校、家庭、社会各方面对提高青少年科学素质的关注和支持。播出时间拟于 2017 年寒假期间开始在央视科教频道黄金时段播出，每周播出一集，共 13 集。

大会参加对象以高二学生为主，吸纳若干名大学生加入，内容涵盖数学、物理、化学、天文、地理、生物、计算机等学科基础及拓展知识、动手实践解决实际生活中的问题、创新创意、语言表达及团队合作等方面。

大会分为各省（自治区、直辖市）学生初选、赛区遴选面试和全国决赛等三个阶段。第一阶段，由各省（自治区、直辖市）科协及新疆生产建设兵团科协牵头组织本省学生初选工作，并推荐10名学生于2016年10月31日前将学生资料及视频短片上传至组委会网盘，组委会将根据提交的学生基本资料，确定各省（自治区、直辖市）参加赛区遴选面试人数，并适时下发有关通知。第二阶段，赛区遴选面试，组委会依据行政区划及交通便利等原则，划分为6个赛区，组委会将赴各赛区进行现场面试和节目录制，面试结果由组委会共同审定，确定40~46名高中生获得参加中国青少年科学素质大会全国决赛资格；组委会还将招募12名大学生（研究生），最终产生选手48人，组成12支代表队参加全国决赛，每支队伍4人，其中大学生（研究生）1名、高中生3名。第三阶段，全国决赛，共举办13场比赛，第一轮共6场比赛，12支队伍两两比拼，6支队伍晋级，同时按照积分排名，复活两支队伍晋级第二轮；第二轮共4场比赛，8支队伍两两比拼，4支队伍晋级；半决赛共2场比赛，4支队伍两两比拼，2支队伍晋级；决赛共1场比赛，2支队伍比拼，决出大会总擂主。

决赛为晋级淘汰赛，每场比赛设定一个科学领域作为主题内容，由两支队伍进行比拼。每场比赛经历三个环节，本场积分高的队伍才能晋级。即：第一，知识环节，每队队员回答一定数量的题目，题目涵盖数学、物理、化学、生物、天文、地理、环境等学科。考量选手综合科学知识储备。第二，实验环节，以参赛队为单位，现场完成科学知识测试及STEAM（科学、技术、工程、艺术和数学）相关领域的挑战任务。考量选手通过动手探究解决实际情景中问题的能力、实践技能、创新创造能力和团队合作精神。第三，演讲环节，充分发挥选手创造力和想象力，围绕当期科学主题，结合现有科学原理和知识，进行科学畅想TED演讲比拼。考量选手创造性思维和想象力。在全国决赛前，组委会将对选手进行科学知识、动手操作、演讲等方面的培训。

三、青少年科技教育的创新提升

新时期我国青少年科技教育肩负着建设世界科技强国的使命，面临着科技和产业革命对未来人才的新要求，面临着经济化和教育国际化对科技教育的新形势、新要求，面临着信息社会发展对科技教育理念和手段时代化的新要求，新时期青少年科技教育的创新提升势在必行。

（一）坚持“用户为中心”的科技教育服务核心理念

青少年科技教育的主体是青少年，青少年是科技教育的“用户”，新时期青少年科技教育必须革除旧有思维定式，始终坚持“用户为中心”的青少年科技教育核心理念，以全新的视角、全新的方法和全新的观念，引领新时期青少年科技教育实践。

第一，要把科技教育做成青少年乐享的服务产品。教育即服务，即产品。青少年科技教育是具有纯公共产品性质的教育服务，是典型的公共教育、公共产品，一般应由政府主导、社会专业机构或组织参与供给，没有排他性的服务。所以，青少年科技教育是由全体青少年享用的，即一位青少年消费科技教育的公共产品，并不排除其他青少年对该种公共产品的消费，甚至也不减少其他青少年对该种公共产品的消费。

把科技教育做成青少年乐享的服务产品，就是让青少年在接受科技教育中不仅引发科技兴趣、科学思考、创新思维，提高科学探究学习和创新发展的能力，而且还要感受到科技教育过程的自由、愉快、享受。要大力营造自由放飞科学梦想、近距离感悟科学真谛、无边无际的科学思考与暇想、快乐惬意创新创造的科技教育的氛围，大胆引入科技创客等教育模式，引爆青少年的科学兴趣、释放创新活力。

第二，要始终把青少年当作科技教育产品的核心用户。科技教育的客户是谁？科技教育的用户是谁？科技教育的客户与用户有何区别？科技教育是以客户为中心还是以用户为中心？这些问题长期以来困扰着我们的科技教育，很多时候是说起来都明白，可一做起来就完全另一个样。

把青少年当作科技教育产品的终极用户，就是要以青少年为科技教育的中心，因为青少年是科技教育服务产品的最终消费者、用户。而无论是作为组织科教教育服务供给的教育和科技的公共管理部门，还是具体实施科技教育的教学机构、教职人员、传播人员、辅导员以及青少年的家长，都只是科技教育的付费者和付出者，无论是多么地为青少年着想和付出，都不能代表青少年对科技教育服务产品的体验和真实需求，他们都只能算是科技教育的客户，即买单者。“客户”与“用户”是有显著区别的，与之发生交易者即客户，客户的作用是保证事情能做下去；对服务产生心理依赖者，即为用户，与用户联系不在于钱而在于体验和需求。科技教育服务产品很容易陷入客户心理中，实际上对科技教育来说留住用户也就留住了客户。但如果把客户的需求误当作用户的需求，那科技教育的结果就会大相径庭。科技教育必须始终把青少年当作科技教育产品的用户，始终把青少年对科技教育服务产品的体验和需求满足感作为衡量标准。

第三，要把科技教育的需求转化为青少年的自身需求。华为董事长任正非讲过，自律永远是最低成本的管理，物质激励的边际效用是递减的，精神才是激发人性积极进取的最重要力量。① 科技教育需求转化的关键是如何激活需求侧（即青少年的内在动机），让青少年积极主动参与到科技教育活动中，并成为主角。青少年科技教育要彻底转变以知识为本的教学观念，弱化知识的灌输，立足激发青少年的科学兴趣，积极运用主体教学原则，通过设疑、创设问题情境，开展灵活多样的启发式教学，培养青少年的好奇心、想象力、洞察力、反思和质疑能力。要彻底转变以教材为本的科技教育教学内容观，改变教学内容封闭、教学行为僵化，教学环境沉闷、程式化等现状，教学内容绝不限于教科书本身，要结合青少年的阅历、经验与能力，对教学内容进行超越与重构，使教学内容内化为青少年行为的一部分。要彻底转变注入式的科技教育教学方法观，要采用以青少年为中心的启发式教学方法，要由“授人以鱼”到“授人以渔”，由教给学生知识转变为教会学生学习，注重师生双向互动式教学，呈现出师生互动、教学相长、生动活泼的科技教育局面。要彻底转变僵化的科技教育教学情景观，借助大自然、科普场所、科技设施等科学情境，促进青少年的观察和思考，学会提出问题、发现问题、提出假设并验证假设，让每位青少年都有机会充分参与教学活动。要彻底转变奖惩性科技教育教学评价观，推动科技教育评价由奖惩性向发展性转变，评价的关注点要由教师的教转向学生的学，要突出青少年自身对自己学习过程、学

---

① 任正非：自律永远是最低成本的管理［EB/OL］.［2017-05-14］. http：//www.anyv.net/index.php/article-1250123.

习体验、学习获得感等的评价，帮助认识自我、建立自信，激发内在的发展动力。

（二）坚持“精准供给”的科技教育服务方式

教育的目的是什么？科技教育的目的又是什么？多年来人们对应试教育、素质教育等问题争论不休，但有一点大家没有争议，这就是包括科技教育在内的所有教育都是在育人。但在人的培育模式上，百花齐放，“为教育而教育”“为考试而教育”“为升学而教育”“为工作而教育”等情况都有。同样，青少年科技教育目的是什么？要不忘初心，让科技教育回归它的本位，让受教育者受益，精准施策，充分挖掘受教育者自身的创新潜能、提升其科学素质。

第一，要紧紧围绕提高青少年科学素质的科技教育宗旨。每一个生活在科技高速发展时代的人，从小就明显地感受到了科技所带来的种种影响，青少年科技教育旨在培养青少年良好的科学素养，以具备相应的能力适应这种变化。为此，我国《全民科学素质行动计划纲要实施方案（2016—2020 年）》明确新时期提升青少年科学素质的任务是：要宣传创新、协调、绿色、开放、共享的发展理念，普及科学知识和科学方法，激发青少年科学兴趣，培养青少年科学思想和科学精神；要完善基础教育阶段的科技教育，增强中小学生的创新意识、学习能力和实践能力，促进中小学科技教育水平大幅提升；要完善高等教育阶段的科技教育，引导大学生树立科学思想，弘扬科学精神，激发大学生创新、创造、创业热情，提高大学生开展科学研究和就业创业的能力。新时期要紧紧围绕提高青少年科学素质的宗旨，分类实施青少年科技教育。

一是推进义务教育阶段的科技教育。基于学生发展核心素养框架，完善中小学科学课程体系，研究提出中小学科学学科素养，更新中小学科技教育内容，加强对探究性学习的指导；修订小学科学课程标准实验教材；增强中学数学、物理、化学、生物等学科教学的横向配合；重视信息技术的普及应用，加快推进教育信息化；继续加大优质教育资源的开发和应用力度。

二是推进高中阶段的科技教育。修订普通高中科学与技术领域课程标准，明确对学科素养和学业质量的要求。修订普通高中数学、物理、化学、生物、地理、信息技术、通用技术课程标准实验教材，鼓励普通高中探索开展科学创新与技术实践的跨学科探究活动。规范学生综合素质评价机制，促进学生创新精神和实践能力的发展。积极开展研究性学习与科学实践、社区服务与社会实践活动，提高学生的探究能力。深入实施“中学生英才计划”，促进中学教育和大学教育互动衔接，鼓励各地积极探索科技创新和应用人才的培养方式，加强普通高中拔尖创新人才培养基地建设。强化中等职业学校科技教育，发挥课程教学主渠道作用，推动科技教育进课堂、进教材、列入教学计划，系统提升学生科学意识和综合素养。

三是推进高等教育阶段科技教育和科普工作。组织开展大学数学、物理、化学、生物学、计算机等课程改革，推进高校科学基础课建设。加强科学史等科学素质类视频公开课建设。深化高校创新创业教育改革，引导大学生转变就业择业观念，支持在校大学生开展创新性实验、创业训练和创业实践项目。推动建立大学生创新创业联盟和创业就业基地，大力开展全国青少年科技创新大赛、“挑战杯”全国大学生课外学术科技作品竞赛、“创青春”全国大学生创业大赛等活动，为青年提供将科技创意转化为实际成果的渠道、平台。深入实施基础学科拔尖学生培养试验计划，完善拔尖创新人才培养机制。

第二，要紧紧围绕青少年科技教育服务需求精准施策。当今世界，科技突飞猛进，新的科学发现、技术突破及重大创新不断涌现。科技促进了生产力的发展，为人类在更大范围、更深层次上认识并合理利用自然提供了可能，推动了社会和经济的快速发展和繁荣，促进了人们的生产方式、生活方式和思维方式的变革。科技发展不断深刻改变着社会，而社会的发展又不断对科技的进步不断提出新的要求，进而对青少年科学素质的与时俱进和不断提高提出新要求。因不同时代、不同国别（地区）、不同年龄段、不同个体等背景差异，对青少年科学素质的要求各异，随之对青少年科技教育服务的需求也就各不相同。因此，科技教育要精细分类青少年的需求，精确施策，为青少年科学素质提高提供精准服务。

例如，在小学阶段，儿童对周围世界有着强烈的好奇心和探究欲望，他们乐于动手操作具体形象的物体，这一时期是培养科学兴趣、体验科学过程、发展科学精神的重要时期。2017 年 2 月，我国教育部通过官网发布修订后的《义务教育小学科学课程标准》，将小学科学课程由原来的三年级开始提前到一年级，使小学阶段的科学教育具有连续性；同时，课程体系突出“技术与工程”内容，倡导跨学科的综合学习方式，促进学生在科学课程中进行基于 STEM 教育理念的综合学习，通过“造物”将科学教育与创客教育有机结合，培养科学创新能力。要通过科技教育，使学生体验科学探究的过程，初步了解与小学生认知水平相适应的一些基本的科学知识；培养提问的习惯，初步学习观察、调查、比较、分类、分析资料、得出结论等方法，能够利用科学方法和科学知识初步理解身边自然现象和解决某些简单的实际问题；培养对自然的好奇心以及批判和创新意识、环境保护意识、合作意识和社会责任感，为今后的学习、生活以及终身发展奠定良好的基础。科技教育目标是培养学生的科学素养，并为他们继续学习、成为合格公民和终身发展奠定良好的基础。学生通过科技教育，保持和发展对自然的好奇心和探究热情；了解与认知水平相适应的科学知识、体验科学探究的基本过程、培养良好的学习习惯，发展科学探究能力、发展学习能力、思维能力、实践能力和创新能力以及用科学语言与他人交流和沟通的能力；形成尊重事实、乐于探究、与他人合作的科学态度；了解科学、技术、社会和环境的关系，具有创新意识、保护环境的意识和社会责任感。①

视窗 4－19　小学新课标修订的“大突破”

小学科学课程标准的修订，充分反映了科学性、继承性、国际性等特点，尤其反映了当今国际科学教育改革与发展的新趋势。新颁布的 2017 年版小学科学新课程标准与 2001 年颁布的 3—6 年级科学课程标准（实验稿）相比，有显著变化。

从开课年级看，科学课程由原来的 3—6 年级变为 1—6 年级，使小学阶段的科学教育具有连续性，也体现了我国对小学科学教育重视程度日益提高。

在课程性质方面，做出了更全面的界定。新课程标准强调，小学科学课程是一门基础性、实践性、综合性课程。这对于学校进一步认识小学科学课程的价值与特征、小学科学教材的设计与开发、教师的专业素质要求等具有重要的指导作用。

在课程目标方面，首次明确提出了小学科学课程的总目标是培

① 中华人民共和国教育部制定，义务教育小学科学课程标准［EB/OL］.［2017］http://www.moe.gov.cn/srcsite/A26/s8001/201702/W020170215542129302110.pdf.

盖；力争每个学校建立至少 1 个科技兴趣小组；扩大中学生英才计划覆盖面，扩大高校科学营覆盖面和营员数。

（三）坚持“平台引领”的科技教育服务策略

青少年科技教育涉及教育、科技、社会、家庭等多方面，要适应信息化时代教育发展的趋势，解放思想，强化互联网思维，充分发挥青少年科技教育服务平台的引领作用。

第一，搭建青少年科技教育科教融合服务平台。要充分利用科研、高校、媒体、社会机构、企业等全社会的内容、场所科技教育资源，搭建青少年科技教育科教融合服务平台，完善“众创、众包、众扶、众筹、共享”服务机制，将教师、家长、科技界和社会各界力量有机结合起来，形成青少年科技教育合力，共同为青少年科技教育服务。推动把提高青少年科学素质作为教育的重要内容，将科学课列为基础教育阶段的主要课程，用现代科技教育理念指导和促进科技教育的发展。要建立完善校内外融合的科技教育服务体系，充分发挥社会性科技教育优势，动员鼓励青少年广泛参加科技类活动，组织在校学生每年参观科技类博物馆（含流动科普设施），参加科技类活动。要动员高校、科研院所、科技型企业等机构面向青少年开放实验室等教学科研设施。

第二，搭建科技教育人力资源服务平台。青少年科技教育与成人科技教育不同，青少年科技教育必须有科技教师的引导和陪伴，要始终把科技教师队伍建设作为青少年科技教育的重点。要搭建科技教育人力资源服务平台，建立一批国家级科学教师和科技辅导员培训基地，完善国家、省级和基层三级培训体系，编制科学教师和科技辅导员教育培训大纲、培训教材，完善科技创新后备人才培养模式和机制。推动所有中小学配备科学教师或科技辅导员，实施科学教师和科技辅导员培训，着力提高我国教师的科技素质，特别要重视对现有科技教师进行岗位培训，使教师具备相应广度和深度的自然科学、社会科学、人文科学、技术应用科学知识以及正确的科学观。要创造条件，组织和鼓励科技教师开展广泛的科学研究，参与教育科研课题组，对科技教育进行理论与实践的研究，加强国际交流合作。要充分发挥为科学家、科技工作者的作用，要为他们面向青少年开展科学传播活动，搭建一个便捷、有效的平台。

第三，搭建科技教育信息化服务平台。要把信息化作为青少年科技教育服务创新提升的新引擎，搭建科技教育信息化服务平台，充分利用信息化技术等手段，畅通青少年科技教育活动的信息渠道，传播渗透到愿意所有参与科技教育活动的青少年人群，扩大覆盖面和参与面。要基于科普中国服务云平台，依托学校现有的网络、阅读终端、活动场所等科普设施，加快科普中国校园 e 站在城市和农村中小学校的落实，建立完善线上线下相结合的校园科普服务的新阵地，面向学校中小学生、科技教师和科技辅导员，开展青少年科技创新竞赛活动、科普活动、科技教育以及科技教师和科技辅导员培训。要充分利用科普中国校园 e 站，引入中国数字科技馆、STEM 云教室等优质科技教育内容信息、课程等，实现科技教育的精准推送服务。

（四）坚持“中国特色”的科技教育研究方向

我国科技教育理论和实践取得很大成绩，但青少年科技教育研究仍然滞后。改革开放以来，特别是 20 世纪 90 年代以来，我国科技教育界出现“西学东渐”现象，国外科技教育思潮不断撞击国内的科技教育实践，一方面促进我国科技教育事业的发展，但另一方面也存在“言科技教育必言美国”，以及简单模仿、邯郸学步的不正常现象，给我国青少年科技教育研究特别是中国特色科技教育的实践探索带来不利影响。

建设世界科技强国，科技教育是基础，今天的青少年将是明天国家建设的栋梁。新时期，青少年科技教育研究不能总是跟着美国等一些世界先行国家后面走，要注重借鉴国外先进经验与中国实际相结合、科技教育理论研究与中国科技教育实践探索相结合，加强科技教育领域的国际交流，特别是“一带一路”建设参与国家的合作交流和成果分享，大力加强新形势下青少年科技创新人才培养体系、政策、方式、内容、对象、主体等的研究，研究建立符合我国青少年特点、具有中国特色、有利于推动青少年科学素质提高和创新人才培养的青少年科学素质测评体系，发布我国青少年科学素质发展报告。①

第三节　农民科学素质服务创新

小康不小康，关键看老乡。我国已经确立到 2020 年实现公民具备科学素质比例超过 10% 的奋斗目标，农民科学素质是我国公民科学素质提高的短板

---

① 中国科协科普发展规划（2016—2020 年）[M]. 北京：科学普及出版社，2016.

之一，必须采取强力措施千方百计推动我国农村科普公共服务的创新提升，进而带动我国农民科学素质整体的跨越提升。

一、推动农民科学素质跨越提升

农民科学素质是整个国民科学素质不可分离的重要组成部分。农民作为社会主义新农村建设的主体，其科学素质高低决定着全面建成小康社会和建设创新型国家进程，也决定着新农村建设的成败。自2006年国务院颁布实施《全民科学素质行动计划纲要》以来，特别是“十二五”期间，我国农民科学素质明显提高。但是农民科学素质与整个全民科学素质的差距在进一步拉大，已经成为我国公民科学素质提升中极短板。据中国公民科学素质抽样调查，2015年我国公民具备科学素质的比例为6.20%，其中城镇居民9.72%、农村居民2.43%，农村居民仅相当于我国公民整体水平的39.2%、城镇居民的25.0%；与2005年相比，我国公民具备科学素质的比例在1.60%基础上提高2.88倍、城镇居民在2.37%基础上提高3.10倍，而农村居民仅在0.72%基础上提高2.38倍。目前，我国农民科学素质水平仍处较低水平，而且提升不快，差距进一步拉大；不少农村地区一些不科学的观念和行为普遍存在，科学生产水平低；封建迷信严重，甚至在某些地区盛行；农村环境污染，资源浪费严重，生态环保意识不强等。农民科学素质水平不高，已成为制约我国全面建成小康社会和建设创新型国家的最大瓶颈。

我国农民科学素质提高受困于诸多因素。客观上受到农民群体数量大、分布广、基础差、流动性强，以及科普信息化程度低，科技信息闭塞，手段落后，农民科普教育和科普产品供给不足等制约，主观上也存在科学普及认识不到位，科普工作机制不健全，人才缺乏，投入不足，农民科普教育培训特别是新型职业农民培育缺乏法制保障等问题。目前我国总人口约14亿，2015年我国城镇化率达到56.1%，城镇常住人口约7.8亿，农村人口约6.2亿。农村和农民的全面小康，不仅体现在物质文明方面，也体现在包括科学素质在内的精神文明方面，农民科学素质的高低直接关系全面建成小康社会的成效，关系“两个一百年”奋斗目标的实现。由此，必须把我国农民科学素质提升作为全民科学素质工作的当务之急和重中之重，下大力气、聚焦重点、精准施策，采取各种行之有效的措施跨越提升农民科学素质，力争实现到2020年我国农民具备科学素质的比例超过5%。

二、强化农村重点人群科普服务

跨越提升我国农民科学素质，关键在农村干部这个重要的极少数，重点是职业农民、农村妇女、进城务工人员，难点是农村留守人群和贫困人群。要突出重点，分类施策，着力培养具有科学文化素质、掌握现代农业科技、具备一定经营管理能力的新型职业农民，全面提升农民的生活水平，协力提升流动人口的科学素质，大力提高农村妇女、农村留守人群的科学素质。

（一）加强农村干部科普教育培训

中央组织部最新党内统计数据显示，截至2016年年底，中国共产党党员总数为8779.3万名，其中57.73万个建制村中，57.72万个已建立党组织，农、牧、渔民党员2593.7万名。要组织在职村支部书记、村委主任、后备优秀骨干干部、大学生村干部、入党积极分子、高中以上返乡人员、农村实用技术人才、产业化发展带头人等农村干部，深入持续开展农村实用人才技术、科普教育培训、农村经营管理、信息技术应用等，提升他们的科学素质和领导带动能力。

（二）强化职业农民科技教育培训

实施新型职业农民培育工程和现代青年农场主计划，全方位、多层次地培养1000万以上的各类新型职业农民和农村实用人才。充分发挥党员干部现代远程教育网络、农广校、农村社区综合服务设施、农业综合服务站（所）、基层综合性文化服务中心等在农业科技培训中的作用，面向农民开展科技教育培训。深入实施农村青年创业致富“领头雁”培养计划，通过开展技能培训、强化专家和导师辅导、举办农村青年涉农产业创业创富大赛等方式，促进农村青年创新创业。深入实施巾帼科技致富带头人培训计划，着力培养一支综合素质高、生产经营能力强、主体作用发挥明显的新型职业女农民队伍。

（三）加大农村转移人群的科普教育

国家统计局发布数据显示，2015年全国农民工总量2.77亿人，其中外出农民工1.69亿人。随着我国城镇化的推进，到2020年我国将有数以亿计农民走向城市，农民的市民化、人的城镇化，科学素质是基础。要顺应新型城镇化发展大势，在农村为即将进城的农民、村转居等人群开展预期城镇化公共科普服务，在城镇社区为已进城的农民、新市民开展继续城镇化公共科普服务。

（四）加大农村留守人群的科普教育

据推算，我国农村留守儿童已超过6000万，留守妇女达4700多万，留守老人约5000万，“三留守”问题日益凸显。要加大对“三留守”等困难群体的科普服务力度，推动全民科学素质行动实施的重心下移，大力开展巾帼科技致富工程、巾帼科技特派员、巾帼现代农业科技示范基地建设等工作，组织开展“智爱妈妈”活动，努力提高农村妇女的科学素质。

三、增加农村科普公共服务供给

农民科学素质的差距，从本质上讲是农村科普公共服务能力不足的问题，因此农民科学素质跨越提升，农村科普公共服务能力要先行。

（一）创新提升农技协和农技推广服务

以创新提升农技协和农技推广服务为重点，强化农村基层科普服务能力。全国现有农技协超过13万个，要着力提升农技协的产业聚合和引领能力，充分发挥乡镇农技协联合会的桥头堡作用，充分发挥好互联网等现代信息技术在农技服务的强力引擎作用，加速推进农技协服务品质的创新提升，推动农技协由技术示范推广型协会向产业服务型协会转变、由封闭粗放服务向协同精准服务转变、由传统手段向现代信息化手段转变，实现农技协2.0升级版。要认真落实《中国科协、农业部关于支持农技协开展农技社会化服务的意见》，积极推动乡镇农技站和当地农技协有效对接，将农技协纳入基层农技推广体系建设范畴，建立健全乡镇农技站和农技协分工明确、各有侧重、联合协作的农技推广新机制。要把农村科普组织纳入政府购买公共服务范畴，采取订购服务、定向委托、公开招标等方式，优先支持农村科普组织开展农技社会化服务，切实发挥好自己的专业技术优势，积极承接政府转移交办的农民科技培训、农业科技推广等社会化农技推广服务工作，在示范基地建设、科技示范户认定、技术人员培训、信息化服务手段改善以及主导品种、主推技术遴选发布等方面发挥主导作用。要积极推进银会合作，加强与农商银行（农村信用社）、邮政储蓄银行等金融机构的合作，积极探索建立银会合作对接平台，筛选推荐优秀农技协、科普示范基地、科普带头人，银行创新产品和服务与之对接，实现农技协资源和银行服务网络资源、资金资源的深度融合，形成资金和技术整合运用、优势互补的“银会合作”模式。

（二）提升农村科普服务基础支撑能力

我国《科普法》明确规定，各级政府应当将科普经费列入同级财政预算，逐步提高科普投入水平。目前，我国农村科普经费投入普遍不足，科普工作所需的必要物质基础得不到有效保障。由于县、乡级财政普遍较困难，近些年来虽然对科普工作的投入有所增加，但离经济社会发展的同步投入还有十分大的差距。据调查了解，我国中西部地区不少县的科普投入每年人均不足0.3元，捉襟见肘，严重影响和制约着农村科普工作的有效开展。各级政府要加大对农村科普经费投入，保证县（旗）、地（市、州）、省（自治区、直辖市）、全国科普人均经费各为半根冰棍钱（至少1元人民币以上）。要将科普设施纳入农村社区综合服务设施、基层综合性文化中心等建设中，提升农村社区科普服务能力。开展科普示范县（市、区）等创建活动，提升基层科普公共服务能力。深入开展文化科技卫生“三下乡”、科普日、科技周、科技文化进万家、世界粮食日、健康中国行、千乡万村环保科普行动、农村安居宣传、科普之春（冬）等各类科普活动，大力传播创新、协调、绿色、开放、共享的发展理念，围绕农业现代化、加快转变农业发展方式、粮食安全等，贯彻党和国家强农、惠农、富农政策，普及高效安全、资源节约、环境友好、安全健康、耕地保护、防灾减灾、绿色殡葬等乡村文明等知识和观念，传播科学理念，反对封建迷信，帮助农民养成科学健康文明的生产生活方式，提高农民健康素养，建设美丽乡村和宜居村庄。

（三）补齐科学素质服务薄弱地区短板

按照年人均纯收入2800元以下的贫困标准，目前我国有14个贫困片区、592个贫困县、12.8万个贫困村，到2020年必须实现7000万贫困人口脱贫，任重而道远。实施科技助力精准扶贫工程，加强革命老区、民族地区、边疆地区、集中连片贫困地区科普服务能力建设，加大对农村留守儿童、留守妇女和留守老人的科普服务力度。广泛动员广大科技工作者和各级科普组织，大力开展“创新争先行动”，以集中连片特殊困难地区和国家扶贫开发工作重点县为主战场，以帮扶建档立卡贫困村、户尽快实现脱贫致富作为首要目标，依托乡镇农技协联合会、农技协、农村科普示范基地、农技推广站、农技专家服务团等基层脱贫攻坚的重要力量，大力提高贫困户劳动生产技能和科学素质，大力提高贫困户的劳动生产技能，创造更多就业岗位、提供更多就业信息，帮助他们实现就业，大力推广应用农业新技术、新品种、新模式，大力发展特色产业，为贫困户生产销售、生活改善提供便捷服务。实施科普援藏援疆工作，加大科普资源倾斜力度，加强双语科普创作与传播。

视窗4-21 科技助力精准扶贫工程

为贯彻落实中央脱贫攻坚重大决策部署和习近平总书记在全国科技三会上的重要讲话精神，组织动员各级科技组织和广大科技工作者广泛开展“创新争先行动”，助力各级地如期完成脱贫攻坚任务，中国科协、农业部、国务院扶贫办在“十三五”时期联合实施“科技助力精准扶贫工程”。该工程旨在围绕脱贫攻坚总目标和扶贫先扶智的根本要求，广泛开展“创新争先行动”，积极投身脱贫攻坚，加大科技供给和支撑，大力增强贫困户依靠科技脱贫致富的积极性和主动性，大力提高贫困户的科学素质和生产技能，为实现脱贫攻坚目标做出新贡献。

通过工程实施，到2020年，在贫困地区支持建设1000个以上农技协联合会（联合体）和10000个以上农村专业技术协会，实现农技协组织和服务在贫困县全覆盖；组织10万名以上来自各级学会、高校和科研院所等科技专家参与脱贫攻坚，实现科技服务在贫困村全覆盖；引导优质科技资源和服务向基层集聚，大幅提高贫困地区公民科学素质和生产技能。

支持每个贫困县建立1个农技专家服务站；配备1辆科普大篷车；流动科技馆巡展2次；至少建设1所农村中学科技馆；贫困家庭的青少年接受科技教育，参与科普活动的机会明显提升；为每个贫困县制定科技脱贫攻坚规划和产业发展政策提供决策咨询。支持有产业发展基础的贫困乡镇建立1个乡镇农技协联合会（联合体）；培育1个乡镇特色产业；建立各级学会，特别是农科、医科和工科学会对接乡镇产业发展科技信息与人才帮扶机制。支持适合发展“一村一品”的贫困村建设1个农技协；培育1个以上新型经营主体；打造1个特色品牌；建设1个科普中国乡村e站。通过培训使每个有劳动生产能力的贫困家庭至少掌握1—2项脱贫致富的实用技术和技能，至少能够参与1项农业增收项目，提高农民依靠科技致富的能力。

实施中，要围绕地方党委、政府脱贫攻坚中心任务，集聚科技资源优势，加大对贫困地区的支持力度，助力脱贫攻坚。始终瞄准贫困地区建档立卡贫困户，坚持扶持对象精准、项目安排精准、资金使用精准、措施到户精准、脱贫成效精准的要求，帮助建档立卡户提升科学素质、实现增收脱贫。建立东西对口帮扶、各级科技组织和专家与贫困村户结对帮扶机制，每年对做出突出贡献的科技组织和专家给予资助支持，实现东西互动、上下联动。

工程的主要任务：一是服务科学决策，促进特色产业发展；二是推广农村先进实用技术，提升科技帮扶含量；三是培养乡土人才，夯实人力资源基础；四是培育新型经营主体，不断完善农技服务体系；五是完善科普设施建设，提升科普能力；六是广泛开展科普活动，提升贫困地区公民科学素质。

四、开启农村科普服务的新引擎

当今世界，以数字化、网络化、智能化为标志的信息技术革命日新月异，互联网日益成为创新驱动发展的先导力量，深刻改变着人们的生产生活，有力推动着社会发展。大力推动农村科普公共服务信息化，缩小和填补农村科普信息服务“鸿沟”，是跨越提升我国农民科学素质的有效途径和必由之路。

（一）增加农村科普服务信息供给

要充分依托现有企业和社会机构，借助现有信息服务平台，统筹协调各方力量，融合配置农村科普信息资源，建立完善优质科普信息内容生产体系和服务机制，细分农村科普对象，提供精准的科普服务产品，泛在满足公众多样性、个性化获取科普信息的要求。实施科普信息建设专项，采取“统一品牌、分栏制作、互联互通”的PPP（政府与社会资本合作模式）运作方式，强化农村科普内容生产，统筹制作科普内容并进行传播，形成强大的互联互通的科普中国内容生产和公共传播方阵，显著增强优质农村科普信息内容有效供给水平和能力。要建立科学性的把关机制，建立农村科普舆情监控机制，建立快速纠正机制，充分发挥广大科技工作者、科普工作者的作用，借助先进信息技术手段，贴近实际、贴近生活、贴近群众，充分运用虚拟现实、人工智能、全息仿真等技术，在科普的多媒体、动漫、游戏等表达和呈现形式、传播方式等方面取得突破，增强农村科普的新体验和时效性。

（二）构建农村科普服务云网端体系

紧紧依托科普中国服务云的共享式服务平台，基于云计算、大数据等技术，发挥零边际成本优势，实现农村科普公共服务的信息汇聚、数据挖掘、应用服务、实时获取、精准推送、决策管理等。要借助科普中国信息服务“云网端”体系，在包括科普中国服务云、科普中国网、科普中国相关频道等“一云一网多频”，科普中国微信、微博、科普中国微信方阵、科普中国 QQ 方阵、科普中国 APP 及科普中国相关移动端应用等“两微两群多端”，科普中国 e 站、科普中国服务基站、科普中国 V 视快递等“两站多屏”，构建完善农村科普公共服务的云网端体分体系，采取精细分类、精准推送等有效方式，洞察和感知农民科普需求，通过公众主动获取、定制推送、精准推送、线上线下活动结合的方式，实现农村科普信息落地服务最广大的农民群众。

（三）推动科普中国乡村 e 站建设

科普中国乡村 e 站是面向农村居民，开展科技推广与服务、农村创新创业、购销服务以及健康生活、科普文化活动等线上线下相结合的农村科普服务的新阵地，是农村科普公共服务的信息化基础设施。要按照有网络、场所、终端、活动、人员“五有”要求，与农村科普活动站、科普宣传栏、科普员（站、栏、员）等紧密结合、深度融合，建好和用好科普中国乡村 e 站。要通过登录到科普中国网、科普中国各频道、科普中国移动端应用等，主动获取各类所需要的科普内容信息资源，实时传递给属地公众；要通过登录科普中国网的相应开放入口进行注册，根据实际需要定制科普中国服务云的科普内容信息，通过属地的传播渠道（平台）和移动端应用实时向公众进行推送；要通过服务云数据接口，入驻科普中国服务云，科普中国服务云根据用户行为数据，利用云技术服务方式，个性化地向每位公众精准推送科普中国的科普内容信息；要利用科普中国服务云线上的内容信息资源，开展科普教育培训、展览、咨询、竞赛等线上线下结合的科普活动，推动科普中国信息在乡村的落地应用。

（四）提升科普服务公共服务品质

积极开展信息技术培训，加大对循环农业、创意农业、精准农业和智慧农业的宣传推广力度，实施农村青年电商培育工程，鼓励和支持农村青年利用电子商务创新创业。发挥科普中国乡村 e 站作用，大力开展农民科学素质网络知识竞赛、新农民微视频展播等线上线下相结合的科技教育和科普活动。加强与电视台、广播电台等大众传媒机构的合作，充分发挥广播、电视等现有覆盖面广、影响力大的传统信息传播渠道作用，面向农民传播丰富多彩的科普内容。鼓励有条件的地方组织科技专家编印农民科学素质读本、农业技术手册、科普常识口袋书等。要高度重视乡村科普宣传员的队伍建设，积极争取党委、政府和组织部门支持，将乡村科普宣传员队伍纳入基层群团工作队伍建设的重要内容，力争为本辖区内的所有行政村配齐科普宣传员，同时要加强乡村科普宣传员的培训，建立以科普员为核心的农村科普传播社群，发挥他们在提升农民科学素质中的基础性作用。

第四节　城镇社区居民科学素质服务创新

城镇化是人类社会发展的必然趋势，是人类文明进步的重要特征，是衡量一个国家现代化程度的重要标准。城镇是经济、政治、教育、文化、商贸、人才的中心，随着社会经济的发展，城镇居民科学素质直接关系到一个国家、地区的现代文明。

一、发挥科普在人的城镇化中的作用

城镇化以农村人口向城市迁移和集中为特征，现代城镇化从根本上讲是人的城镇化，是科技发展带来的人的科学素质的城镇化，不仅表现在人的地理位置的转移和职业的改变，更主要是科学观念、生产和生活方式的演变。

（一）城镇社区科普是城市建设的重要内容

随着改革的深化和社会主义市场经济的发展，城市基层社会结构正在发生深刻的变化，城市社区的地位和作用显得越来越重要，居民与社区的关系越来越紧密，加强城市居民科普是城市和城镇社区建设、城市经济社会协调发展的客观要求，是城市社区建设特别是精神文明建设的重要内容。城市社

区的教育主要是思想、道德以及科普教育，随着现代科技的发展，科技与城市居民的关系日益密切，科普是城市社区教育的基础。经济发展“新常态”对劳动者的知识更新、技能水平、科学素质要求越来越高，劳动者拥有的知识量、知识结构，以及知识更新和创新的能力越来越成为经济发展、结构调整的决定性因素，城镇居民科普是推动大众创业、万众创新，促进城市人力资源的开发、增加就业、扩大需求、调整城市经济结构、促进城市新经济发展的现实需要。

（二）城镇社区科普是提高市民素质的需要

随着城市居民收入水平的提高，生活消费水平随之提高。特别是住房、医疗、养老、就业等社会保障制度的改革和人们生活方式的变化，城市居民在生活服务、居住环境、科普、文化娱乐、医疗卫生等方面的需求越来越高。搞好城市居民科普不仅可以创造科学、文明、健康向上的社会风气，而且可以向居民提供多种有益的科普文化活动，满足其多层次、多样化的生活知识和实际科普服务需求，从而极大地提高城市居民的生活质量、科学素质、精神风貌和文明程度。开展城市居民科普，用健康、正确的科学精神、科学思想、科学方法和科学知识牢固地占领思想文化阵地，可以防止由于一些居民愚昧无知或缺乏科学精神，相信迷信、伪科学，甚至被“法轮功”等一些邪教组织所蒙蔽和毒害的严重事件。

（三）城镇社区科普是新居民市民化的需要

城镇化的核心是人的城镇化，城镇化不是农民进城的简单迁移过程，而是农村转移人口市民化的过程。据国家统计局数据，2016 年年末我国大陆城镇常住人口 7.93 亿人，常住人口城镇化率为 57.35%，户籍人口城镇化率为 41.2%。我国每年有 1800 万以上农村转移人口进入城镇，或没有落户，或在城镇落户成为新居民，他们都不同程度地存在就业无着落、生活不适应、认同感不强等情况。人的城镇化，就是要很好地解决农村转移人口在生存技能、行为习惯、生活方式、价值观念、社会交往和认知等方面向市民化的转换。实践表明，对村转居及进城务工人员等城镇新居民，科普教育能帮助他们丰富适应城市就业生活的各种知识，拓展就业领域、提高就业技能，增强适应城市生活的应变能力、现代文明成果的鉴赏和享有能力、公共事务的参与能力。

视窗4－22　人的城镇化的国际经验

在推进城镇化过程中，国际社会普遍重视人的城镇化，而在推进人的城镇化中普遍重视教育，尤其是科普教育，这为我国科普助力人的城镇化提供了的宝贵经验和启示。

在19世纪，随着大量德国农民进入城市成为产业工人，为使农民更好地在城镇就业和生活，当时德国的政府、企业非常注重这些人群的职业培训，加强对学徒工的技术学习与训练。英国政府19世纪一方面限制农业劳动力的"超常"转移，以防止农村劳动力盲目流失，保证农业劳动力资源；另一方面组织大量的农民、农场工人、园艺工人参加学习培训。20世纪初，美国由农业社会向世界领导地位的工业国进化，大量来自贫穷国家和未受教育人口的移民增加，公众日益强烈要求改变公立教育系统中的农艺教育与手工训练，以便将这些移民吸收进入城镇劳动市场，美国国会通过长达6年的考虑和准备，1917年通过《史密斯—休斯法》。

日本在19世纪70—80年代颁布《学制》，强制推行"学制令"，向占人口绝大多数的广大农村人口普及教育，为后来的农村富余劳动力转移和人的城镇化提供基础。日本农民进城现象从明治维新时期出现，19世纪末开始活跃，在第一次世界大战期间开始激增。为提高进城农民的科学素质，更好地向非农产业转移，日本政府积极推行职业训练制度，对农民进行职业技能训练，同时鼓励各企业、社会团体积极开展岗前培训，为农村谋职者提供各种学习机会。为了向包括进城农民在内的城镇公民提供教育，1946年开始成立主要开展包括科普教育在内的城镇市民教育场所——公民馆。目前公民馆已在日本社区普及，它经常开设各种内容的定期讲座，举办讨论会、讲习会、讲演会、实习会、展览会等，配备各种图书和资料等，成为社区学习活动的基本场所。

20世纪70年代，韩国通过新村运动，教育、宣传、普及有关技术知识，动员理工科类大学及科研院所的教师、研究员轮流到农村巡回讲授并推广科技文化，对农民进行科技培训，提高他们在城镇就业和生活的适应能力。波兰政府汲取西欧国家在城镇化过程中的教训，防止盲目发展城镇化后出现失地农民无业可做的局面，实行以工业化带动城镇化的发展战略。20世纪90年代初以来成立许多针对失地农民的职业学校，对失地农民进行系统的职业技能培训，使他们获得一定的技能并在城镇工作、生活，更好地融入城镇中去。

同时，一些国家盲目的城镇化，产生贫民窟和城市二元结构的惨痛教训，也值得我们警醒。拉丁美洲和南亚一些国家在二战后就开始城镇化，大量农民盲目涌向城镇，由于政府和社会没有针对提高进城务工人员的教育措施，对失去土地的农民没有进行科学指导，导致他们没有掌握必要的就业技能，没有在城镇就业和生活的本领，从而误入经济发展受社会问题钳制的“中等收入国家陷阱”，贫民窟成为“拉美城镇化模式”挥之不去的阴影。在印度最大的城市孟买，目前市区人口约1400万，贫民窟人口就接近一半。而贫民窟是犯罪、贩毒等的滋生地，给这些国家的社会安定带来很大的隐患。

二、城镇社区科普公共服务供给方略

城市居民科普是整个科普的组成部分。城市居民科普是针对居住在城镇的公众群体，特别是社区居民开展的平民性科普。

（一）聚焦城镇社区的科普服务对象

新时期城镇社区科普服务，要坚持以社区的老年人、进城务工人员和待业人员、学龄前儿童和青少年等人群为主要对象，坚持把群众性、社会化作为社区科普工作的主要方式，坚持以建设科普组织、建设科普阵地、开展科普活动为重点，带动城镇社区科普公共服务的整体提升。

城镇社区科普服务要适应我国城镇化高速发展的新形势，高度重视城镇新居民的科普公共服务供给。我国城镇新居民的规模宏大，长期的城乡二元结构造成我国城乡之间的公民科学素质差距极大。近年来，我国外出务工经商人员数量达到2.7亿人，这些进城务工人员、进城务工人员子女、村转居人员等流动性大、居住分散、需求多元、科学素质基础各异，要对如此宏大的城镇新居民开展科普工作，需要付出巨大努力。

（二）把科学生活作为城镇社区科普的重点

紧紧围绕社区居民的科普需求。城市社区是居民生活、工作、学习、休息等栖息地。城市居民科普以社区为重心，社区科普必须以城市居民的生活需求为中心，科普内容和形式必须贴近城市居民的生活实际。城市居民科普是城市居民的内在需求。城市居民相对于农村居民而言，是一些经济收入较多，生活比较安逸，居住相对集中，闲暇时间相对较多，科学文化素质较高的人群，具有参与志愿者活动的行为动机。因此城市居民一方面对科普具有较大的需求，另一方面具有自己组织起来，开展科普活动的需求。城市居民科普资源相对比较丰富，为城市的科普志愿者行为提供了外部条件。所以在城市居民科普中，只要有合适的科普组织倡导和有效地组织，科普活动就能很好地开展起来。由此，科普组织须在城市居民科普志愿活动中，整合和配置社区资源方面的优势和作用，依靠和组织社区居民，依托驻社区的机关、学校、企业、团体等，开展各种行之有效的科普活动。要充分调动社区群众参与组织科普活动，以及参与科普活动的积极性，发挥社区科普志愿者的主观能动性和创新精神；争取驻社区单位的支持和参与。社区科普组织的工作须积极主动，广泛动员，科普内容要贴近社区居民的生活实际，做到科普“进社区、进楼群、进家庭”，满足社区居民对科普的各种需求。

（三）切实做好城镇新居民科普公共服务供给

针对我国城镇化进程和科普助力人的城镇化的实际，根据我国科普推动人的城镇化的实践，参照国际社会经验，切实做好城镇新居民科普公共服务供给。

第一，城镇新居民就业技能科普培训。农村转移人口是目前我国人的城镇化最主要的人群，这些人远离或者失去土地来到城镇，首先面临的问题是生存问题，而解决生存问题的方式就是在城镇就业。然而，城乡之间生产方式与就业方式有很大的不同，由于他们受教育所限，往往接触的是农业生产相关的知识，缺乏城镇企业生产经营所需的职业技能和管理知识，只能适应简单的体力劳动，从事技术含量低的工作，难以在城镇长期发展。国务院研究室 2016 年 4 月发布的《中国农民工调研报告》显示，目前我国农村劳动力中没有接受过技术培训的高达 76.4%。通过开展针对农村富余劳动力、进城务工人员等的城镇就业技能培训，提升农村转移人口在城镇的就业技能，丰富市场经营管理知识，可以增加他们在城镇就业和创业的机会，使农村转移人口得到稳定收入，从而奠定他们在城镇生存发展的物质基础，增强体面生活的信心，有助于他们真正融入城镇新生活、成为留得住的城镇新居民。

第二，城镇新居民科学生活科普教育。农村转移人口进城前长期生活在农村，深受农村文化传统、生活环境及风俗习惯等的影响，进城后往往是人进了城，但思想观念、生活习惯等没有进城，出现把鸡鸭养到楼房、把牛羊养到社区的现象。这种生活习惯，不仅影响自己的生活质量，也会影响到周边居民的生活秩序，以致产生社会矛盾。针对城镇新居民开展科普工作，加强食品、家居、医疗、保健、卫生、环保、能源、交通等方面的知识宣传，加强心理教育和疏导，满足他们获取城镇生活科学常识的迫切需要，帮助他们转变生活观念、科学理性对待社会热点焦点问题，是促进他们形成科学健康文明的城镇生活方式、提高生活质量和幸福感、提升对现代文明成果鉴赏和享有能力的重要方式和途径。

第三，城镇新居民心理援助科普教育。农村转移人口进入城镇后，面临着社会环境、文化氛围、人际交往和价值追求等的巨大变化，如果不能很好地适应这种变化，将会遇到他们对城镇的不认同和社会不认同他们的双重矛盾。由于农村是一个基于自然和血缘的熟人社会环境，而城镇是基于职业、地缘的陌生人社会环境，农民进城伊始往往会感到缺乏自信心和归属感，加重进城后的孤立感和无助感，诱发不同程度的认同危机和心理危机。针对农村转移人口开展科普活动，一方面通过科学的疏导和教育，可以增加他们对生活的满足感，丰富对城镇生活和未来发展的信息，树立自我认同感；另一方面组织和引导他们积极参加社区科普文化活动，参与公共事务管理，加强与他人的交流沟通，在社会交往中获得他人的尊重，可以培养自我认同感和社会认同感，实现人生精彩。

三、城镇社区科普公共服务创新

我国正在为实现“两个一百年”目标而奋斗，对具有高水平科学素养国民的需求极为强烈。城镇居民作为我国数量最庞大的群体，对提高实施我国公民整体科学素质的跨越提升尤其重要，新时期城镇社区科普公共服务能力迫切需要创新提升。

（一）创新城镇社区科普公共服务理念

宣传创新、协调、绿色、开放、共享的发展理念，普及尊重自然、绿色低碳、科学生活、安全健康、应急避险等知识和观念，提升社区居民应用科学知识解决实际问题、参与公共事务的能力，提高居民健康素养，促进社区居民全面形成科学文明健康的生活方式，促进和谐宜居、富有活力、各具特色的现代化城市建设。

（二）创新城镇社区科普活动

围绕“节约能源资源、保护生态环境、保障安全健康、促进创新创造”的工作主题，创造性地开展城镇社区科普活动。

一要办好城镇社区的科普节。充分利用科普日、科技周、世界环境日、世界地球日、世界标准日以及科技、文化、卫生、安全、健康、环保进社区等时间节点，组织开展社区气象、防震减灾、燃气用电安全、电梯安全以及社区居民安全技能、老年人急救技能培训等各类应急安全教育培训活动。面向城镇新居民开展适应城市生活的科技教育、传播与普及活动，帮助新居民融入城市生产生活。

二是善于众筹城镇社区的科普活动。广泛动员各有关单位及科协所属学会（协会、研究会），高校、科研院所、科普教育基地，面向社区居民开展经常性、阵地化的科普活动，广泛组织驻区单位和居民，围绕社区居民关注的卫生健康、应急避险、食品安全、生态环境、低碳生活、心理关怀、反对愚昧迷信等重点和热点问题，大力普及科学知识，及时解疑释惑，引导社区居民理性对待和处理个人生活及社会生活中的问题。

三是城镇社区科普活动要接地气。城镇社区科普服务贴近公众、贴近民生、贴近实际，要针对老旧住宅社区、工矿企业所在地社区、城乡接合部（村转居）、城中村、流动人口聚居地社区、新建住宅社区、商务楼宇聚居社区、保障性住房社区、少数民族聚居社区、信教群众集中居住社区等不同情况，根据社区常住居民的组成、文化背景等不同特点，开展针对性强、居民欢迎的科普活动。要注重提高老年人运用科学知识改善生活质量、应对突发事件的能力，丰富科学文化生活，保持身心健康。要注重提高进城务工人员和待业人员的就业技能和生存能力，养成科学文明生活、保持理性平和心态、适应城市环境变化的能力。要结合学龄前儿童以及青少年寒暑假、周末休息等时机，利用社区青少年科学工作室、流动科技馆、数字科技馆、科普教育基地和青少年科技教育基地等场所，积极开展社区科技教育活动，引导青少年正确使用网络资源，激发青少年的科学梦想。

（三）创新城镇社区科普服务方式

推动基层服务中心融合发展，在新建及现有的基层服务中心拓展科普功能。依托社区综合服务设施，深入推进社区科普益民服务站、科普学校、科普网络建设，进一步加强社区科普组织和人员建设。充分发挥科普基础设施作用，面向基层群众开展党员教育、体育健身、文化宣传、卫生健康、食品药品、防灾减灾等各类科普活动。

一是推动建设科普中国社区 e 站。科普中国社区 e 站是基于科普中国服务云，依托已有城镇社区的网络、阅读终端、活动场所等科普设施，借助城镇社区传播渠道（平台）和移动应用等，细分公众，广泛开展线上线下相结合的科普活动，实现科普信息服务落地应用的新阵地。科普中国社区 e 站主要面向城镇居民，开展健康教育、科学生活、创新创业、科普文化活动等线上线下相结合的社区科普服务，切实解决科普公共服务在城镇社区的“最后一公里”，实现科普服务对市民群众的精细分类、精准推送，增强科普服务的公众获得感。

科普中国社区 e 站以现有城镇社区条件为基础，采取众创、众包、众扶、众筹的基本方式，按照有网络、场所、终端、活动、人员等“五有”的基本要求建设，通过主动获取、定制推送、精准推送、线上线下活动等方式，实现科普中国信息落地应用。可通过登录到科普中国网、科普中国各频道、科普中国移动端应用等，主动获取各类所需要的科普内容信息资源，实时传递给属地公众；可通过登录科普中国网的相应开放入口进行注册，根据实际需要定制科普中国服务云的科普内容信息，通过属地的传播渠道（平台）和移动端应用实时向公众进行推送；可通过服务云数据接口，入驻科普中国服务云，科普中国服务云根据用户行为数据，利用云技术服务方式，个性化地向每位公众精准推送科普中国的科普内容信息。

二是建设完善社区科普学校。社区科普学校是社区科普传播教育的活动平台。要推动社区建立以科普大学、科普讲堂、社区学院、青少年科技辅导学校等为主要形式的社区科普学校，组织社区居民开展科学教育和培训。要制订完善社区科普学校管理和运行制度，建立长效办学机制。要注重培养社区科普教师和讲师队伍，提高教学质量和水平。要立足实际、贴近居民，采用灵活多样的办学方式，切实满足社区居民学习、交往等多方面的需要。

视窗 4－23　社区科普学校

社区科普学校是根据社区居民的实际需要建立的非正规性、社会化、群众化的科普教育阵地。社区科普大学是建在老百姓家门口，学员全部面向社区居民，无进校门槛限制，老师由科普志愿者担任，教材紧贴群众需求。学员们不仅在社区科普大学课堂上学习，而且还能在分校参加丰富多彩的第二课堂活动。

学校坚持面向社区群众普及科学知识，教学内容和课程设置充分征求群众意见，主要挑选一些群众喜欢、简单易学、实用性强的课程，如生理与健康、自然科学、心理健康、营养配餐、食品安全、养生之道、家庭用药、疾病预防、科学健身、法律常识、文化娱乐等多种课程。在课程安排、老师授课等方面，突出实用性、趣味性、增强互动性，采用播放光盘、科普教师讲科普常识、发放健康教育自学读本，以及组织学员记学习笔记、写学习心得等多种交流互动的教学形式，让社区居民听得懂，不单调、不枯燥，寓教于乐。学校通过社会招募和基层推荐等方式招募科普志愿者充实讲师队伍，定期对老师进行考评。学校既可开办在城区，也可开办在农村、部队、监狱、封闭式小区等群众方便的地方。学校可采取总校与分校的办学形式，各社区的科普学校为分校。在办好第一课堂的同时，学校结合教学开辟第二课堂，如利用科技周、科普日等大型科普活动，开展科普知识竞赛、才艺展示、文体表演等活动，巩固第一课堂的教学成果。

三是建设完善社区科普益民服务站。社区科普益民服务站是社区科普活动的重要阵地。要支持和推动社区因地制宜，采取多种形式建设完善科普图书室、科普活动中心、社区科技馆、青少年科学工作室、科普园、科普广场、科普宣传栏（橱窗）等不同形式组合的社区科普益民服务站，特别要注重将社区已有的科技、教育、文化、卫生等活动设施场所拓展和建设为科普活动阵地。要坚持实际、实用、实效的原则，做好社区科普益民服务站的维护和管理，定期对科普设备设施检查，及时更新科普展示和活动内容，提高科普活动频率和水平，不断扩大社区居民受益面。

四是加强城镇社区科普志愿者队伍建设。建立一支高素质的、相对稳定的社区科普工作者队伍，确保专人具体负责科普工作，并定期开展工作培训，提高社区科普工作者的服务能力和水平。要有效整合辖区智力资源，充分发挥中小学科技教师、老科技工作者、离退休教师、医务工作者、大学生和辖区学校、企事业单位科技人员的作用，建立完善一支具备一定专业素质，热心社区科普工作的社区科普大学讲师团队伍和科普服务队。对热爱社区科普工作、群众口碑好的科普志愿者，要进行表彰奖励，采取措施稳定、壮大科普志愿者队伍。

（四）创新城镇社区科普公共服务模式

促进形成政府推动、社会支持、居民参与的城镇社区科普新格局，大力提升城镇社区科普公共服务能力，促进基层社区科普服务设施融合发展，推动城镇常住人口科普基本公共服务均等化，全面提升市民科学素质，助力以人为核心的新型城镇化发展。

一是把科普纳入城镇公共文化服务范畴。在现代公共文化服务中切实加强城镇社区科普工作，建立健全社区科普工作领导小组，制订城镇社区科普工作计划、筹集社区科普工作经费、集成社区科普资源；加强与驻区单位的沟通和协调、组织驻区单位参与社区科普工作；激发社会主体参与科普的积极性，面向社区提供多样化的科普产品和服务，动员驻区学校、科研院所、企业、科技社团、科普场馆、科普教育基地等相关单位开发开放科普资源，支持和参与社区科普活动。

二是建设完善城镇社区科普协会。城镇社区科普协会是组织开展科普活动的中坚力量。要依托城镇社区的管理者和社区工作人员、科学教师、科技人员、科普专家、离退休科技相关人员、大学生社工及社区居民等，推动成立社区科普志愿者协会、科普兴趣小组、科普爱好者协会等社区科普协会。要加强对社区科普协会的指导和服务，引导社区科普协会定期开展科普活动。

三是配备配齐城镇社区科普员。社区科普员是社区科普工作的核心推动者，要积极动员驻区的企事业单位以及社区居民中的科技工作者和科普工作者担当社区科普员。要加强对社区科普员的业务培训和工作指导，建立以社区科普员为核心的城镇科普传播社群，为他们开展科普活动提供便利条件，支持他们积极主动开展工作。

四是建立健全社区科普组织动员机制。驻区单位是社区科普工作的重要组织资源。要推动社区加强与驻区单位的沟通和协调，邀请驻区单位领导进入社区科普工作领导小组，参与社区科普工作和科普活动的规划、组织和实施。要引导支持建立社区与驻区单位的科普联动机制，将驻区单位的设施、场所、器材器具等科普资源面向社区居民开放，动员驻区单位的专业技术人员面向社区居民开展科普讲座和科普咨询等活动，鼓励驻区单位支持社区开展科普活动。

第五章　让科普插上信息化的翅膀

当今世界，信息技术革命以前所未有的速度和强度，深刻改变着世界，也改变着科普服务。信息化和经济全球化相互促进，带来信息的爆炸式增长和传播表达方式的多样性，使科学传播变得非常高效、方便快捷和充满乐趣。云计算、物联网、大数据、虚拟现实等现代信息技术的应用，使泛在、体验、精准、交互式的科普服务成为现实，新时期的科普服务必须走信息化的发展道路。

第一节　推进“科普人”的信息化

理念决定思路，思路决定出路，出路决定作为。科普信息化与现有传统科普之间，不是二选一，而是传统科普与现代科普信息化的有机融合。科普信息化更不是做项目、喊口号、搞群众运动那么简单，也不仅是信息技术在科普实践中的应用，而是在科普服务的理念和科普内容、表达方式、传播方式、组织动员、运行和运营机制等服务模式的全面创新，是科普升级换代，是科普服务从理念思维到行为的彻底革命，是开创科普服务新纪元。信息化时代的科普服务，最最首位、最最根本的是“科普人”的信息化。

一、“科普人”须自我革命

“科普人”的自我革命是科普信息化的前提，在信息化条件下，科普需要实现全方位的根本性和彻底转变。即从单向、灌输式的科普行为模式，向平等互动、公众参与式的科普行为模式彻底转变；从单纯依靠专业人员、长周期的科普创作模式，向专业人员与受众结合、实时性的科普创作模式彻底转变；从方式单调、呆板的科普表达形态，向内容更加丰富、形式生动的科普表达形态彻底转变；从科普受众泛化、内容同质化的科普服务模式，向受众细分、个性精准推送的科普服务模式彻底转变；从政府推动、事业运作的科普工作模式，向政策引导、社会参与、市场运作的科普工作模式彻底转变。

目前，信息化处在“互联网+”时代，传统科普与科普信息化之间的界限变得模糊，跨界、跨行业、跨媒体成为科普的新常态。在互联网尤其是移动互联网迅猛发展的今天，“互联网+”借助互联网对传统科普进行技术改造，带动科普的跨界和融合，提升传统科普机构的竞争力；利用信息技术手段提升科普服务水平和公众体验，加强科普产业链上下游的协同，从而促进科普提质增效。互联网+科普，促使科普的开放跨界、边界消融。跨体制、融体制，跨范式、融范式，跨底线、融底线，跨媒体、融媒体，跨创作、融创作，跨终端、融终端，懂得融合创作、懂得全媒体传播、懂得利用大数据等，是现代科普人的基本功。

二、要树立互联网理念

互联网理念是科普信息化的逻辑起点。科普信息化遵循互联网精神和思维，与传统科普的“干部思维”格格不入。实践证明，推进科普信息化最大的障碍是干部思维，最难的工作是去干部思维，最大的成功是逆干部思维而行。例如，中国科协从2013年开始，加大推进科普信息化建设的力度，目前取得初步成效。在科普信息化推进过程中，遭遇的N多质问。例如，为什么把那么多项目经费都给了互联网企业？为什么不把项目经费都给科协系统的单位？科普信息化建设留下的是什么资产？科普信息化的浏览量、传播量可信吗？我们也能做科普信息化，为什么不让我们做？科普信息化就看中国科协在忙，看似与我们无关？抓科普信息化，是不是传统科普就不做了？……如此多的为什么，其核心反映的就是干部思维的问题。

第一，科普信息化要逆干部思维而行。逆干部思维，其实质是强化科普服务的互联网思维。互联网思维一词，最早的提及者应该是百度的李彦宏。

2011 年，李彦宏在一些演讲中，就曾偶尔提到这个概念，旨在基于互联网的特征来思考。如今大互联时代，互联网思维已经成为与信息化、“互联网 +”的逻辑起点。信息化条件下的科普，特别是移动互联网时代的科普人，如果不具备互联网思维，遵循互联网时代的游戏规则，真的不可思议、不可想象。

视窗 5 – 1　网络时代生死规则

规则一：用户比客户重要。最早一些商业精英有一个思路，说是生意离钱越近，赚钱就越近。但在互联网，这个逻辑是错的；不论中国还是美国，这个逻辑都是错的；前段时间周鸿祎借用毛泽东的说法“地在人失，人地皆失；地失人在，人地皆得”，人就是用户，地就是收益；说的是对的。如，最早推出竞价排名的公司，叫作 overture，这个生意模式很好，也发展了足够的客户，依赖于与雅虎和谷歌的合作，一度成为市场上最受资本追捧的公司，但问题是他只有商业模式和客户，却没有属于自己的用户；突然有一天，google 宣布，不再和 overture 合作，自己建立广告系统，一夜之间，这家公司的业绩下降 2/3；祸不单行的是，雅虎也找了过来，要不卖给我，要不我们也学 google 自建广告系统，overture 连还价的机会都没有，只好委身变卖。又如，263 免费电子邮局，曾经市场第一，为追求收入，强制升级到全面付费版本；他们的逻辑是，邮件地址类似于手机号码，高端人群不会随意变更邮件地址；结果可笑的是，不但他们丢失了付费用户，免费用户也流失殆尽。

规则二：草根比精英重要。最初，投资圈好说一句话，80% 的财富集中在 20% 的用户身上，所以服务好这些人，就可以赚到大钱。事实证明，在互联网时代，服务好草根用户，才是王道。例如，网址站的奇迹，很多人没搞清楚 360 怎么赚的钱，他们最大的收入来源就是 360 的网址导航。百度收购 hao123 后，一直是低调处理，闷声赚钱，今天 hao123 已经迅速扩充为独立事业部门，并且拥有了自己的联盟渠道业务以及非常宽松的预算。百度和 360 的竞争重心在流量入口，这个流量入口绝大部分集中在网址导航，而网址导航就是草根用户的上网入口，而精英不屑一顾。又如，当年唯品会创业时，信誓旦旦，中国奢侈品消费进入暴发期，赚有钱人的钱才是王道，结果一路烧钱亏钱，后来痛定思痛，决心转型，主打二三线品牌促销，降低用户消费层次，一下子暴发了，钱也赚到了。

规则三：跨界优势及资源副作用。传统的 IT 行业，一直以为资源是决定成败的关键因素，但实践中发现，资源优势方往往因为资源优势，忽视了用户体验和用户诉求，在竞争中动作迟缓，拼劲不足，往往落败。越有资源越不行，几乎成为互联网铁律，包括百度、腾讯等也出现了这样的反思，行内称这种现象是“富二代思维”，即仰仗资源，反而缺乏竞争力。例如，微信是腾讯暴发的重要产品，但微信并非腾讯嫡系团队的战果，腾讯移动部门几百人，在移动互联网领域屡屡错失良机，广州的电子邮局团队，反而暴发了巨大的冲击力。又如，新浪刚出来时，千龙新闻网也高调出世。千龙新闻网是传统媒体集团的产物，有各大传统媒体的合法授权，是典型的媒体“官二代”，当时一群评论家认为，千龙新闻网的资源优势远胜新浪，新浪将很快被终结。而事实是，这种叼着金钥匙出生的网站，注定没有竞争力，居然一度沦落为链接农场，成为搜索引擎要格外注意的垃圾链接来源网站。跨界竞争者，不受行业思维局限，敢于求变，一动手就颠覆你的商业模式，往往出其不意。例如，史玉柱搞游戏，当时认为搞保健品的弄游戏纯粹是乱来，多少资深游戏人都给史玉柱的游戏下了不行的结论。结果虽然巨人后续的产品不够好，但游戏行业公认，征途颠覆了游戏的传统商业模式，形成被业界称赞的中国模式。

规则四：视野比勤奋更重要。勤奋当然重要，但正确的视野，会让你的勤奋以 n 倍增值。如，2001 年俞军说搜索引擎是改变人类知识获取能力的一种革命，与造纸术、活字印刷并列。为什么当初那么多公司做搜索引擎，却只有百度脱颖而出。因为很多人只是把搜索引擎当作一种工具，一种获利手段，一种模式。当时谁会相信，一个搜索引擎公司，可以颠覆如日中天的门户呢，实际上俞军就已经预见到了。

> 规则五：免费的是最贵的。这个真的是中国特色，史玉柱绝对是一个典型的代表。巨人集团的游戏，不但免费玩，还给玩家付工资？传统游戏人会觉得不可思议，但最后算下来，收益率却高得惊人，这一模式已经成为中国游戏领域的黄金法则。例如，植物大战僵尸2，在全球都是付费下载，只有中国是免费下载，但只有中国市场，付费道具最贵。360免费杀毒后，收益已经超过之前杀毒行业总和的n倍。纯正的中国特色，免费是最成功的商业模式。周鸿祎说，也许有一天，硬件会免费。①

第二，科普信息化要把握好互联网思维精髓。互联网思维精髓是开放、平权、协作、分享。人类已经进入“互联网+时代”、创新2.0时代、DT时代、工业4.0时代，互联网的世界海阔天空。互联网最早起源于美国的阿帕网（ARPA net），在1969年投入使用，最初旨在用于军事上传输数据。1983年美国国防部将阿帕网分为军网和民网，民网渐渐发展为今天的互联网。互联网的兴起有先天不足，即投入不足、尽力而为、不严密、没有商业模式、多漏洞、不被看好等，正是这种“偷工减料”“把责任推给对方”的所谓不足，给网民创造无限的创新空间，从而带来互联网的极度开放、繁荣。众创、分享、人人可创造、获取、使用和分享的平权网状的互联网社会（虚拟世界）的出现，与传统的“金字塔式”、科层制的现实社会形成鲜明的对照。“金字塔式”、科层制的现实社会，权力集中在顶端、在上层的精英阶层；平权网状的互联网社会，权力集中在平民草根、在底层的普通阶层。互联网社会的出现，激活草根平民的创造和参与活力，形成对“金字塔式”的现实社会的颠覆性、反叛性、反中心性、逆控制性，人类社会由此发生革命性的改变。互联网以把权力交给终端为核心，形成互联网思维，即万物皆有联系（关联思维）、去中心化（平权思维）、以客户为中心（人本思维）。

第三，“科普人”须具备互联网精神。互联网精神，即开放、平等、协作、分享。这是所有参与科普信息化建设的“科普人”，必须具备的最基本精神。

一是“科普人”须具备开放精神。互联网的特质决定着它既没有时间界

① 中国互联网的5大生死潜规则，免费的是最贵的［EB/OL］．［2017-05-11］．http：/www.kououo.com/?p=9539.

限也没有地域界限，信息无时不在、无处不在。互联网的开放精神不仅仅体现在物理时空的开放，更体现在人们的思维空间的开放上。不同行业和生活经历、不同地方的人可以共同就某一科学话题展开交流信息和展开讨论，思想火花的碰撞将极大地拓展人们思维的边界，丰富人们的科技知识。

二是“科普人”须具备平权的精神。在网络面前没有人知道你是谁，互联网的存在方式决定网络是一个平等的世界，在网上人们的科普交流、交往和交易，剥去权力、财富、身份、地位、容貌标签，在网络组织中成员之间只能彼此平等相待，同时网络使世界更加透明和精彩。在互联网的世界里都是网友，不管你有什么需要，不管你遇到什么困难，都会找到属于你自己的一片空间。在网络面前放弃自己现实中的属性和标签，以平等的精神融入互联网的世界。

三是“科普人”须具备协作的精神。互联网世界是一个兴趣激发、协作互动的世界，网民既是科普信息的接收者，也是科普信息的传播者，有时还是科普信息的生产者。互联网的协作精神决定一方面要共同维护好共同的网络科普家园，共同打造科普中国；另一方面相互协同，才能共同编织起科普中国的网络阵地。

四是“科普人”须具备分享的精神。翻开互联网发展的历史可以发现，开放、分享的精神才是互联网能发展到今天的根本原因。互联网的分享精神是互联网科普发展的原动力，技术虽然是互联网科普发展的重要推动力，却不是关键，关键是科普信息的应用。

三、要树立获得感理念

获得感理念是科普信息化的价值导向。科普的目的是满足公众科普需求，这就如同“捕鱼”“钓鱼”一样。当面对无所适从的科普需求汪洋大海时，唯一办法是布下一张大大的渔网，总能捕获一些科普需求，这就是传统科普的做法。在信息社会，科普受众高度细分，就如同鱼儿一样，已经不在汪洋大海了，而是进入一条小溪，而且鱼儿很小，渔网根本就施展不开，唯一的办法就是用钓鱼竿，这就是现代科普的做法。钓鱼就要有鱼饵来钓，鱼饵就应当符合鱼儿的胃口，而不是钓鱼者，这是人人皆知的道理，但很多科普人却重复地错误着。由此，科普信息化必须实现由捕鱼思维向钓鱼思维的转变，真正让公众有科普服务的获得感和满足感。

第一，科普服务的产品化思维。在科普信息化建设中，要发现科普需求，聚焦科普需求，精细产品分类，优先需求排序，精确产品定位，精准满足需求。信息化条件下，科普创新要与消费者心智认知相匹配，在互联网时代，科普需求是基础，而公众认知与心智是成功的关键，科普作品要与公众的认知相匹配。科普一定要做好产品、传播和客户体验，科普产品要有知、有趣、有料、有用，还要好玩、好看、好用，要不断给公众带来惊喜、让人尖叫。

视窗 5－2 服务产品的极简原则

有句话：我们喜欢简单，因为上帝创造宇宙的时候，他定下来的规则也非常简单。当你做到这一点，你就会像上帝一样的，你会有上帝的成就感。产品遵循越简单越好的规则。

第一，你要了解用户的欲望，通过你的产品去满足他们。对于用户，千万不要说对用户很了解，只要知道用户心理，并用规则引导他。很多人做产品，开始就做一个复杂的规则，最后没有任何演化的空间。像 Twitter 之类的产品非常简单，它的规则简单到你们都瞧不起它，但这样的东西是最有生命力的。如一个产品要花一个小时才能看懂，那一定不是好的产品。

要让用户保持饥饿，让他们保持愚蠢。如果你在做一个产品，你没有这种信心说把握住用户的需求，你没有办法控制用户每一步所要走的方向，你就控制不住这个产品。作为产品经理，自身要保持饥渴，保持一个觉得自己很无知的状态。但是对我们的用户来说，我们要想办法让他们知道他们的饥渴在哪里。

第二，要满足用户的贪、嗔、痴。贪是贪婪，嗔是嫉妒，痴是执着。因为我们的产品要对用户产生黏性，就要让用户对你的产品产生贪，产生嗔，产生痴。例如，给大家各种钻，其实抓住人性的这几个弱点：各种黄钻、绿钻，他会贪，他想升级；他会嗔，他会跟人比较，说你的钻比我的等级高，我也要升上去；他会痴，觉得我一定要把所有的钻都收齐。这是人性本身的共同弱点，不是在研究产品的逻辑。

而产品要讲究体验，就是“爽”“好玩”。如果问用户为什么喜欢用微信？没有一个人会说它可以帮我省钱，或者是帮我很方便地发短信。他们会告诉你这个东西挺好玩的，或者用起来挺爽的，这个会超出你的预期。用户看的重点和你看到的是不一样的，做产品要找到用户心理诉求的本质。例如，对微博来说，用户上微博的原因是为了炫耀，是因为害怕孤独，不是利群而离群，是用它有追感。微博是构筑另一个自我的地方，暴露出很多人心的缺陷在里面，一个内心强大的人是不需要写微博的。如果做微博的人，对于用户为什么写微博的心理不能够分析得很透彻，那就是在一个很肤浅的层面做产品。微博是一个很有意思的主题，我们自己写微博的时候，观察一下自己的动静也发现挺有意思的。

第三，群体是很难预测的。因为没有人知道这个群体性是从哪儿来的。关于群体反映，我们应该去试验而不是去策划。我们只要找几十号人开发一个东西，会给几千万、几亿人来用，这些用户是一个群体。一个个体的需要，不代表群体的需要。如果有人告诉我，做了一个产品规划，把半年或者一年未来的版本都计划好了，那一定是在扯淡。互联网产品不存在能做一个计划，做到半年或者一年之后，要做什么。三个月都做不到，更不要说一年以后的计划。同样，如有一个产品经理很信誓旦旦地跟我说，做这一个东西，一定会在用户里面产生一个什么样的效果，多半也是不可信的，因为群体的效应是很难预料的。

产品规则越简单，越能让群体形成自发的互动。你想想，如果你把一个复杂的规则放到一起，用户反而不知道怎么样用这个规则互动起来。只有简单的规则，用户群才能很好地互动。并不是说你规则简单，就一定会传染开，这里存在一个引导的问题。我们要做的工作是在群体里做一个加速器、催化剂，而不是用户进来以后，只能怎么样，一步一步地走。①

---

① 张小龙最新分享：我们只做一件事情，产品只有一个定位［EB/OL］．［2017-05-22］，http：//www.sohu.com/a1142630211_194357.

视窗 5-3 服务产品定位和个性化

很多时候产品经理做了一个功能，而不是做一个定位。功能是做需求，定位是做心理诉求，定位是更底层的心理供给。通常来说我们做软件，一个网页，此版本功能更新，把一些技术指标罗列在上面，告诉用户这个性能又增强了……总把用户当作技术专家看待，但用户要的不是这个东西。我们一直坚持一个原则，即尽可能不把技术指标暴露给用户。用户要的不是了解你的参数、特性、技术指标这些东西，用户要的是你给他提供了什么新的体验。

一个产品只能有一个定位，或者有一个主线功能。做开发的都知道，加的东西越多，维护的麻烦就越大，而且你还去不掉，哪怕只有很少的用户在用，你就去不掉，这挺可怕的。所以有的时候，产品经理经常是在做坏事，不是做好事，因为他拼命引入新的功能进来，带来的问题也越来越多。

用户体验的产品思路——傻瓜心态。当研究不到用户需求时，就让我们自己用得爽。怎么让用户用得爽呢？其实是有一个比较简单的方法，就是把自己当作一个傻瓜来用产品。乔布斯也是用这个方法，而且他这方面的功力特别强，他能瞬间把自己变成一个傻瓜。不少产品经理很难达到傻瓜的状态，他们总是太专家范。要知道上亿的用户，没有这么多的知识背景，用这个东西只是第一眼的感觉或者用一次，一两分钟的体验就决定了。

如果做不到，你就拉一个用户过来，你看着他用。当进入到一个很傻瓜的状态，进入到这里的时候，你会问自己问题，我现在干什么？我为什么要进来？我进来想完成什么？有时候，做了很多东西，对用户来说不是他需要的，完全做偏了。如果你能够真的让自己进入一个初级用户的状态，并且进来感受一下，你能感受到那种初级用户的心态，你就能看到这里面的问题所在。

要多感知一些趋势，因为用户只能够对过去的事情产生认知，未来的东西才是趋势，知道下一阶段会流行什么，那才是最重要的。用户是很懒惰的，要针对这些懒惰的人来做设计。因为懒人不喜欢去学习，也不想多花一分钟先去了解一下。如果你的产品需要有一个弹出来的提示来告诉用户该怎么做，那你就失败了，因为用户连一个提示都不愿意去看。

要用以下产品思维去打造你的产品。

第一，用完就走。用完就走是 Google 的哲学，但很多产品的考核指标是用户停留的时长有多少。我们的选择是用完就走，而不是一定要让他黏在这里，因为他下次还会回来。当做了第一版产品出来时，应放一部分用户进来，看看这些用户能不能产生自然的增长，是不是会有一些用户口碑、有些用户示范的传播。这才是体现其产品是不是好产品、有生命力的表征。

第二，打通整合。在一个点上把两个普通的产品整合起来，让它加分，而不是减分。在某一个点上取得突破，用户会因为这一个亮点而来用。

第三，不把跟随当策略。要尽可能站得比别人更高一些，而不是把跟随当作一种策略。所谓站得更高一些，就是不要在乎这种一时的得失，宁愿不去做它也没有关系。可以去想新的办法来做，否则的话你在气势上就会输给别人。

第四，规划跟不上变化。一个产品如果有半年或者一年的规划，那可能是有问题的。我从来不做超过一个版本的规划，没有规划很重要的一个原因是，这个市场变化实在是太快了，你的任何规划都是跟不上这种变化的。①

第二，科普服务的原住民思维。“90 后”是网络原住民，一识字即会上网，他（她）们以网络为“长缨”，缚理想的“苍龙”，这种前所未有的环境，造就了前所未有的一代人——网络原住民的“90 后”，他们有其特殊的人格品质。

首先是知道分子。他们的信息来源渠道多元化，对事物形成认识，形成判断的时候，打破之前代际传播的单一思维，开始从不同的视角去观察、解

① 张小龙最新分享：我们只做一件事情，产品只有一个定位［EB/OL］. ［2017-05-22］，http：//www.sohu.com/a1142630211-194357.

决和理解这个社会，他们的价值观和思维方式变得更加立体、包容和开放。

其二是解构权威者。与“60后”遵从权威、“70后”怀疑权威、“80后”挑战权威不同，“90后”正在解构权威。没有人可以主宰他人的生活，别人只能给予建议而不能帮他们决定，他们需要的是顾问而不是指导者，他们遵循规则办事。

其三是技术生存者。“90后”善于利用网络工具解决问题，吃饭靠搜索、看电影靠搜索，甚至生病也去搜索，他们促成互联网思维，使所有产品都可能互联网化，所有产品都将被重新设计。懂得“90后”，才能懂得当今的互联网+科普如何展开。

第四是遵循自己这一代的话语和言行规则。

视窗5-4　“90后”的言行规则

如何与“90后”对话、跟“90后”相处，必须知道“90后”在想什么、要什么，知道“90后”的言行潜规则，知道他们如何表达金钱、消费、亲情、友情、社交、爱情、审美、娱乐。

“90后”的金钱规则：不要赤裸裸谈钱，要有趣地谈。有一篇流传比较广的文章，叫做《所有不谈钱的老板都是耍流氓》，“90后”非常反感老板说年轻人多学习不要在乎钱，意思就是老板不想给钱。“90后”特别直，面试的时候会说我喜欢你发红包、工资给得高，真的很实在。不避讳谈钱，但谈钱的时候要有趣，不要赤裸裸的，装的话“90后”反而会反感。

“90后”的消费规则：对自己更好一点。有篇文章叫做《不能买买买的人生，不值得一过》，这是非常让“90后”有共鸣的一句话。“90后”的一个很大的特点是总想对自己好一点，所以在消费时不能说要卖给你一个东西，而要说你买这个东西是为了配上更好的你，就是“90后”典型的思考方式。想要“90后”买，要给他一个理由，但最好不是性价比，而是给他新的理由，要有超越性价比的优点。

“90后”的亲情规则：愧疚、陪伴。“90后”非常在乎父母，跟父母的感情非常好，只是他们的表达方式不一样。他们喜欢以吐槽的方式表达爱，他常常会觉得我爸妈很烦、比谁比较渣，但我真的很爱他们。与“90后”交往要掌握分寸，不是他说他爸渣，你就说他爸是渣。他们可以说，我们不能说，这是与“90后”相处的规则。亲情真的很好用，要主打两个词，这就是愧疚、陪伴，因为每一天“90后”都难做到。

“90后”的友情规则：在乎友情。“90后”很在乎友情，一是因为是独生子女，比“70后”“80后”更孤单，二是因为爱情越来越靠不住，友情是永恒的。不管对错，只要你挺我。我不是内向，只是懒得外向，我不喜欢你就不跟你说话。我喜欢你，我才吐槽你。“90后”既不喜欢你谄媚也不喜欢你说教。

“90后”的社交规则：装B。排队买某品牌的茶发朋友圈，花4小时排队，说很划算。自己装B，但不喜欢别人装B，并能非常快地识别谁在装B。做老板，就要有给你的员工优越感让他装B的东西。不管做的是任何东西，只要面向90后，都要问一个问题，做的这件事情大家愿不愿意转发到朋友圈。

“90后”的爱情规则：嘴炮加纯爱。“90后”非常向往一生一世的爱情。熟悉“90后”的人都知道，他们是装不正经，因为“90后”的价值观非常正。打纯情专业牌对“90后”是管用的，一辈子只爱一个人，因为这种爱非常稀缺，反而“90后”非常向往。

“90后”的审美规则：颜值即正义。谁好看就喜欢谁，这是他们典型的表达，你长得好看你先说，你丑你闭嘴。颜值即正义，年轻的时候以为金钱至上，等我老了之后发现果然如此；年轻的时候以为以貌取人是不对的，等我老了之后发现它是人间真理。视觉上“90后”追求的是美、酷、潮。

“90后”的娱乐规则：污、有趣、萌、腐。“世界那么污，我想去看看”，这是典型的“90后”语言。不是污“90后”就喜欢，是高级污才喜欢。你有趣你说什么都对，一篇爆款文章就叫《有趣是一辈子的春药》。对“90后”真的不要端着，萌最重要，萌和反差萌，卖萌对“90后”来说就是生产力。“90后”是习惯用表情包向社会对话的一代，市场正在惩罚不懂骚浪贱的你。

“90后”的语言规则：自信、自嘲、自恋、自黑。“90后”有一个非常潜在的共鸣，我可能知道我擅长做什么，我相信我总有一天会很努力，但是我不知道我做什么。要让“90后”的粉丝喜欢，槽点非常重要。①

第三，科普服务的碎片化思维。时间是互联网时代的终极战场，移动互联网加剧人们获取科普信息的碎片化，即获取和上传信息地点的碎片化；获取和上传科普信息时间的碎片化；获取和上传科普信息内容的碎片化。碎片时间是科普传播的“金”，是科普必须要争夺的战场，科普必须要参与公众碎片时间的争夺，须千方百计让公众在碎片时间主动选择科普，须让公众在1分钟内爱上科普，须在一小段时间里与公众建立起令公众心动的科普对话，须在碎片时间窗口提供令公众尖叫的科普信息和服务，须通过全渠道覆盖公众更多的碎片时间。

视窗5－5　时间是终极战场

时间的选择，决定人生的底色。时间，是我们这个时代的终极战场。2016年12月31日的新年之夜，全世界都在一片热闹中等待着新年的到来。当晚20：30的中国深圳春茧体育馆，圈粉上亿的“罗辑思维”栏目的创始人罗振宇（自称罗胖），在这里做了一场堪称极其精彩的跨年演讲，主题就是“时间战场”。

没错，时间就是未来商业的终极战场。罗胖一针见血地指出，中国互联网人口红利就要结束了，这不是危言耸听，微信日活动用户达7.8亿，总数6.56亿智能手机市场接近饱和，该上网的都上网了。飞速发展的互联网，现在变得收缩起来，渐渐饱和，信息多得拥挤不堪。再放眼中国互联网，腾讯和阿里两个巨头几乎牢不可破，创业者只希望做一些有前途的项目，然后期盼着被收购和投资。罗胖调侃道，优秀的创业者似乎只能投靠两个“干爸爸”，要么姓马（马云），要么姓马（马化腾）。现实就是这样残酷，新的流量已经

① 咪蒙：“90后”言行潜规则与营销启示［EB/OL］．［2017－04－18］．http：//www.admin5.com/article/20170418/737133.shtml.

没有了，BAT 已经牢牢占据了中国的互联网。

关于互联网信息的传播，万维钢先生（美国科罗拉多大学物理系研究员、媒体的特约撰稿人）有一个精彩的公式，罗胖将其翻译为成人话：以有限的时间除以无限的信息，结果是零。再通俗点讲就是："一条信息在未来的互联网世界里，它传播出去的命运基本上倾向于传播不出去。"为什么会这样？以前我们觉得互联网多方便啊，一条信息、一个朋友圈、一条微博、一场直播，就可以让天下皆知。但 2016 年我们发现，你发了也没用，你的声音很快就被淹没在茫茫的信息海洋中，庞大的信息量和快速的更新速度反而让信息无法有效传播。因为互联网让这个世界信息传播得太容易太快，而我们的时间和流量都已经固定了，我们一天都只有 24 小时，只有那么一点时间和注意力，通过手机和互联网去关注这个充斥着信息的世界。

这反而让罗胖看到新的商机，既然时间是固定的池子，那么时间，就是一个战场。当我们打开自己的手机，你会发现手机里的每一个 APP 和背后的公司，都在绞尽脑汁竭尽所能地吸引着我们的注意力，占据着我们的时间。用户时间，已经是各类公司抢夺的珍稀资源。得不到宠爱占不到用户时间的 APP 和公众号，只有接受被卸载、被遗忘的残酷命运。

时间，对于我们个人也成为极为珍贵的资源，而且总是不够用的。每天几个小时的个人珍贵时间，会想着陪伴朋友、家人，读书读新闻，学习考试，出门旅行，锻炼健身，游戏电影，总有列不完的计划。但每天过去后，我们总会感慨，世界太美好，就是没时间。

罗胖曰："现在所有新兴产业本质上既是要你钱，又是要你命（时间）。"所以，未来商业竞争可能再也没有什么明确的行业边界，无论是微信还是淘宝，无论是网吧还是咖啡馆，无论是旅行社还是出版商，每一个商业本质上都在争夺和占据你的时间。

时间，变成了商业的终极战场。越来越多的消费者，在购买和支付某样商品的时候，会越来越多地考虑"时间成本"。支付的商品本质上已经不仅仅是钱，更是时间。理解了这一点，你就能理解中国电影界的迷案，2016 年中国电影屏幕数量比上年增加 33%，但票房的收入只增长2%。观众们给出了答案：对不起，我们真的没有那么多时间看电影，何况还有那么多烂片呢。毕竟，看一部电影至少要花2个小时，这么大段的整块时间，我们付不起。通过中国电影市场的例子，罗胖给所有行业提出了一个值得思考的问题：你的产品和服务，真的值得你的用户花这么长时间吗？

创业者会问，当消耗时间的商业模式趋于饱和的时候，新的机会会出现在哪里？罗胖给出了他独特的见解：在未来时间的战场上，有两门生意会特别值钱：要么帮用户省时间；要么帮用户把时间浪费在美好的事物上。

时间是战场，时间是货币。当用户抱怨时间不够，不愿意给你的时候，有两个商业套路可以占据他们的时间：让用户上瘾，拖住他的时间；提供最好的服务，优化他的时间。

赌城拉斯维加斯就是第一个套路的典范：不分昼夜的赌场，纸醉金迷的环境，不停供应的饮食，以及人为提高的氧气浓度，所有的设计和服务都是为了让人忘记时间，沉迷其中。游戏业也是这个套路，仅一款《魔兽世界》已经消耗掉了全人类593万年的时间。

未来最大的商机必然出现在第二个套路。互联网让所有的产业都必然向服务业演进，围绕这个服务业的消费升级，会是一个新的机会。随着互联网时代信息量的泛滥，我们越来越难建立稳定的认知。所以争夺、筛选、优化有限的认知，是下一代创业者的机会。最好的服务升级，是主动告诉他他想要知道、需要知道的信息，并让他付出的时间里充满了新鲜感和满足感，留下最好的精神体验和感受。未来的服务业也许只有一个标准：没时间？想学习？交给我，我来。[①]

第四，科普服务的粉丝思维。工业经济时代，你只需要有顾客即可；但移动互联网时代，没有粉丝，就像没有空气一样。过去科普传播“得渠道者，得天下”，今天移动互联网时代，科普传播是“得粉丝者，得天下”。科普要充分

① 柴犬叔叔．时间，是我们的终极战场［EB/OL］．［2017－1－6］．http：//www.jianshu.com/p/e2104e4482bd.

利用网络“大V”开展科普创作和传播，要善于培养、推出、呵护网络科普“大V”。

四、要树立朋友圈理念

朋友圈理念是科普信息化的主导方向。科普信息化建设需要有条件，如人力、顶层设计、内容生产能力以及必要的基础设施和投入条件等，不必强求。科普信息化建设，就如同玩微信朋友圈，有人拉你就一定要进去，如果没能力在圈内做精彩发言或不想发言，那就潜水、分享好了，但不要灌水。因为朋友圈需要有人分享，高兴时点个赞，这也是贡献。由此，在科普信息化中，须牢固树立做第一、焦点化、迭代化等建设思维。

第一，科普服务的第一思维。移动互联网时代，科技传播的生存法则是赢家通吃。如果你只是同质化科普的第二或第三，你只不过是历史车轮下的那块小石头。但等到你升级成大石头（科普的第一）的时候，车轮自然会绕开你。在科普信息化建设中，须定位科技传播的焦点需求，找到成为科普第一的路径。

第二，科普服务的焦点思维。聚焦一个科普传播的细分需求，窄而深，把它做到“1万米深”。须找准焦点科普需求，做好科普工作的顶层设计和焦点战略，做好科普工作的减法，把科普焦点战略做到极致。

第三，科普服务的迭代思维。传统的科普机构喜欢制定五年目标，然后刻舟求剑地执行，往往对世界的小变化视而不见。移动互联网时代，科普传播得到优势的时间和失去优势的时间同样短。实践证明，科普信息化规划很难做出来，实际上只要有一个科普发展方向就够了，因为即使花费巨大成本做出来的科普信息化规划到后来基本上都是滞后的。要把精力花在最短时间内推出科普信息产品，以“快”来解决问题；要允许科普信息产品有缺陷，不能求全；谁先推出科普产品，谁就有更大机会成功。针对科普信息化的快速迭代，要采取边开枪、边瞄准的有效办法。

五、要树立连接器理念

连接器理念是科普信息化服务的最高策略。科普信息化建设是开放度很大、协调性很强的庞大系统工程，涉及的面宽、影响的因素多、参与的主题多、要求高。如，“科普中国 + 内容 + 云 + 网 + 端 + 线下活动”的科普信息化体系中，多数工作科协组织都没有能力自己去完成，也不应该自己去完成。因此，必须做好社会发动、地域安排、统筹协调，即发挥科普信息化建设的“连接器”作用。

第一，建立良好的科普服务生态。在协同社会方面，科普信息化建设必须采取“众创、众包、众扶、众筹、分享”的社会动员建设模式。科普众创，即汇众智，开展科普创作。聚集全社会各类优秀科普作品，使每位具有科普创作、创意能力的人都可参与。科普众包，即汇众力，参与科普。借助互联网等手段，将传统由特定科普专业机构（个人）完成的任务向自愿参与的所有机构和个人分工，最大限度地利用大众力量，以更高的效率、更低的成本满足科普产品及服务需求，促进科普方式变革。科普众扶，即汇众能，助科普创意创作创业。通过政府和公益机构支持、企业帮扶援助、个人互助互扶等多种方式，共助科普小微和创业者成长。科普众筹，即汇众资，促科普发展。通过互联网平台向社会募集科普资金、科普资源，更灵活高效地满足科普产品开发需求，拓展科普资金、资源的新渠道。科普分享，即聚所有，共分享。科普信息分享不仅在线上，要向线下活动延伸，线上线下的科普资源融合，使其落地应用，惠及公众。

第二，做好科普信息化建设的顶层设计和构架。在政策引导方面，要采取“两级建设四级应用”的建设模式。实行国家和省级建设为主，国家、省级、地（市）级、县级及县级以下共同应用的“两级建设、四级应用”模式，政府引导、多方参与、开放包容，最大化动员社会各方力量参与科普信息化建设。

第三，做好科普信息资源的连接和分享。在协同社会和内部安排的基础上，做好科普信息化建设的全面统筹协调。要坚持系统考虑，迭代建设，做好与各地各部门、需求与供给、内容与形式、内容与渠道、作品与传播、事业与产业等连接。科普信息化建设“连接器”就如同一个庞大的接线板一样，要贯通科普信息化建设的全要素，形成有机整体，确保科普服务效能的最大发挥。

六、要树立长板策理念

长板策理念是科普信息化建设的无奈之举。面对科普信息化建设，任何一个组织、任何一个机构和团队，都会遭遇“短板”“痛点”困扰，所以唯一的办法就是，让自己的优势和长板更强，自己的弱势和短板靠别人来补足。

第一，科普服务的木桶理论已经死亡。作者杰里米·里夫金在《零边际成本社会》书中讲到，在数字化经济中，社会资本和金融资本同样重要，使用权胜过所有权，合作压倒竞争，“交换价值”被“共享价值”取代。零边际成本、协同共享将主导人类生产发展的经济模式，带来颠覆性的转变。木桶原理曾被普遍地奉为经典，即一个木桶能装多少水，取决于最短的一块板，因此木桶原理的重点是关注构建木桶的短板。长期以来，人们沿袭木桶理论，关注短板，设法弥补自己的短板，这在工业化时代非常有效，在行政体制中非常盛行。不少地方科协的科普信息化建设仍然陷入这种木桶理论之中。科普信息化建设没必要关注一切，一切都自己建，一切从零开始。如果科普传播渠道不够强大，可以去借助与比自己更有优势的互联网企业；如果在人力资源上欠缺，可以借助专业机构的人力资源。

在信息社会，木桶理论已经死亡。在互联网时代，科普信息化建设技术性极强、快速迭代，专业技术细分让你永远无法补齐所有的短板。互联网时代的开放型加快信息流通的速度，让合作的时间、人力、资本等成本变得越来越低，寻找合作的机会和成本都越来越小。科普信息化建设不能固守短板原理，而是只需要有一块足够长的长板，以及有一个完整的桶的意识的管理者，就可以通过合作的方式补齐自己科普信息化方面的短板。张扬长板原理，即把桶向自己长板的方向倾斜（聚焦优势），就会发现能装最多的水决定于你的长板（核心竞争力），而当你有一块长板，围绕这块长板展开布局，就成功了。如果你同时拥有科普信息化建设的系统化思考，你就可以用合作、购买的方式，补足你其他的短板。

第二，做好科普服务的“连接器”。马化腾说，“互联网＋”就是连接＋内容。互联网之前，内容互为孤岛，有了 Web 和浏览器，全世界的内容突然被打通，局势大变。“高速公路”所达之处，所有的内容供应者的利基模式被全面颠覆，连接者控制了信息的分发权，从而夺取了利益重新分配的能力。科普信息化建设要取得成功，必须改变“科普人”看世界的角度，要从内容者角度向连接者调整，把科普服务的世界视为平的，而且必须是平的，从而做好科普信息服务的连接。

视窗 5 -6　连接者与内容者属两种“动物”

从连接者的角度看世界，与从内容者角度看世界，是两个全然不同的景象。在连接者看来，世界是平的——而且必须是平的，由此他们才可能碾平一切的信息不对称。而在内容者看来，世界是圈层的，唯“不平”才能有差异性，连接只是手段而非目的，内容的价值只有构筑城池，才会凸显出来。

一些互联网企业的成功，对内容者来说是致命的诱惑，很多内容创业者死于对他们的仿效和追随。门户崛起的年代，无数媒体自建门户网站，如今活下来的一个也没有；电商崛起的时代，无数企业自建平台，如今活下来的一个也没有；移动崛起的年代，又有无数人自建客户端，估计活下来的一个也不会有。

连接者与内容者，是属于两种基因的“动物”，用连接者的逻辑做内容者的生意，战略错了。内容与连接，你只能发力于一端。无数的大小败局，都死于既做内容，又做连接。正确的打法应该是只专注于内容的核心建设，把连接者的成功视为基础性工具，尽量将连接的成本趋近于零。在这个意义上，连接者与内容者是无缝合作的关系。

社群是一种基于互联网的新型人际关系。能够将人从广场上拉到社群里的，只有内容，互联网只是提供一个手段。连接者的互联网是平的，内容者的互联网是有价值观的，这是新世界里的两种玩法。价值观的传播与认可，对于拥有价值观的族群最有效果，也就是说，理性中产及知识爱好者会在未来的社群经济试验中成为最主流的势力，在这个意义上，“得屌丝者得天下”的互联网铁律变成过去式。①

第三，科普服务短板让别人来补。在信息社会，有短板并不可怕，可怕的是有没有一块相对的长板。因为只要有一块足够长的长板就足够，同时有

① 吴晓波.“屌丝经济”的时代已经过去［EB/OL］.［2016 - 02 - 17］. http://finance.sina.com.cn/2l/Lifestyle/2016 - 02 - 17/z/ - ifxpmpqt1354083. shtml.

一个完整桶的意识和管理者，就足以通过合作的方式补齐自己的所有短板。例如，科普信息化建设涉及思维观念、传播渠道、内容生产、科学把关、用户洞察等诸多方面，其中科协组织在互联网思维、传播渠道和平台、用户数据积累和洞察等诸多方面都是短板。相对而言，科协组织作为科学共同体，在科普看家本领和口碑、组织科普内容创作和生产、科学性把关等是优势、是长板。

科协组织必须聚焦科普主力军、科普内容信息生产、科学性把关等科普长板，同时对科普信息化建设要有一个顶层设计和整体构思。在此基础上，通过“赛马”的办法，去寻求与具有互联网思维、强大传播渠道和平台、网络用户巨大、口碑俱佳等的机构或单位合作，找到对方的短板、痛点、痒点，亮出科协组织在科普方面的组织优势、科普内容信息生产、科学性把关等长板、优势。

科协组织是科技共同体的组成部分，科协科普信息化建设的优势主要在科普选题、科普内容提供、科普创作、科学性把关等科普内容生产方面。此外，在科普传播渠道（平台）、科普信息化基础条件、互联网思维等都是短板。所以，科协科普信息化建设采取以“开源开放、品牌引领、营造生态、内容为王、借助渠道”的长板策略。科协组织的主要工作集中在科普中国、科普内容生产、线下科普活动等方面。而科普中国服务云、科普中国传播渠道、科普中国落地应用端等建设都将采取合作和借助的方式来完成。

科普信息化建设的合作主要是跨界合作，互联网＋科普时代，科普合作以跨界为主，强强合作是指差异化的强强合作。如果同质化的强强合作，只会增加内部竞争的程度，永远无法补齐自身在科普信息化建设中的致命短板，科普信息化建设只会以失败而终。

第二节　推进科普信息化建设

科普信息化建设引领科普创新发展的深刻变革，必须坚持需求导向，强化互联网思维，实施科普中国品牌战略、“互联网＋科普”行动，着力创新科普体制机制，着力做优科普存量，着力科普众创分享，着力创新科普服务模式。

一、科普信息化建设的基本定位

科普信息化建设，旨在充分运用先进信息技术，有效动员社会力量和资源，丰富科普内容，创新表达形式，借助传播渠道，通过多种网络便捷传播，利用市场机制，建立多元化运营模式，促进传统科普与信息化深度融合，满足公众的个性化需求，提高科普服务的时效性和覆盖面。

科普信息化建设遵循“科学权威、互联互通，内容为王、渠道为重，融合创新、迭代发展”的方针，按照“两级建设，四级应用”原则，着力建设完善“科普中国＋信息＋云＋网＋端＋线下活动”的现代科普服务体系。科普服务体系建设是一个系统工程，这应是一个有口碑、有内容、有控制、有网络、能落地、惠民生的科普服务体系，是能不断适应当今社会发展、始终保持科普服务的先进性的科普服务体系。

科普信息化建设坚持需求导向，强化互联网思维，着力科普服务的开源开放、创新科普体制机制、释放发展潜力和活力，着力科普众扶众筹、做优科普存量、推动科普转型升级，着力科普众创众包、推动科技知识在网上和生活中流行，着力创新科普服务模式、解决好科普“最后一公里”、推动科普信息落地应用和惠及民生，在我国公民科学素质跨越提升进程中，充分发挥科普信息化的支撑引领和不可替代作用。

二、科普信息化建设的基本方针

科普信息化建设方针是由其特点和性质决定的，应坚持以下基本方针。

一是需求导向，惠及民生。以满足公众生产生活科普需求和服务创新驱动发展、全面建成小康社会的新要求作为主要任务，细分公众，贴近公众特别是青少年的个性化、多样化、移动化、泛在化获取科普内容资源的需求。

二是众创分享，深化应用。建立人人可创造、获取、使用和分享科普内容资源的开源分享机制，推进科普内容资源的深度应用，以应用驱动科普信息化建设，以应用促进科普创新活力的释放。

三是融合创新，科学安全。强化信息化与科普的深度融合以及科普的理念、内容、表达方式、活动形式、动员方式、传播模式、渠道平台、运营机制等全面创新，突出科普内容资源的科学性、针对性和时效性，强化安全管理和防护，保障科普网络和信息资源安全。

四是统筹规划，多方协作。统筹做好科普信息化发展的整体规划和顶层设计，明确发展重点，整合资源，形成合力，坚持国家和省级建设为主，国家、省级、地（市）级、县级及县级以下共同应用的“两级建设、四级应用”原则，推动建立政府引导、多方参与、开放包容的联合协作机制，最大化地动员社会各方力量参与科普信息化建设。

三、科普信息化建设的基本方向

以提升全民科学素质为目的，构建与国家科学传播能力发展目标相适应的现代科普信息支撑体系，建立完善科普开源、众创、分享的新型科学传播体系，形成人人创造、人人分享的互联网科普生态，不断提升优质科普内容生产与汇聚传播能力，缩小科普信息服务的“鸿沟”、提高科普信息服务均等化程度，推动信息化与科普深度融合，不断提升科普服务的感知程度和科普精准服务水平。

一是构建完善融合、迭代、包容的科普支撑体系。推动信息技术在科普中的广泛和深度应用，将“开放、共享、协作、参与”的互联网理念有效融入科技的教育、传播与普及中，实现科普手段和方式的不断创新，建设完善的适应公民科学素质跨越提升的科普组织体制、基础设施、服务供给、条件保障、监测评估等体系，为提高全民科学素质提供强力支撑。

二是构建完善开源、众创、分享的新型科学传播体系。以科普的内容信息、服务云、传播网络、应用端（简称信息、云、网、端）为核心，形成“兴趣驱动、科学理性、协同参与、创造分享”的新型科学传播体系。实现科普数据资源的开放分享，消除科普信息孤岛。构建完善的科普众创空间，为科普创作创业者提供低成本、便利化、全要素的工作空间、网络空间、社交空间和分享空间。

三是不断提升优质科普内容生产与汇聚传播能力。强化科普与艺术、人文融合，以互联网思维和信息化技术手段带动科普融合创作能力跨越提升，建立完善科普内容资源众创分享和科学把关评价的有效机制，搭建科普内容资源生产与汇聚平台，创作、汇聚、传播海量原创优质、内容丰富、形式多样的科普内容资源，有效满足公众需求。

四是不断提升科普服务的感知程度和精准服务水平。强化科普大数据建设，深化应用科普大数据，建立完善“用数据说话、用数据决策、用数据管理、用数据创新”的科普运行服务机制，利用大数据洞察和感知科普需求的能力显著提升，满足公众个性化、泛在化、精准化需求的科普服务能力显著提高。公民通过互联网有效获取科技信息的比例达到70%以上。

五是切实解决好科普服务“最后一公里”问题。科普信息化“成也网络，败也网络”，近年来随着科普信息化建设的发展，原先的纸媒体文字和书面内容都越来越多地数字化、网络化。如今任何人都能在网上随便查找某个科普内容，于是，不少“科普人”容易步入“只要科普信息上了网，便认定地球人都知道了”的误区。其实，即使科普信息都上了网，也并不意味这些科普信息就能落地，为所有科普受众解惑和所用。网络传播的强势地位对传统的科普传播手段（口口相传、报纸、广播、图书等）造成的负面冲击是不言而喻的。一方面，现代网络手段的运用极其有限；另一方面，传统的科普传播手段一再弱化，科普信息的传播甚至不如以前。这就难免导致：一是有限的科普信息资源利用率很低，甚至浪费严重；二是大量基层科普需求得不到及时响应和满足。这就是所谓的科普服务“最后一公里”问题。充分利用“云+网+端”的新信息基础设施，拓展科普信息传播渠道，缩小地区间、城乡间、代际间等不同人群的科普信息鸿沟，促进科普的公平普惠、便捷高效。

视窗5－7　科普信息化建设工程

2014年以来，中国科协以科普中国品牌为统领，以科普信息化建设专项为手段，积极实施“互联网+科普”行动，探索与互联网企业的合作新模式，采取“选马骑”方式，疾步跨上互联网的“快马”，开辟网络科普主战场，取得初步成效。

第一，顶层谋划，顶层推动。2014年7月，在广泛调研和征求各方面意见的基础上，中国科协制订了科普信息化建设整体实施方案，确立以“科普中国”品牌为统领，突出科普内容建设，依托现有企业和社会机构，借助现有传播渠道和信息服务平台，统筹协调各方力量，融合配置社会资源，细分科普对象，提供精准服务，满足公众泛在化、多样性、个性化获取科普信息的要求的建设路线。在谋划和科普信息化建设工作实践中，强化科普的互联网理念，积极彰显科普中国品牌的价值主张，积极彰显“品牌引领、内容为王、借助渠道、公众评价”核心理念，积极主张“众创、众包、众扶、众筹、分享”科普生态理念，积极采用“两级建设、四级应用”“战略合作”“落地应用”“科普中国品牌认证”“全国科普信息化建设试点”策略，形成具有很强感召力、行业领导力、社会动员影响力的科普信息化建设社会氛围。确立“2014 年启动；2015 年基本建成、初见成效；2016 年丰富科普内容、完善服务功能、提升服务能力；2017 年继续奠定持续发展基础、确立持续运营模式；2018 年后进入常态高效运营”时间表和路线图。

2014 年 9 月，试验性地开通科普中国微平台，11 月在新华网开通“科技趋势大师谈”频道（栏目）；12 月印发的《中国科协关于加强科普信息化建设的意见》对科普信息化进行全面部署，成立中国科协科普信息化领导小组和科普信息化专家指导委员会，并设立办公室。2015 年启动科普信息化建设工程项目，加强与一流互联网企业的跨界和深度合作，确立包括科普中国品牌、科普信息内容生成、科普中国云网端（一云一网多频、两微两群多端、两站多屏）、线上线下科普活动等在内的科普中国传播体系框架。2016 年强调科普中国的落地生根，着力解决科普“最后一公里”的问题。

第二，项目推动，服务创新。2014 年 9 月启动科普信息化建设专项申请，2015 年专项立项实施，并按照 PPP 模式启动包括网络科普大超市、网络科普互动空间、科普精准推送服务等建设内容，设立科技前沿大师谈、科学原理一点通等 20 个子项目。专项设定前期投入以财政经费为主，总体约占总投入的 70%，主要用于内容建设。项目实施机构承担科普传播的其他条件，约占总投入的 30%，在建设内容的同时通过自有渠道和平台进行科普信息资源的传播推广。两年实践证明，PPP 模式对调动项目实施单位的积极性、主动性，增强责任性和时效性，降低成本、增加用优质科普内容资源吸引大量公众，为项目实施机构带来浏览量和用户，产生潜在的商业价值并获得一定盈利，实现科普公共服务的良性循环和自我发展有积极作用。

两年多来，在科普信息化建设中大胆引入市场机制和竞争机制，引入社会资本，取得很好的成效。通过招投标遴选的人民网、新华网、光明网、腾讯、百度等10家机构承担项目实施，调动自身机构的人力、物力、财力、渠道（平台）、品牌形象等。2015年以来项目承担机构配套的人财物投入累计达1.6亿多元，约占国家财政项目投入的30%。从2015年8月以来，已陆续开通科普中国网以及科技前沿大师谈等22个科普频道（栏目）、开通科普中国APP等24个移动端科普应用。截至2017年5月下旬，“科普中国”汇聚大批优质原创科普内容12TB，累计浏览量93亿人次，其中移动端浏览量占72%以上。

第三，品牌引领，彰显口碑。科普中国品牌是中国科协为深入推进科普信息化建设而塑造的全新科普品牌，是我国科普服务产品内容可靠性、使命责任担当、价值导向等的标识，旨在以科普内容建设和审核把关为重点，充分依托现有的传播渠道和平台，以公众关注度作为项目精准评估的标准，使科普信息化建设与传统科普深度融合。2015年4月，印发《科普中国品牌使用与维护管理办法（暂行）》，规范科普中国品牌使用，维护科普中国品牌良好声誉。2015年9月，具有科普中国生态圈、门户标志的科普中国导航站上线运行，2016年8月作为科普中国导航站全面升级改造的科普中国网（www.kepuchina.cn）上线运行，赢得公众认可。通过采用品牌授权、共建等方式，以及品牌网络传播、科普中国形象大使、典赞科普中国等科普中国品牌推广系列活动，科普中国品牌的影响力和知晓度不断扩大。

同时，充分借助学会专家和智力优势，发挥中国科协科学传播专家团队的作用，推动互联网时代的科普新锐创作传播团队建设，全面加强对制作和传播科普内容的审核把关，确保内容的科学性和权威性。通过专项招投标遴选人民网、新华网、腾讯、百度等10余家机构承担项目实施，组建近千人的高水平专业创作团队。通过项目支持，聚拢来自科研院校、科技社团、媒体、企业的154家科普团队开展科普融合创作，通过新华网、腾讯网、网易、今日头条等

55家主流网络媒体渠道开展科普传播。2015年8月科普中国开通以来，在互联网企业催生和孵化出8个科普专业团队（计600多人）和大批科普融合创新的新锐团队，创作出大批适合在互联网特别是移动互联网传播的科普短视频、微视频、手画、H5、游戏、图文、词条等科普融合精品。

第四，新闻导入，科学解读。2015年以来，按照中国科协书记处要求，在科普信息化中始终强化“新闻导入、科学解读”的科普快速响应机制，对于可预见的重大事件，提前策划和创作，在事件发生30分钟内占领各大媒体平台头条；对于突发性的重大事件，第一时间沟通媒体、组织团队即时创作，可在24小时内推出图文作品、48小时内推出视频作品，科普中国快速响应机制实现了传统科普难以突破的72小时内广泛传播。特别是2016年专门印发《科普重大选题融合创作与传播选题指南》，以国家战略布局、科技发展前沿和社会公众关切为重点选题方向，在量子卫星、长征七号、引力波、北斗导航、人机大战、电信诈骗等重大科技事件中进行全面及时的深度解读，取得极好的效果。

第五，精准推送，落地应用。按照“两级建设，四级应用”原则，把落地应用作为科普信息化的重点，坚持以公众的科普关切为导向，全面推进科普中国云、科普中国网、科普中国APP移动端等落地应用，取得初步成效。

一是依托科普中国云，内容精细分类，初步形成以校园、乡村、社区科普套餐为主的精准推送模式。依托科普出版社的科普中国云运营团队，2016年初开始，最大化地汇聚科普中国以及其他在线、线下的各类科普内容数据，进行数据分析挖掘，按照公众便于获取的分类习惯，进行科普内容的细分和标签，配成校园、乡村、社区等套餐方式，通过科普中国网、科普中国专题栏目（如校园e站、乡村e站、社区e站）、微信、微博等多种传播渠道、获取入口等进行分发和投送。

二是围绕落地应用，开展全国科普信息化建设试点。2016年全面启动试点工作，深入探索优质科普信息建设与汇聚分享、科普信息精准服务和落地应用、科普服务和管理信息化等有效模式。充分考虑不同地区、不同行业、不同类型科普组织的实际，分类确定北京市科协等18个单位为综合应用试点，中央农业广播电视学校等10个单位为专项试点，天津市科协等13个单位为应用试点。

三是统筹传统科普与科普信息化工作。为提升基层科普阵地水平，提升线上、线下相结合的科普信息化服务能力，进一步解决科学传播"最后一公里"，增强公众对科普服务的获得感，印发了《科普中国e站建设及使用暂行办法》，依托已有基层的网络、阅读终端、活动场所等科普设施，借助基层传播渠道（平台）和移动应用等，建设基于科普信息服务落地应用的新阵地。强调e站建设以现有条件为基础，采取众创、众包、众扶、众筹的基本方式，按照有网络、场所、终端、活动、人员等"五有"的基本要求建设，与青少年科学工作室、农村中学科技馆、科技教育特色示范校，农村科普活动站、科普宣传栏、科普员（站、栏、员），社区科普益民服务站、科普大学、科普网络（站、校、网）等紧密结合、深度融合。对一些地方出现科普信息化就是"买大屏、建网站、买电脑"的误区，进行及时纠偏。

科普信息的落地应用，解决科普服务"最后一公里"问题，永远是科普信息化建设的难题。科普信息化建设还需继续坚持借助成熟、有效的信息传播渠道，面向不同地区和科普受众群体，定向、精准地将科普信息资源送达目标人群，满足救灾避险、民族群众等科普信息个性化需求。在继续利用现代互联网络，充分利用科普信息员进行科普信息传播、建立以科普信息员为核心的科普社群的同时，开展好以下渠道做好科普推送服务。一是利用科普读物电子分发，推荐、集成、编译国内外的优秀科普图书、科普宣传册、科普折页等科普读物，开发数字化的传播衍生品，通过互联网渠道进行定向电子分发。二是利用电影院线推送，推荐、集成、摄制、编译优秀的科普微电影，组织在电影院线播放。三是利用电视推送，根据基层需要，遴选优秀科普电视节目，以及网络科普大超市和互动空间中的优秀科普视频，向基层电视台，特别是农村边远地区推送。

四是利用广播推送，根据网络科普大超市和互动空间中的科普文章编撰科普中国广播稿，面向公众播放科普音频节目。五是利用无线定向科普推送，通过短信互动平台推送、Wi－Fi 组网、户外互动信息屏推送、蓝牙互动感知网络推送等方式，覆盖全国长途汽车站等公共服务场所、边境民族地区等科普信息匮乏地区。六是利用互联网、移动新媒体、有线电视等传播，在三网融合的试点城市，与运营商合作，通过网络电视机顶盒、有线电视机顶盒、地铁、公交、移动电视、高铁等渠道，将科普游戏、科普移动客户端、科普视频等优质科普内容作为公益性的增值服务提供给公众。

第六，不忘初心，迭代前行。三年多来，科普信息化建设在摸索中前行，在前行中迭代，取得许多宝贵的经验。一是科普信息化成败的关键在科普自我革命，李源潮同志 2014 年就提出“科普之问”——信息化条件下，科普到底普什么，怎么普？科普信息化不仅体现在技术层面，更关键、更重要的是科普理念到科普供给侧的全面革命，科普信息化建设中必须去干部思维，树互联网思维。二是科普信息化建设的核心是内容建设。在互联网时代，虽然传播渠道非常重要，但内容为王仍然是科普颠扑不破的规律，必须坚持科学性，遵循渠道为先、内容为王的普遍规律。三是科普信息化建设的制胜法宝是用户思维，要从公众的科普需求角度、从科普需求侧角度出发去考虑问题，准确定位科普的用户群，做好科普的产品定位。四是科普信息化建设是可以跨越发展，科普信息化不需要一切从头来，而完全可以有选择性地借助信息化建设的现有、先进的团队、渠道、设施等基础条件，高水准起步，低成本投入，快速见到成效。

科普信息化建设永远在路上，虽然科普信息化建设取得很大成绩，但目前科普信息化还存在很多问题和困难。主要是：一是对科普信息化的理解和认识不深，观念落后，互联网思维、用户思维、长板思维、生态思维等有待强化，缺乏名利权情的科普参与激励机制，科学素质纲要实施单位和地方的积极性调动不够。二是科普信息化建设的推进方式过度依赖行政方式，注重形式、注重形象，投入不足，迭代更新跟不上整个信息化发展的步伐，跟不上公众实时变化的科普需求，科普中国云平台建设和服务支撑滞后。三是科普内容信息有效供给不足，内容信息分类不精细，科普数据开放共享和互联互通仍显不足，面向校园、乡村、社区以及科普薄弱地区人群的科普信息化相对滞后，落地应用服务产品仍显能力不足，需求细分和精准推送有待加强，科普信息服务“最后一公里”问题亟待破解。四是科普中国品牌的品质、知晓度和影响力仍须提高，科普信息化的可持续发展模式有待探索确立。

四、科普信息化建设的品牌战略

品牌是人们对一个产品、服务、文化价值的一种评价、认知和信任。科普中国品牌是我国科普服务产品内容可靠性、使命责任担当、价值导向等的标志。中国科协于 2014 年开始会同社会各方面，着力塑造“科普中国”品牌，大力推动“互联网 + 科普”行动计划和科普信息化建设工程，强化互联网思维，取得很好成效。

科普中国品牌采用品牌授权、共建等方式，联合相关部门，动员地方科协、科技社团、互联网企业、教育科研机构等各方力量，共同参与其品牌的创建、使用和维护。

视窗 5 – 8　科普中国品牌

科普中国品牌是适应科普与信息化深度融合发展的需求，中国科协创立、运营、推广和管理的我国科学传播的科学权威标志。科普中国品牌旨在携同社会各方，利用信息化技术手段，着力科普内容建设，创新表达形式，借助传播渠道，促进传统科普与信息化深度融合，精准满足公众个性化需求，增强科普传播的准确性和科学权威性，提高科普时效性和覆盖面。

科普中国品牌视觉形象由红、蓝色线条构成，上缘的“S”形状和整体构成的“T”形状，分别象征科学和技术；线条构成的电波形状，象征利用信息化技术手段进行科学传播。任何组织和个人使用科普中国品牌视觉形象须遵照《科普中国视觉形象应用手册》。所有获得授权的机构都应按相关规定使用科普中国品牌，严格执行《科普中国视觉形象应用手册》所规定的各项规范，不得随意更改，以保证科普中国视觉形象的规范性和统一性，避免产生误导。

中国科协对科普中国品牌享有全部知识产权，通过品牌授权方式进行科普中国品牌运营管理和传播推广。品牌授权包括产品授权和活动授权。其中，产品授权包括政府购买服务形成的科普传播产品的合同授权、社会生产的科学权威的科普传播产品的认定授权。活动授权采取审批授权。

通过政府采购合同对政府购买服务形成的科普传播产品进行合同授权，科普信息化建设工程各专题频道（子项目）的承担机构在合同约定的建设任务范围内，须在所建设频道（栏目）中适当位置添加科普中国视觉形象，相关产品的画面（页面）中须添加科普中国视觉形象。

通过科普中国创作与传播创建活动评选社会生产的科学权威的科普传播产品，通过认定和品牌授权协议对其进行认定授权，获得科普中国认定授权的科普传播产品，须加注“科普中国认定”字样，并添加科普中国视觉形象。

科普活动授权是指将科普中国品牌授予线上线下相结合、充分利用信息化手段进行传播、预期影响力较大的科学传播活动。活动必须体现科学权威、传播广泛、公益公信的特征。科普活动授权一事一报，中国科协通过正式审批程序，对科学传播活动进行科普中国有限品牌授权，授权范围以批复为准。获得科普中国品牌授权的科学传播活动须利用自有传播渠道（平台）对活动内容进行广泛传播和精准推送。

获得科普中国品牌授权的产品和活动如未按《科普中国品牌使用与维护管理办法（暂行）》《科普中国视觉形象应用手册》和双方合同规定使用科普中国品牌，中国科协有权责令其改正，并追究其相关责任。①

① 中国科协办公厅关于印发《科普中国品牌使用与维护管理办法（暂行）》的通知［EB/OL］.［2015-06-9］. http://news.xinhuanet.com/science/2015-06109/c_134309986.htm.

图 5－1　科普中国品牌形象

科普中国品牌（图 5－1）的塑造，一是必须牢固树立科普的精品意识和质量意识，着力打造品牌精神；二是必须塑造和张扬科普中国的文化内涵；三是必须把科学性作为科普的灵魂，以科普内容的科学性、表达形式的新颖性、科普服务的体验性和良好口碑，赢得公众的青睐和信任；四是必须以快速响应、泛在传播、赢得公众的美誉和广泛认可等，增强科普中国品牌的影响力和领导力。

第三节　有效连接科普信息与科普受众

科普进入科普内容信息找科普受众的时代。在科普信息化建设中，科普信息服务的落地应用，即科普服务的“最后一公里”是难点。科普信息化建设必须在强化科普内容建设，强化科普表达，借助一切可以利用的科普传播渠道外，还要充分运用大数据、云计算等先进技术手段，建立完善科普云网端服务体系、开展科普服务衔接和精准推送、建立以科普员为核心的大社群等，最大化地实现科普内容信息与人（科普受众）的连接，解决科普服务的“最后一公里”问题，充分满足公众多元化、个性化、泛在化的科普需求，让每一位公众都有科普服务的获得感。

一、建设完善科普云网端服务体系

科普信息化建设需要在科普内容和科普传播渠道建设基础上，进一步以云计算、大数据、物联网、移动互联为基础，建设云网端一体化的现代科普服务服务体系。促进相关科普信息资源的纵向以及横向传播的同时，建立多级反馈机制。科普中国云网端服务体系主要包括：一云一网多频、两微两群多端、两站多屏等（图5－2）。

图5－2　科普中国云网端服务体系

视窗5－9　科普中国服务云

科普中国服务云是基于云计算、大数据等技术的共享式服务平台，是具有零边际成本优势，具备信息汇聚、数据分析挖掘、应用服务、即时获取、精准推送、决策支持等功能的现代科普信息服务体系。科普中国服务云建设是适应信息化发展、保持科普先进性的迫切要求，是提高科普集约管理水平、强化科普信息落地应用、提升科普服务品质等的现实迫切需要。

（一）基于云计算、大数据等的云服务，受到世界各国的普遍重视和广泛推行

美国政府2009年推出“云优先”政策，要求美国政府各部门将政府服务迁移至云，英国政府2011年启动“政府云服务G－Cloud”项目、2015年实现50%的政府公共部门信息技术资源通过“政府云服务”购买，澳大利亚、韩国、德国、俄罗斯等在2010年以后也相继提出各自的云计算发展战略或行动计划。在我国信息化建设布局中，特别强调发展云服务，推进网络生态建设，推进数据资源开放，整合信息平台，消除信息孤岛，实现信息的互联互通、开放分享。

科普中国服务云建设，对于破解目前科普发展瓶颈、建设科普生态，汇聚科普信息资源、实现互联互通和开放分享，推动科普开源众创、丰富优质科普内容资源，提高科普投入利用效率、降低运营成本，精准洞察感知受众需求、创新和提升科普服务产品，细分科普服务需求、推动落地应用，实时动态监测、科学管理决策，具有非常重要的现实意义。有数据显示，云服务平台可使信息服务的成本下降70%，服务创新的效率提高300%。①

科普中国服务云是以科普信息应用为导向的信息服务平台，对于实现科普的全民性、群众性、参与性、体验性、多样性具有支撑作用。科普中国服务云建设将有效汇聚所有能汇集的科普信息，同时通过传播自动积累数据，以及推动地方、行业、互联网及传媒的科普数据开放分享，实现科普信息的海量汇聚、多维度分析挖掘，为公众获取科普信息和用户应用提供服务保障，是科普信息的“集散地”。

科普中国服务云是基于融合性、立体性、跨终端、跨媒体等的云网一体化的信息服务平台，具有超强大的传播能力。科普中国服务云除自身门户网站和应用外，将有效汇聚入驻的所有渠道、平台、应用，形成强大科普传播的立体方阵，实现科普信息的快速实时传播和广覆盖，以及传播的协同效应和倍增效应，满足公众泛在获取的需求，是科普传播的“高速路”。

科普中国服务云是具有“人人可创作、人人可传播、人人可获取、人人可体验、人人可分享”的万物互联的科普“连接器”，全方位满足科普信息落地应用的需要。大数据、云计算等信息技术可以推动科普数据开放共享，促进科普数据融合和资源整合，极大提升科普整体数据分析能力，为科普管理和决策提供新的手段。科普中国服务云建设对于建立“用数据说话、用数据决策、用数据管理、用数据创新”的科普管理决策新机制，实现基于数据的科学决策，将推动科普管理理念创新、科普服务模式创新、科普服务质量和水平提升。

---

① 阿里研究院. 解读互联网经济十大议题［EB/OL］.［2016－02－18］. http：/www. sohu. com/a/59470013_ 308467.

（二）科普中国服务云建设策略

科普中国服务云建设以提升科普服务效能为核心，以科普信息汇聚生产与有效利用为目标，坚持“开源、众创、众扶、分享”的理念，立足现有基础条件，推动科普大数据开发开放，实现科普信息汇聚、数据分析挖掘、应用服务、即时获取、精准推送、决策支持，创新科普产品和服务，提高科普投入效率和科普信息资源的高效利用。

科普中国服务云建设坚持“应用为本、立足现实、开源开放、统筹协调”的基本原则。科普中国服务云建设的根本目的在于推动科普信息的落地应用，始终以满足公众的科普需求、用户的科普应用服务需求为导向，让科普最大限度惠及公众。科普中国服务云建设基于科普信息化建设基础，充分发挥科普中国的品牌影响力，立足合作共建，有效汇集各类科普信息资源，拓宽传播渠道和信息应用。科普中国服务云建设坚持互联网理念，强化开放分享，最大限度汇聚科普资源信息、优化科普资源配置，形成“开放、开源、共建、分享”的科普生态。科普中国服务云遵循“两级建设、四级应用”的建设方针，统筹规划和统一建设服务云的基础设施、数据资源中心、应用服务系统等，统一服务云的科普数据、服务接口、应用服务开发等标准，统筹服务云的运营、运维、共建、用户管理、安全管理等。

建成的科普中国服务云，需要全面支撑科普信息化服务，实现PB级的优质科普信息资源的快速生产与汇聚，实现为亿级科普受众的科普资源获取服务能力，实现能为所有的科普机构和社会公众提供有效的应用支撑服务，能满足所有公众的泛在获取和移动端用户的精准推送，科普资源的运营管理和决策水平大幅提升。

（三）科普中国服务云建设内容

科普中国服务云建设包括以下四个层级。

一是科普中国服务云应用系统。建设科普中国门户、科普中国APP、科普中国新媒体方阵、科普中国服务应用包、科普中国应用盒子、科普中国活动空间、科普中国创作微基金、科普中国V视快递、科普中国乡村e站、科普中国社区e站、科普中国校园e站、科普中国服务基站、科普中国机构云盘等。

二是科普中国服务云管理系统。科普中国服务云管理系统是科普内容资源、用户资源等管理，并为科普中国服务云应用系统提供支撑的运营管理系统。建设科普中国大数据系统、科普数据融合共享支撑系统、科普创新服务支持系统、用户信息管理系统、科普中国精准推送管理系统、科普中国决策支持管理系统等。

三是科普中国服务云基础支撑系统。采取租用服务或服务托管等方式，满足科普中国服务云基础设施、容灾等服务基础支撑，即主要科普中国服务云正常运行和服务的基础保障，包括高速网络、海量存储、服务器集群、网络安全设施、分布式数据库、虚拟化软件、云平台软件等软硬件环境，可依据云科普环境的用户规模的增长而弹性扩展，提供安全的运行保障环境。

四是科普中国服务云安全保障系统。根据国家信息系统安全等级保护制度，根据科学传播的特点，统一规划建设科普中国服务云的安全系统。该系统覆盖物理网络、主机、应用、数据和管理等多层次的整体网络信息安全。建立突发事件应急预案和快速反应机制，建立屏蔽、监测、评估、测评等科普信息化安全措施。采取同城双活、异地容灾等方式，建立信息容灾备份系统，构建统一的运行维护与服务体系。

二、衔接和精准推送科普服务信息

科普信息化建设必须与科普受众的需求紧密吻合、衔接，要充分利用云计算、移动互联网、大数据等现代技术手段，深度感知公众的内容需求、表达方式需求、场景需求等，精细分类、精准推送，通过线上与线下、现代科普与传统科普结合等多种有效服务方式，将公众需要的科普服务送达公众。

（一）精心细分公众的科普需求

公众科普需求细分，是科普服务精准推送的前提和基础，没有科普的需求细分，就没有科普服务的精准推送。必须准确了解每一位网民、每一类公众的科普需求，实时了解他或他们想要什么科普内容信息、在什么地方、是什么状况、方便或通过什么途径获得等，并对这些需求进行详细分类和汇集。例如，中国科协科普部百度数据研究中心中国科普研究所联合开展的中国网民科普需求搜索行为报告，就是根据网民通过搜索方式直接获取科普信息或获取科普信息的解决方案的情况。通过百度搜索的日均请求达到60亿次中的科普搜索行为，通过网民科普需求搜索行为的大数据挖掘，准确地了解网民科普需求的实时动态、精准刻画有科普需求的网民的独有特征，为科普信息化建设的宏观决策、科普的精准推送服务提供科学依据。报告侧重于了解中国网民的科普搜索行为特点、科普主题搜索份额、科普搜索人群的年龄、地域性别等结构特征，并对不同终端上的搜索行为进行分析，以期了解中国网民的科普需求状况。据2015年第二季度中国网民科普需求搜索行为报告显示，2015年第二季度中国网民科普搜索指数是9.47亿，同比增长106.87%，环比增长49.09%；2011—2015年，中国网民科普搜索指数同比增长238%、日均值同比增长80.88%；女性更关注与生活相关的主题：健康与医疗和食品安全，在健康与医疗主题中女性的占比是39.94%，食品安全主题中女性的占比是37.97%；健康与医疗依然是最受中国网民关注的科普主题，在8个主题的搜索中占比为53.05%；应急避险主题相关的搜索占比为13.59%，位居第二；信息科技搜索占比为10.44%，位居第三。前沿技术主题的关注度超越能源利用和食品安全。在线下，可以结合科普活动的开展，通过实际调研或公众的自由选题，以及不断试错积累经验，来了解每一位公众的个性化科普需求，为科普服务供给提供依据。

（二）精准细分科普内容信息

科普信息化是通过信息化的手段普及科学知识、倡导科学方法、传播科学思想、弘扬科学精神，提高全民科学素养，引导广大公众理解科学，或者是通过网络科普的形式传播科学知识。科普信息化建设本质上就是实现科普个性化需求与科普内容的契合，实现科普服务的精准化、有效性，解决公众对科普服务的获得感。要实现科普个性化、细分的科普需求与科普内容的契合，必须对科普服务供给进行有效精准地分类，并标签化。

科普服务内容信息的精准细分维度，必须遵循科普的内在规律以及科普传播的客观需要与科普服务对象需求的匹配性等。一要遵循学科分类规律，依据现代科技的学科分类体系，与科学共同体的范式相适应；二是要与科普服务对象的情景需求相适应，坚持需求导向，捕捉科技前沿、紧盯社会热点、紧扣公众需求，充分考虑科普服务对象的生长的时代、所处的地点、个性特点等，与科普服务对象的所处环境相适应；三是要与科普服务对象的科普表达偏好需求相适应，如可按科普文章、科普视频、科普微电影、科普动漫、科幻、科普微信等多种表达形式，进行形式的分类。此外，还可以从其他更多的维度细分科普服务内容信息。

科普服务内容信息的细分，不是一蹴而就、永不变化，而是要随着科普自身的创新、科普技术手段的应用、公众科普需求的变化而实时变化。科普服务内容信息的细分越细，科普服务的精准推送就越有针对性，科普服务就越有效、公众的体验和获得就越多。

（三）实时精准推送科普服务信息

在科普需求侧的公众需求细分、科普供给侧的科普服务供给细分的基础上，通过供给与需求的高效匹配，通过各种有效的传播和供给服务渠道，将科普服务个性、实时、精准、有效地提供给科普服务对象。

一是建设完善科普中国服务传播系统。依托科普中国服务云建设完善包括科普中国门户网、科普中国 APP、科普中国传播方阵、科普中国应用包、科普中国应用盒子、科普中国活动空间、科普中国创作微基金等公共服务空间，为数以亿级的公众自助获取科普中国信息提供便捷、界面友好的服务。

二是建设完善科普中国服务自动推送系统。依托大数据、云计算等技术手段，按照“大平台、小终端、接地气”的基本策略，构建多种形式的科普信息落地应用体系，同时采集和挖掘公众的科普需求数据，做好科普需求的跟踪分析，洞察和感知公众对科普内容、科普信息获取渠道和方式等方面的需求，及时为公众提供所需的科普内容资源和服务，解决科普信息化“最后半公里”问题，让科普信息化成果最大化地惠及公众，满足公众对科普信息的个性化需求。要基于优质科普视频精准推送的科普中国 V 视快递系统，即充分利用科普中国服务云的科普视频特别是科普微视频内容资源，细分渠道和受众，通过在线定向推送、二级分发、离线分发等方式，将优质的科普中国微视频定向精准地送达城镇社区、乡村、学校，以及公交、地铁、机场等公共场所播放。要建立细分农村科普人群的科普中国乡村 e 站系统，充分利用科普中国服务云的科普内容信息资源，细分渠道和乡村需求，采取个性化定制、自动推送、线上线下一体化（O2O）等方式，为乡村科普服务站点、广大农民群众提供精准的科普服务。同时，为特殊地区和人群服务的科普中国应用包分发，即采取线上线下相结合等方式，加大对革命老区、民族地区、边疆地区、集中连片贫困地区的科普信息定制化推送服务。要建立细分城镇社区科普人群的科普中国社区 e 站系统，即充分利用科普中国服务云的科普内容信息资源，细分渠道和社区需求，采取个性化定制、自动推送、O2O 等方式，为社区科普大学、社区科普协会、社区科普服务站点、社区科普网络以及广大社区居民提供精准科普服务。要建立细分学校师生科普人群的科普中国校园 e 站，即充分利用科普中国服务云的科普内容信息资源，细分渠道和学校需求，采取个性化定制、自动推送、O2O 等方式，为各类大中专院校、中小学校以及教师、科技辅导员等提供精准科普服务。

三是建立完善的科普中国服务属地应用系统。依托大数据、云计算等技术手段，利用科普中国服务云的内容信息资源和在线的服务应用开源软件，通过入驻的方式，使基层科普机构、科普员可以简便、快捷地获得科普应用服务工具（开源软件），生成属地化的个性、在线科普活动服务应用，组织开展属地科普信息服务。

（四）借助全媒体渠道提供科普服务

加强与互联网企业等专业机构的合作，充分发挥各种网站特别是移动端应用的作用，拓宽网络科学传播渠道，运用微博、微信、社交网络等开展科学传播。据 2016 年 1 月 22 日中国互联网信息中心（CNNIC）正式发布的第 39 次中国互联网统计报告，截至 2016 年 12 月，我国域名总数为 4228 万个。其中，“. CN”域名总数 2061 万个；网站总数 482 万个。我国互联网传播渠道足够支撑科学传播，因此科普信息化建设不主张自建云网端等基础设施，而主要是充分借助和利用好已有的互联网传播渠道。

一是要充分利用大众传播渠道。加强与电视台、广播电台等大众传媒机构的合作，充分发挥广播、电视等现有覆盖面广、影响力大的传统信息传播渠道作用，建设科普栏目，传播科普内容。积极组织和动员科技类博物馆、科普大篷车、科普教育基地、科普服务站等传统科普渠道与信息化新媒体深度融合，构建形成线上线下一体化的传播平台。近年来，我国电视台、广播电台等发展很快，为科学传播提供强大的渠道。2015 年 9 月，国务院发布

《三网融合推广方案》，全面推广三网融合，广电、电信业务双向进入扩大到全国范围，2016 年基本实现所有社区城市光纤网络全覆盖，20M 以上高速宽带用户比例超过 50%，4G 用户达到 6 亿，实现骨干网互联带宽再扩容 500G。在三网融合当中，广电和互联网、通信网是三个同等地位的网络，这是广电行业的战略转型，是一次从节目内容形态到传输、覆盖、服务手段的全面融合。2015 年 12 月 26 日，“智能电视操作系统 TVOS2.0”正式发布，突破对直播、点播、互联网电视和跨屏互动等各种形态和格式的媒体进行统一协同处理的关键技术，可有效支撑机顶盒、一体机、媒体网关等各种智能电视终端形态。

二是要充分利用好跨媒体阅读终端。积极推动与车站、地铁、机场、电影院线等公共服务场所以及移动服务运营商、移动设备制造商的合作，将科普视频、游戏等优质内容作为公益性的增值服务提供给公众。实现科普信息和服务在互联网、移动客户端和室内外电子信息屏的落地应用，建设跨媒体、跨终端、全覆盖的科普传播体系，为公众提供方便、灵活、个性化的科普信息获取渠道。

三是要充分应用好移动互联终端。充分利用互联网跨地域、无边界、海量信息、海量用户的优势，同时充分挖掘线下资源，进而促成线上科普信息与线下科普活动的有效衔接。例如，创建社区科普专属服务微信平台，可通过科普微信平台，为百姓提供基于所在位置的实时科普服务信息推送，开拓更加便捷、精准的科普服务与公共事件预警的科普信息传播途径。为社区创建针对本社区的科普专属服务微信平台，用户只需通过扫描二维码的方式即可入驻本社区的科普服务“微平台”，并享受到基于位置针对本社区提供的科普服务产品。一方面，市民可直接点击查询针对本社区的最新科普信息；另一方面如遇大风、降雪、降水等高影响天气，将第一时间得到针对本社区主动推送的科普服务及预警信息，收到气象防灾、减灾等科普常识。

三、利用网络社群进行科普信息传播

科普网络社群是网民基于网络平台的科普聚合与科普信息交流群体，也是最大化地实现科普内容信息与科普受众的连接，解决科普服务的“最后一公里”的有效途径。建立科普网络大社群，将以科普员为社群领导者或核心，推动科普服务在其社群中深度传播分享、在社群与社群间的传播分享，实现科普服务信息的落地应用。

（一）科普网络社群发展的新态势

互联网的普及和深入发展，使作为人类活动基本组织形式之一的社会群体也随之发生相应的变化，并催生出一种新的互动模式群体——网络社群。这种全新的互动交往模式，为现实社会中的受众提供新的交往空间和交往途径，并由两个或两个以上的有共识感或兴趣、爱好的人所组成，从而对现实社会发展产生影响。传媒学者喻国明说，网络社群已成为今日中国构造社会议题的一个重要来源，它直接影响着现实社会的判断，影响着社会的价值取向和行为方式，甚至左右着事件的走向。① 网络社群发展大致分为三个阶段。一是社交阶段：以熟人社交为主，以 QQ 群为代表的社交平台，是现实交往的延伸，主要起到信息传递、情感交流。二是社区阶段：以陌生人社交为主，标志是社区类平台如贴吧、豆瓣的出现和发展，主要基于共同兴趣的内容交流，其工具性更强。三是社群阶段：基于微信群、QQ 群、自建 APP 等的出现，基于信任感和某一共同点，连接一切，通过标签聚合用户，其特点更加精细化。

网络社群以群体结构展开，强调群体意志，有领袖或组织者，强网络效应，强调群体的规范。社交，以个人结构展开，强调个人意志，无领袖或组织者，弱网络效应，不存在群体规范。社区，主要是商对客电子商务模式（B2C），有规模效应，较容易定位营销对象。社群，主要是消费者与企业模式（C2B），有社群的规模效应，营销对象更为精准，社群内信任度影响转化率。② 数据显示，到 2016 年底，中国网络社群数量将超过 300 万，网络社群用户将超 2.7 亿人，占中国手机网民比例接近 40%，网络社群发展仍处于初期扩张阶段。

人和内容是科普网络社群形成发展并产生价值的两个根本要素，科普网络社群长期健康发展的核心是信任感。与一般的网络社群一样，科普网络社群的信任感建立在成员间共同的兴趣、维持社群的良好氛围、不权属于某位领袖的自组织结构、用户生产内容的持续能力等之上。

---

① 李艳艳．浅析网络社群对公共领域的影响［J］．新闻传播，2014（5）：139—140.

② 艾媒咨询集团．2016 年中国网络社群经济研究报告［EB/OL］．［2016 - 11 - 14］．http://www.iimedia.cn/1479044482302567 76.pdf.

（二）聚集科普网络社群的领导者

科普网络社群主要由社群领导者、核心参与者、活跃用户等组成，其中其领导者是关键。科普网络社群必须紧紧抓住其社群领导者，而基层科普信息员或科普员对辖区内公众的科普需求比较了解，联系着一定数量的辖区公众，是科普网络社群领导者的最佳人选。据统计数据，我国基层科普员约有100万人（其中科协组织科普工作者约10万人、农技协展业技术人员50万人、乡村科普员30万、社区科普协会负责人及社区科普员10万人）。此外，还有气象信息员76万人、乡村农技推广人员90万人、乡村医生和卫生员90万人，以及数万大学生村官、妇委会主任、文化站长等，这些都是很好的科普信息员群体。要加大对基层科普信息员或科普员的培训，提高他们运作科普网络社群的能力和技巧，大力推动建立以科普信息员或科普员为核心或领导者的科普网络社群，并通过这些网络科普社群实时、精准地传播科普服务信息。

随着科普网络社群的移动化，在弱关系基础上科普网络社群能形成强大的科普组织力与号召力，线上与线下联动成为科普动员与传播扩散的常态机制。在特定的科普网络社群中，科普信息的发布和获取与群体成员的价值共同作用，可以提高群体成员的科普组织化程度，进而形成弱关系之上的科普强动员。但也要看到，科普移动社群信息传播的“把关人”机制如果弱化，也会导致科普传播乱象丛生，移动终端成为互联网上最庞大的科普即时信息节点，公众搜集、散布科普信息的门槛不断降低，海量的用户和科普信息，使移动网络社群成为科普信息资讯的集散地，也可能成为谣言、负面言论的重灾区。所以，基层科普信息员或科普员不仅要成为科普网络社群的领导者，还必须成为科普网络社群的科学把关者。

（三）科普网络社群的运维

科普网络社群的聚合，是一种以兴趣和情感为核心的亚文化传播现象。科普网络社群传播的核心，一边是科普信息及内容，一边是“科普人”的情感及关系，中间起连接作用的是价值观。任何科普网络社群的形成，首先必然是以科普内容为王，有让人们产生浓厚兴趣的科普信息内容，这样人们才会选择加入相关主题的科普网络社群。在科普兴趣驱使下，志趣相投的社群成员围绕相关科普主题进行频繁的社交互动，包括科普信息分享、科普话题讨论及其他层面的科普交流等。

在网络科普社群中，科普信息的分发路径主要包括订阅机制和社会化机制两种。订阅机制以科普内容为核心，个人依循自身科普兴趣进行筛选和关注；社会化机制以“科普人”的关系网络为链路，朋友的转发、推荐成为获取科普信息和知识的过滤渠道，这一路径凸显对某位“科普人”信任为核心的馈赠型传播的逻辑。随着科普网络社群与信息网络的日渐交融，如今人们订阅的不只是科普内容信息，还有“科普人”；人们因兴趣关注科普内容信息，认识更多的人，集结成科普趣缘圈子，进而在趣缘关系中分享科普内容信息，发展科学兴趣。要运维好科普网络社群，必须根据各自科普网络社群的类型和定位，做好以下工作。

一是要确立科普网络社群的特色和定位。科普网络社群一般属于内容型，要区分自己科普网络社群是属于内容型的科普产品社群、知识型社群、兴趣性社群、行业垂直型社群中的哪一种，并强化自身的定位和特色。

二是要把握好运营好科普网络社群的关键。数据显示，网络社群活跃分布平台排名前五的分别为：微信群、QQ 群、微信公众号、自建网站 APP 与微博。通讯聊天与实时资讯类平台最受欢迎，自建 APP 也受到网络社群越来越多的关注。科普网络社群要采取建立微信群、QQ 群、微信公众号、自建网站 APP 与微博等方式，聚集社群成员。科普网络社群与一般社群一样，其运营要避免运营缺乏体系、社群成员参与度不高、缺乏外部优质科普资源的合作、社群成员忠诚度低等难点和痛点。

三是要始终保持科普网络社群成员的活跃度。要通过线下组织科普网络社群成员聚会或活动、在线共享与分享科普资源和信息、为社群成员提供优惠和增值服务、线上定期制作和推送科普服务信息、与社群成员深度互动和科普定制服务等有效方式，激发各自科普网络社群成员参与的积极性和热情，增加黏稠度和活跃度。

四、实施科普中国·百城千校万村行动

科普信息落实应用乃科普信息化建设的终极价值，是科普公共服务信息惠民的时效性和实效性，满足最广大公众的科普获得感的最好体现。要广泛动员政府、科协组织以及社会各方面，大力开展科普中国·百城千校万村行动，推进科普服务进社区、进学校、进农村、进传媒介，解决科普服务的“最后一公里”的问题。

视窗 5-10 科普中国·百城千校万村行动

为加快推进科普信息化建设，推进社区、学校和乡村与“科普中国”的精准对接，切实提高科普公共服务能力，中国科协决定在全国开展“科普中国·百城千校万村行动”，即在数百个城市、数千所学校和数万个乡村，实现“科普中国”落地应用。

该行动将充分发挥科协开放型、枢纽型、平台型组织优势，以提升全民科学素质为核心，以“科普中国”落地应用为重点，创新科普理念、活动载体、工作抓手和服务模式，积极拓宽科普供给渠道，提高科普供给效率，实现到2020年公民具备科学素质的比例超过10%的目标，为建设创新型国家和全面建成小康社会奠定坚实基础。该行动坚持“示范带动、因地制宜、精细分类、精准推送，协同推进、普惠共享”的基本原则，将于2017—2019年在全国实现数百个城市、数千所学校、数万个乡村的“科普中国”落地应用，辐射带动“科普中国”落地全覆盖，推动科普工作全面创新，实现科普服务精准推送，打通科普工作“最后一公里”，助推公民科学素质跨越提升。

该行动的重点任务：

一是要积极推进主流媒体建立“科普中国”频道（栏目）。进一步推动在县级以上的电视台、广播电台、主流报刊等开设科普频道（栏目）、版面。加强与交互式网络电视（IPTV）、网站等合作，开辟科普报道的专题、专版、专栏。充分利用“科普中国”优质资源，结合本地特色，发挥地方主流媒体作用，及时追踪回应热点话题和公众关切，向公众普及最新科技发现和创新成果。已纳入国家智慧城市试点的市（区、县）科协要推动在智慧城市系统中设立科普专区。

二是要着力建设“科普中国”移动端传播体系。整合现有各类优质移动端应用，建立健全以“科普中国”APP为主的传播体系。建立“科普中国”APP应用激励机制。鼓励公众通过建立微信、QQ、微博等社群，广泛传播分享“科普中国”移动端内容。

三是要进一步加强科普中国e站建设，充分利用现有基础，在基层的政务服务中心、综合性文化服务中心、党员活动场所，街道社区双创中心，大中小学校，村民委员会及农村专业技术协会等，建设科普中国e站。积极推动城乡社区、街道、楼宇、学校、交通场站及交通工具（含汽车、火车、飞机、地铁等）、企事业单位等现有的大屏、个人电脑、多功能一体机等终端播放“科普中国”优质资源。

四是要发挥传统科普设施传播“科普中国”的作用。充分利用和借助现有科普传播渠道，发挥好基层各类科普宣传栏、科普图书室、科普角、社区科普大学、科普协会等设施场所的作用。围绕公众关切的卫生健康、食品安全、环保治污、防灾减灾等热点、焦点问题，以图书、海报、挂图等形式呈现“科普中国”优质资源。不断拓宽科普大篷车、流动科技馆、农村中学科技馆等流动科普设施服务范围，结合“科普中国”内容深入开发流动科普设施展教资源，实现巡回展览展品和教育活动的专题化和特色化，增强传统科普设施服务能力。

五是要加强“科普中国”优质资源的线下应用，充分利用“科普中国”优质资源，结合全国科技工作者日、双创周、科普日等主题活动，通过文艺演出、讲座、知识竞赛、课外活动、实用技术培训等方式，组织开展各类科普活动。推动“科普中国”落地与创新争先行动、科普文化进万家、科技助力精准扶贫、科普示范县及科普教育基地等工作结合。

六是鼓励探索创新各类落地模式。结合本地特色和工作基础，充分发挥各地现有科普网站、科普传播平台的作用，以公众关心的社会热点问题为切入点，以传播科学知识为目的，探索创新“科普中国”落地模式。广泛动员各类传统媒体产业、新媒体产业以及科普信息化资源开发、设施设备生产机构等社会力量，增强落地应用工作协同力。

七是要加强科普信息员队伍建设，在基层团结凝聚一批熟练掌握信息化手段的科普信息员队伍，积极服务“科普中国”落地应用，为公众提供定向精准的科普服务。广泛动员各级学会专业人才、全民科学素质行动计划纲要成员单位基层从业人员、各类媒体从业者及广大公众加入科普信息员队伍。建立健全管理培训制度，重点提升科普信息员传播“科普中国”优质资源的能力。①

---

① 中国科协关于印发《关于开展科普中国·百城千校万村行动的意见》的通知 [EB/OL]. [2017-04-16]. http://www.cast.org.cn/n17040442/n17041423/n17052304/17654446.html.

第六章　科普产品的创意生产

科普是公共服务产品，是用来满足公众科普需求和欲望的物态或无形态的载体。科普产品是承担科普服务有效供给的功能载体，是科普供给能力的集中表现。只有有料、有知、有用、有趣，好用、好看、好玩的科普产品，才能赢得公众的欢迎和认可。

第一节　科学内容是科普产品的灵魂

科普服务的本质是科普内容与人的连接。科普服务要优质、高品位，科普内容必须优质、高品位，无论在哪个时代，科学内容为王是科普唯一不变的铁律。即使在互联网时代，如果一个科普产品没有科学内容，就像一个人没有灵魂一样，科学性的内容是科普的灵魂。

一、科普始终以科学内容为王

科普的科学内容的价值，是基于科普渠道和传播媒介传播极大发展的基础，以科普渠道选择的自由化和多元化为前提。随着互联网的发展，垄断科普渠道的成本越来越高，科普内容的重要性更加凸显。科普的科学内容是指科普作品或科普活动中所表达出来的科技知识、科学方法、科学思想、科学精神以及科学、技术与社会的关系等，科普内容是构成公民科学素质的根本要素①。

---

①　杨文志，吴国斌．现代科普导论［M］．北京：科学普及出版社，2004（6）：81．

（一）科技知识是基础

要掌握科学方法、具备科学思想和科学精神，必须具有相应的科技知识。科学是反映自然、社会、思维等客观运动规律，并经过实践检验和逻辑论证的知识体系。传播科技知识，主要是指传播自然科学知识和工程技术知识。

科技知识是人类对客观规律的认识和总结，是人类探索客观真理的记录。知识就是力量，科学知识不仅能够帮助人们形成智力、能力、生产力，同时能形成新的思想道德和精神品格，促进人的全面发展。正是这些不断积累的科学文化知识，帮助人类从大自然中站立起来，与动物分开，走向文明。自从地球上第一次出现生命以来，亿万物种活跃其间，只有人类有能力摆脱环境的绝对支配，相对自主地决定自己的命运。这靠的就是人类所拥有知识和智慧的思维，靠的是在知识积累基础上形成的高超智慧和认识世界、改造世界（包括人的主观世界）的卓越能力。正确认识客观世界、认识人类本身，就必须普及科技知识。科技知识一旦被人们掌握，就会参与有关活动的调节，指导有关活动的进行，成为人们能力基本结构中不可缺少的组成部分。有研究表明，任何领域问题的解决都涉及大量专门知识的应用。个体必须具有5万—20万个有关知识组块，才能成为某一领域的解决问题专家。如果缺乏相应的专门知识，专家也不能解决该学科领域的问题。例如，安德森（1992）研究认为，如果一个高中学生要成功地进行数学学习的话，他就必须掌握1万—10万条规则或公式。许多其他专门领域的研究也证明，个体解决问题的能力取决于他所获得的相关知识的多少及其性质和组织结构。

科技知识缺乏的人不了解自然现象的本质及其运动变化的规律性，往往表现为认识上的愚昧。人们若缺乏科学知识的武装，不能运用科学知识的力量来掌握自己的命运，就只能寄希望于自身以外的力量，这就会产生迷信。人类不能洞察许多难以理解的现象，常常容易产生对这类现象的歪曲说明，做出关于超自然的“神灵”等具有神秘色彩的解释。科学越发展，广大劳动者掌握科学知识越多，科学文化素质越高，愚昧、迷信就越没有市场。

（二）科学方法是关键

科学方法的确立，科学思维方式的形成，比掌握具体的科技知识更为重要。一旦掌握科学方法，就能指导人们更有效地学习科技知识，更有成效地进行科学思维，解决社会生活中的实际问题。

科学方法是建立在科学理论基础之上的系统化、条理化、理论化的科学知识。科学方法可从两个方面来理解。一种是把“科学”作为名词来解释，科学方法是指人们在科学实践活动中研究问题、解决问题的手段和工具；另一种是把“科学”作为形容词来解释，这就把科学方法从自然科学领域推广到技术实践领域，推广到人文社会科学。倡导科学方法，就是要求人们在日常生活中以严肃认真的科学态度来思考和行动。中国有句古话叫做“授人以鱼不如授人以渔”，意即掌握科学方法，让思维方式科学化、研究方法科学化，比普及具体的知识更为重要。做任何事情都存在一个方法的问题，方法也历来为人们所重视。科普中倡导科学方法，就是希望公众多思考、多学习、多方位尝试，在社会生活中选择最适用最有效的方法，提高效率，避免错误。

科学方法是进行科学实践活动中研究问题、解决问题的手段和工具。科学实践活动中所涉及的科学方法，可分为普遍方法、一般科学方法和具体科学方法三个层次。科学实践的普遍方法是唯物辩证法，它对一般科学方法和科学劳动者有巨大的指导作用；具体科学方法是各门具体科学，如物理学、社会学、考古学等所运用的特殊方法；而一般科学方法，如观察与实验、分析与综合、归纳与演绎、类比与模拟等，是科学实践活动中大量运用的科学方法，在科学的发展过程中具有十分重要的作用。对于公众来说，涉及的科学方法主要是一些一般科学方法。而普遍方法一般起指导作用，在公众的实际运用上显得抽象。具体的科学方法比较专一，需要具备专门知识才能掌握。一个完整的科学认识过程，往往要经历感性认识、理性认识及其复归实践等阶段，也就是从科学实践对象的具体上升到抽象的规定，再到思维的具体，最后又回到实践的辩证发展过程。与此相对应，科学方法有各种具体的内容。

倡导科学方法，不同于科技知识的传播，科学方法具有很强的操作性和实践性，因此经验的交流和指导非常必要。往往能在不经意间击中要害、将人点拨，让人茅塞顿开，问题迎刃而解。旧时拜师学艺，都是背着一副行囊，成天跟在师傅后面，耳濡目染师傅的举手投足，渐渐地便心领神会。现代科普特别提倡体验式、参与式、互动式、示范性等形式，让受众亲身参与生产实习、社会实践等。倡导科学方法，要特别注意关注时代，对时代发展保持应有的敏感，及时掌握先进的科学方法，让科普更主动更有成效。

（三）科学思想是核心

科学思想是人类智力的集结、智慧的结晶，是认识世界和改造世界的锐利武器。知识只有集结成思想，才可能形成力量。没有条理化、系统化、理性化的知识，还不能具备科学的品格、成为科学思想。科学思想一旦形成理论体系，并同社会需求、技术发展结合起来，同广大公众的生产生活实践结合起来，就会变成巨大的物质力量和精神动力。传播科学思想，帮助公众树立正确的世界观，是科普的一项重要任务。

科学思想是客观现实在人们意识中的正确反映，它影响着人们的思维方式和世界观。科学思想可以理解为科学地思想、科学地思维。科学思想是科学家群体在长期科学实践中所形成的共同思想观念和思维方式，是科学原理的思想结晶、科学活动的思想指南。其本质的特征是它的创新性和革命性，它以事实为依据，以科学的精神和方法，探索规律，认识事物的本质、严格按照规律办事，不断追求真理。

科学思想与现代文化思想有着密切的关系，科学文化代表着先进文化的发展方向，科学思想具有精神文明和物质文明两重功能。在人类发展进程中，历史留下的也许是一片废墟，而思想则是淌过这片废墟的一条河流，一股活水。科学思想的风采和魅力不仅永远不会过时，而且会在一代又一代人的手中常翻常新。文艺复兴时期欧洲成为近代科学的发源地，成就现代意义上的科学。如果说科学知识和科学方法是科学家从事科学活动的硬件基础，那么科学思想和科学精神则是软件保障。科学思想是灵魂、是核心，它存在于科学研究的整个过程，影响并控制着人们的思维和行动。一个民族的科学思想必然奠定这个民族的科学文化、核心观的基调，以其科学思想内化而成的个人素质的积淀下来，形成自己的科学的判断力和决定力。一个国家如果科学思想和科学理性得不到应有的张扬、尊重，成为社会思想的主流，科学、民主和法制就难扎根，社会共识、社会和谐就会远远被抛在现代文明潮流的后面。

社会发展要求现代公众具有科学头脑，能用科学的眼光来看待自然界和人类社会，实现人类的发展目标。如传播可持续发展思想，让公众了解全球性生态危机的现状，了解人口、资源、环境与现代化事业的关系，了解人和自然协调发展的科学思想，在工作和生活中自觉地处理好人口、环境、资源的关系，使经济和社会发展走上可持续发展的道路。具有科学意识的人，才会对学习科技知识、提高生产技能有自觉性，对伪科学、反科学现象有识别能力，对封建迷信、腐朽落后的观念具有免疫和防御作用。我国是一个有着几千年封建社会历史的国家，封建迷信根深蒂固，各种封建迷信的残余仍在干扰社会生活的正常秩序，各种伪科学、反科学的社会现象仍在不时危害社会。科学思想的传播显得非常必要，任重而道远。

（四）科学精神是根本

科学精神是推动科技创新的精神动力，是一个人、一个国家、一个民族的灵魂，是激发人们热爱生活、追求真理、聪慧敏锐、公正无私、自信而不狂妄、严格而不教条，充满创新精神和创造活力的源泉。弘扬科学精神，对于提高全民科学素质具有根本性、基础性的重要作用。科学精神就是实事求是、求真务实、批判和怀疑、开拓创新的理性精神。

弘扬批判和怀疑的精神。科学总是寻求发现和了解客观世界的新现象，研究和掌握新规律，总是在不懈地追求真理，而真理总是在同谬误的斗争中发展的。因此，科学的最基本态度之一就是疑问，科学最基本的精神之一就是批判。科学精神要求人们不能盲从，不能神化，不能绝对化，不要迷信。科学否定所谓的“终极真理”，否定不可知论。科技工作者在科学研究中通过观察、实验、理论推导，对客观世界的一切未知现象进行探索性研究，并对一些传统的理论、学说、观念进行批判，往往在科学上产生重大发现。

弘扬创造和创新的精神。科学认为世界的发展、变化是无穷尽的，因此认识的任务也是无穷尽的。科学以探索未知、创造知识为己任，通过认真、严谨、艰苦、实事求是的科学劳动，揭示客观规律，造福于人类社会。科学创造的内容是广泛的，如普遍规律的揭示、自然现象的发现、新科学理论的创立、新的科学方法的确立、新科学实验的构思和设计等。科学认为具体的真理都是相对真理，都有适用的条件和范围，因而是可以突破的，新的发现将拓广原有的真理，使之适用于更大的范围和更少的条件，相对论和量子论都拓广了牛顿力学，使之适用于更大的范围。科学创造是一个艰苦的劳动过程，科学成果是科学工作者智慧和血汗的结晶。

弘扬实践和探索的精神。首先，科学来源于科学实践，实践是科学的基础。其中，生产实践提供了大量的经验资料和研究课题，科学实验提供了研究的工具和方法。离开了科学实践，科学成果和科学原理就不可能产生和发展。在科学实践的基础上，科学不断地揭示事物的本质和规律，并寻求事物的最佳解决办法和合理答案，从而推动科学本身的发展和人类进步。其次，科学需要经过实践来检验。在科学发展过程中，科学理论必须经过科学实践的检验才能确立。在科学研究中，判断“设想”“假说”等是不是科学，关键是看它是否反映并揭示了客观事实和规律。唯一的判断标准就是要经得起实践的检验，经得起反复的论证和试验。任何经不起实践检验的东西都不是科学，而是伪科学。最后，科学还要回到实践，应用于实践，从而产生巨大的物质力量和精神力量。

弘扬平权和协作的精神。在科学实践中，在探索真理面前人人平等，任何人都不能以其权力、权威、经验等凌驾于别人之上，或将自己的观点强加于人；同时，每一位科学工作者也要认真继承和吸收别人的科学知识、实践经验、科学观点。科学已成为社会主要实践活动之一，是社会有组织的实践活动。在科学活动中，个人的力量和能力是很有限的，科学活动离不开科学工作者的互相配合与合作，离不开广大劳动群众和广大科学工作者的参与和支持。因此，团结、协同、民主作风、百家争鸣等都是科学精神的组成部分。

弘扬奉献和人文的精神。科学不仅要认识世界客观规律，创造新的技术和新的知识，而且要参与社会的变革，促进社会的进步。要从理性的认识发展到变革的实践，这是科学精神的要求。科学精神提倡的人文精神是现代科学（自然科学和社会科学）意识的人文精神，人文精神提倡的科学精神是充满高度人文关怀的科学精神。科学界的优良传统和道德观念，既是一种宝贵的科学精神，同时也是一种宝贵的人文精神。古往今来，科学界的优秀分子为真理、为科学、为人类进步而斗争，充满着献身精神，甚至不惜牺牲生命。他们意识到自己从事的科学工作对社会、对人类的责任，在科学研究中孜孜不倦、自甘淡泊、不求闻达，把精力倾注在事业中，而不是花费在享乐上。科学发展是为人类服务的，本意是为人类创造幸福、反对侵略战争、维护世界和平、保护生态环境等。这是科学精神与人文精神高度结合的体现。对科学精神中的人文精神重视不够，张扬不力，是当今社会的一种不和谐现象，如世界上一些超级大国，利用所拥有的、本应该用来为人类造福的现代高新技术的优势和实力大力扩张军事，充当世界“宪兵”角色，到处制造事端，为人类带来了灾难。

让公众了解科学、技术与社会的关系。科技对人类的生产生活影响越来越大，在现代社会中生活的公众，必须要了解科学与技术的关系、了解科技对社会发展的影响，能够参与科技政策的讨论。科学知识着重于理论，而技术知识着重于应用，二者相互联系互为依存，又有着较大的区别。在科技飞速发展的当今世界，科学上的进步必然带来技术上的创新和突破，人们在追求掌握各种技术的同时也必然促进科学的发展。技术的发展离不开理论科学的指导，理论科学的思维方式和科学理论知识积累在技术实践中相当重要。只有正确掌握和理解科学与技术的辩证关系，才能避免在应用科学和技术中陷入误区。

了解科学、技术与社会的互动关系，是现代公众科学文化素质的重要内容。当今社会，人类的知识积累和更新速率越来越快，新发现、新发明越来越多，科技从研究到应用，形成产品的周期越来越短，新技术老化周期缩短，知识老化加剧。资本与现代高新技术的结合，使资本拥有者占有他想得到的任何技术，控制技术规范，从而使科技成为统治人类的工具，使科技只能为少数人占有，进而形成国家之间、民族之间、人群之间等知识鸿沟、信息鸿沟、数字鸿沟，并最终表现为财富配置的更大差异。

技术具有两面性，是把“双刃剑”，这是科技的本质属性。科技本身不会给人类直接带来好处和坏处，只有当人们把它应用于生产、生活实际，这些问题才会显现出来。任何技术的误用，都会给人类带来恐惧和灾难。技术给人类带来恐惧和灾难，都是人们的误用所造成的。当今社会，几乎全部公共政策议题都涉及科学或者技术的方面，科技影响着很多重要的国际政策和国家事务。公共政策的质量，取决于决策人员以及他们最终对其负责的公众对于各种科技问题的理解程度。

视窗 6-1　内容为王的运作模式

在互联网平台的强势背景下，高效的平台只有结合优质的内容产品才能具有竞争力，可以从以下几个方面来强化内容为王的服务模式。

一是内容定位整体化。思考互联网模式不仅要考虑互联网的新理念，还要找到企业在互联网生存的工具。原先的信息技术（IT）企业都转变为互联网公司，传统的门户网站后来变成了各种网络平台，通过做平台然后又加上内容来影响人们的生活方式。因此，互联网模式必须形成一套能够容纳生活各个方面的有机系统，内容定位必须考虑人们在互联网上整体化的内容需求。

二是创作思维反向化。在互联网时代，内容的生产不是像传统创作方法那样完全是创作者个人的主体活动，现在需要通过聚焦人们的生活方式，找出人们新的需求变化来改造内容。内容须有三个特点：好玩、好看、好用。这三个特征包括了体验性和娱乐性的要求。反向化的思维不等于一定要去迎合消费者，发现市场的变动，特别是文化和科技融合带来的新趋势才是最重要的判断标准。

三是内容生产众创化。应该鼓励网络生产的众创性精神，以此创造更多的优质内容资源。如今，年轻创作者的积极性比较高，但其作品在内涵方面是有所不及的，需要有经验的创作者参与到内容创作的领域中。现有平台可以通过多种方式培育自己的优质知识产权（IP）资源，形成年龄大的创作者和年轻人进行合作的创作制度。

四是内容展播平台化。以前做内容的和做平台的分离，做好的内容交给播放平台；现在很多互联网企业作为大平台具有传播渠道功能。现在的发展趋势是，平台做一部分自己的内容，形成小平台，叫做 IP 平台化的格局，如果内容多可以和平台合作，做平台加平台的统一，也可以做自媒体的小平台。内容平台化的趋势可以通过多种组合，类似连锁经营式的，一夜之间形成平台化。

五是内容品位中道化。在互联网时代，大众才是文化消费的主体，而一般大众无法理解专业人员的审美趣味，只有通俗的内容才能实现雅俗共赏。中道化的内容产品具有审美的综合，不同人在里面都可以找到共鸣，保证大众的立场，同时适当增加内涵或者提升品位。不能低俗，但也不能过于高雅。

六是表达方式国际化。今后如何在国际市场做中国人的文化产业，这需要有一种对国际化的表达方式的理解，需要思考中国文化与国际市场的对接点，找到国际市场共有的一般规律，包括内容产品的生产规律。目前，有两个不同的文化走出去的思路：一个是“一带一路”的战略部署，另一个是对国外文化产品的收购或引入现象，包括引入国外的文化版权、创作人才等，很多民营文化企业开始涉足海外的收购活动。

七是盈利渠道多样化。内容只有一种渠道的收益是不行的，要开发同一种内容资源的多个产业链环节。互联网的产业链纵横交错，各种内容资源可以互相沟通，网络文学的内容可以制作成视频，也可以成为手机游戏的故事背景，而手机游戏的线索也可以被拓展为文学故事，或者拍成网络剧集。以互联网平台为核心的资源可以突破原有的功能特征，在不同的产业链条中发挥市场价值。

八是文化产业聚集化。文化产业和其他的产业最大的区别就是产业链比较长，产业聚集效果比较好。如传统的文化产业园可以把微电影、互联网社交、科普教育、线上线下娱乐、餐饮、旅游、衍生品开发等多个领域的产业整合在一起进行线上线下的联合开发，依托互联网平台的整合力量形成跨界的力量。可以利用互联网平台的跨界优势拓展新的产业链，产业链也可以反向延伸，整合全产业链，最大限度地挖掘产业链价值。

内容为王的时代刚刚开始，平台优势仍然十分明显，但最好的模式既不是单一的平台优势，也不是一般的内容优势，而是平台经营加一部分自创内容。①

二、围绕公众需求遴选科普内容

公众的科普内容需求，由低到高分为：第一层次是为了满足基本生存；第二层次是为了满足一般的物质生活；第三层次是在物质生活基础上满足更高的精神文化生活；第四层次是作为现代公民参与公共事务、参政议政在内的社会生活。② 科普内容的选择，要关照最广泛的公众，要切中社会热点和大众的兴奋点，迎合大众的潜在心理需求和趣味，不仅要眼盯着公众想要看什么，喜欢看什么，更重要的是多想想公众还没有看到什么，下大力气做好科普内容选题。

（一）公众生产生存层面的科普内容选题

生存，是指生命的存在。生命是宝贵的，人类与其他生物一样，维持生命的存在往往需要一些必需的基本条件。例如，需要营养物质、阳光、空气和水，需要适宜的温度和一定的生存空间，需要地球的引力，需要大气层对

① 陈少峰. 八个角度深化“内容为王”模式［N］. 天津日报，2016－01－24.

② 刘立，蒋劲松，等. 我国公民科学素质的基本内涵与结构［C］//全民科学素质行动计划制定工作领导小组办公室. 全民科学素质行动计划课题研究论文集. 北京：科学普及出版社，2005：29—67.

紫外线等有害射线的隔离。

生存主要强调的是最低限度的物质生活，它需要职业的谋生活动而获得。即这种生存功能与劳动基本技能等科学素质密切相关。因此，公众必须首先具备生存科学素质，这是公众在现代社会赖以生存的最基本科学素质，是公民科学素质中要求最为迫切的部分，也是中国社会经济建设所必需的职业劳动素质的必要组成部分。它涉及更多的是操作性的、实践性的科学知识，不必要求理论化、系统化的认知。

生存科学素质包括两个方面：一是现代社会中基本生存所必需的知识和技能。基本的母语读写能力，常见各种常见标识和标志的理解能力等。利用最基本公共设施的能力，如电信通信、交通设施的能力。日常生活所必需的基本知识，衣食住行所需的基本知识。①

二是各种职业与职业培训所需要的公共的、最低限度的知识和技能。基本运算能力；看懂简单基本图表的能力；基本自然常识，如能够观察和了解常见自然现象、气候变迁、动植物生长；能够安全地使用家用电器；理解抽象语言的最低能力；逻辑推理的基本能力。

在公民科学素质的建设过程中，必须高度重视面向工作技能的提高。我国还有相当大比例的人口，特别在中西部贫困地区、少数民族地区、农村地区及边远地区，其主导需求是生存问题。

（二）公众健康生活层面的科普内容选题

生活是指为了延续生命而进行的所有活动，这些活动往往与其他人交织在一起。公民科学素质生活功能中的“生活”，主要是指现代文明社会中的基本生活，侧重强调的是公民的身心健康和基本的社会参与，它比生存层次的生活水准更高。因此，所要求的公民科学素质的水准和丰富性也高于生存型的科学素质。这是公民在现代社会中保证基本生活品质的科学素质。公众只有具备一定的科学素质，才能适应现代生活方式（健康文明的生活方式）。公民生活所具备的科学素质主要要素包括：

第一，保健基本知识。理解人体生理活动的最基本概念，了解健康的观

---

① 刘立，蒋劲松，等. 我国公民科学素质的基本内涵与结构［M］//全民科学素质行动计划制定工作领导小组办公室. 全民科学素质行动计划课题研究论文集. 北京：科普出版社，2005：29—67.

念（包括生理健康和心理健康），认识健康的重要性以及在不同年龄段保持健康的习惯；能够区分正常的和非正常的生理现象或反应，并在必要时采取相应的对策；对身体各器官和系统有基本的理解，认识到持续使用非自然物质（药物）来维持身体的机能可能带来的消极影响；相信正规医院的医生和医学专家而不是祖传秘方、偏方或街头郎中。认识到搞好清洁卫生和注意劳逸结合对于健康的重要性。理解营养均衡和维生素对身体健康的重要性。了解常见疾病的病因、预防、治疗方法，认识到生病或者遇到紧急事件及时获得医疗帮助的重要性，认识到细菌感染的途径以及传染病患者接触的危险性。对不同性别或年龄段的生理特点有基本的理解，对性、生殖和避孕等有明确的认识，并了解儿童护理的基本知识。

第二，心理健康基本知识。理解常见心理情绪变化活动的基本原理，能够在一定程度上自我调节个人心理情绪状态、缓解心理压力。认识到心理健康水平是关系个人生活质量乃至健康的重要因素，出现心理问题时知道应该向医生或心理咨询的专业人士求助。

第三，环境保护基本知识。了解环境保护的基本理念，知道环境状况对个人健康以及社区和社会发展的影响。知道应该节约用水、不乱丢垃圾，了解垃圾分类回收的意义。在生活中能够做到不破坏环境，能够了解自己所生活的社区环境状况。知道环境保护是国家基本国策，知道保护环境是每个公民的职责和义务，在生活中自觉保护环境。利用家用电器和公共设施满足基本生活需要的知识和技能，如熟练掌握现代家用电器的使用方法和日常维护。利用互联网等手段获取信息、查询、购物、订票等技能。

第四，其他与个人生活决策相关的技能和知识。在选择职业、居住地以及个人财务决策时，理解相关的科技问题，从而做出正确的决策。能够在复杂的社会生活中具有判断能力的科学素质，如可以帮助识别广告中假借科学名义的虚假宣传。

（三）公众文化生活层面的科普内容选题

文化是指一个国家或民族的历史、地理、风土人情、传统习俗、生活方式、文学艺术、行为规范、思维方式、价值观念等。公民科学素质的文化功能的“文化”，是指公民生活中的“文化”，即在公民基本的物质生活和身心基本健康得到保障的前提下，享受高层次精神活动的生活。文化科学素质是比“生存科学素质”和“生活科学素质”更高层次的科学素质。它是公民在现代社会中享受高素质的精神生活所必需的素质。只有掌握了科学精神和科学方法、科学的思维习惯，培养了实事求是的工作作风，才能具备理性健全的精神素质，才能破除迷信盲从，才能抵御邪教。公众要在现代社会中享受基本水准的精神生活，所具备的科学素质主要要素包括：

第一，通过科学理性的思考、讨论、批判以及合理地形成信念的能力。能够理解社会热点问题中双方的论点和论据。在和别人进行讨论时，能够理解对方的观点和论辩思路，可以有逻辑地参加讨论。能够从事实归纳结论、演绎推理、发现逻辑矛盾的能力。

第二，利用现代社会公共设施和资源进行学习的相关知识和技能。利用图书馆、博物馆进行自我终身学习并用来教育子女的能力。利用互联网获取信息等。

第三，辨别科学与伪科学、科学与迷信的能力。养成独立思考问题和用批判的态度审视问题的习惯，不轻信、不盲从，自觉抵制封建迷信思想的影响，能基本识别法轮功等邪教和伪科学的欺骗性。

（四）公众社会生活层面的科普内容选题

社会在现代意义上是指为了共同利益、价值观和目标的人的联盟。社会是共同生活的人们通过各种各样社会关系联合起来的集合。小到一个机构和一个团体，大到一个组织、一个国家，作为公民参与社会公共事务和民主决策是常态。公民科学素质的社会功能中社会，主要是指公民参与社会和国家公共事务的社会生活。参与公共事务的科学素质比生存的科学素质、生活的科学素质和文化的科学素质的要求更高。它是实现公民参政议政权利所必需的能力，也是知识经济时代社会公共生活和民主决策的必须具备的科学素质。

公众要在现代社会中参与社会公共事务和民主决策，所具备的科学素质主要要素包括：一是要能理解与公共决策问题相关的科学知识。二是要能理解公共决策对自身利益及社会利益影响的知识与能力。三是要能理解科技与社会相互关系的相关知识与思考能力。例如，科技发展对社会产生的复杂的、多方面的影响；科技发展对社会环境的依赖关系；自然科学和工程技术与包括伦理学在内的人文社会科学之间的相互关系。四是要能参加公共决策问题讨论所需的科学推理、论证的能力。

三、围绕科技发展遴选科普内容

随着科技的迅猛发展，一方面对公众理解科技的紧迫性日益增强，另一方也为科普提供日益丰富的内容选题。习近平总书记在 2016 年 5 月召开的全国科技三会上指出，实现中华民族伟大复兴的中国梦，必须坚持走中国特色自主创新道路，面向世界科技前沿、面向经济主战场、面向国家重大需求，加快各领域科技创新，掌握全球科技竞争先机。“三个面向”，既是当前我国科技发展的根本着眼点，也是科普内容选题的战略基点。

（一）面向世界科技前沿的科普内容选题

科技的生命就在于创新，创新就要求引领前沿，慢上半拍就可能被淘汰出局，就会不仅在科技领域而且在全面发展上陷于战略被动。面向世界科技前沿就意味着开拓、抢占，而保守、退缩注定要在科技竞争的战场败下阵来。纵观人类历史发展，人类生活中每次大的变化，总是可以归结为科技思维创新、技术创新、发现发明。在人类发展史上，科技的发展和应用给人类带来巨大的福祉，使人类从野蛮、愚昧、无知进入到现代文明。近代和现代科技的发展，为人类带来持续的文明和进步。科技使人类远离蒙昧，科学的本质是发现、探索研究事物运动的客观规律，科学讲求理性、真实客观、实证、可重复性，科技排斥野蛮、愚昧、无知。科学理性和迷信相对而立，根治迷信和恐惧的灵丹妙药是科学理性，现代社会以崇尚科学为荣、以愚昧无知为耻。科技创新决定全球财富分配，一个国家的科技竞争力决定了其在国际竞争中的地位和前途，而科技竞争力的根本标志就是科技创新能力，科技创新是人类财富之源，是经济增长的根本动力，是财富分配的依据。科普内容选题，要聚焦世界科技发展前沿，跟踪和瞄准各个领域取得的科技突破性重大进展，实时选题开展科普，让公众在最快的时间了解世界科技进展、了解世界科技前沿发展趋势，服务国家重大发展战略需要。

（二）面向经济主战场的科普内容选题

面向经济主战场，就是要积极把握我国改革开放不断深入推进、经济结构全面深入调整的挑战和机遇，坚持把科技作为第一生产力，以科技进步助推经济结构转型、促进经济长期健康稳定发展。从全球范围看，科技越来越成为推动经济社会发展的主要力量，创新驱动是大势所趋也是根本所在，国际经济竞争甚至综合国力竞争，说到底就是创新能力的竞争。从国内情况看，创新能力不强，原始创新不多，科技发展水平总体不高，科技成果转化运用率低，科技对经济社会发展支撑不够的情况还比较突出。虽然我国经济经过短短几十年发展，一跃而成为世界第二大经济体，这是非常了不起的成就，但结构不尽合理、总体发展质量不高的问题却直接制约我国经济未来持续发展。要让我国经济从大到强，突破发展瓶颈，必须依靠科技创新，通过科技创新兼顾发展速度与质量、统筹发展规模与结构、协调发展经济与环境保护，通过科技创新真正实现发展动力转换。科普内容选题，要聚焦经济主战现场需求，跟踪和瞄准各个领域取得的科技创新的突破性重大应用，实时选题开展科普，让公众在最快的时间了解科技进展和高新技术及其应用，服务我国经济发展的新常态，真正实现经济和科技互融共促。

（三）面向国家重大需求的科普内容选题

科技创新要在关系我国国家安全和重大国计民生领域持续用力，使科技为维护我国整体国家利益和长远战略利益提供更加坚实的支撑。新中国成立以来，我们在国力极端贫弱的情况下，全国人民咬紧牙关支持发展“两弹一星”。我们在军事核心领域取得的重大科技突破，极大振奋了民族精神，极大提升了我国国际地位。近年来，我国在载人航天、载人深潜、超级计算机和全球定位导航等领域取得较大突破；中国高铁已经成为中国速度的象征，逐步走出国门赢得国际市场；3D 打印、新能源汽车、人工智能等新兴科技产业越来越增加了我们在国际战略竞争中的底气。但是应该看到，我们在信息技术、高精密仪器等方面还存在很多短板缺陷，很大程度上还受制于人，严重影响到国防安全和经济社会发展安全。无数的事实说明，这些领域的核心关键技术是靠钱买不来的，只能靠我们自力更生、自主创新，只有靠自己只争朝夕、快马加鞭的拼搏，才能告别他人的“卡脖子”，才能拥有自己的“撒手锏”。科普内容选题，要聚焦国家重大需求，适时跟进我国各个领域重大科技攻关项目，及时围绕项目立项、研究过程、突破性重大成果等内容，实时选题开展科普，让公众在最快的时间了解我国重大科技进展和科学团队的拼搏奉献精神，激发公众对科技创新的理解和支持，激发广大科技人员对科技创新的激情，为实现中华民族的伟大复兴、为建设世界科技强国营造良好的科学文化氛围。

第二节 科教资源的科普创意开发

科技教育资源中蕴藏着宝贵的科普内容，是科普产品生产和创意开发的优质题材。科技教育资源的科普创意开发，旨在不改变科技教育资源已有的基本属性和功能基础上，通过重新构思和创新创造等方式，拓展出具有新颖性、创造性、体验型的科普内容和科普功能产品。

一、优质科研资源的科普创意开发

我国已成为世界研发大国，政府财政科技投入增长迅速，每年立项的国家科技计划项目有数千项，一批批优秀的科技人员在政府资金的支持下从事各类科技研发活动。科技工作的目标不仅是出科技创新成果、科技人才，同时也应兼顾社会需求，满足公众需要，解决公众生活和工作中遇到的科技问题，从而提高公众理解科学的水平，激发其科学兴趣。①

科普是科研工作者的天然使命，科研工作者有义务向公众说明这些科研经费投入之后产生什么样的成果，科研场所、科研装备、科研过程等都是为公众做科普非常好的场景和道具。科研资源的科普创意开发，不仅可以更好地为公众所接受，而且还将使科普更生动、更有场景性、更有吸引力、更有生命力。

一是科研工作者将科普由被动做变主动去做。例如，在科研工作之外，结合自己从事的科研课题，可经常到科技馆、大中小学做科普讲座，在各类科普杂志和公共媒体上发表科普文章，做一些科普著述等。科研机构、课题组或科研工作者也可通过主办的微信公众号，每天主动推送丰富多彩的科普文章，让公众特别是青少年关注自己所从事的科研，增长见识，大开眼界，产生兴趣。科研单位可以设立“公众开放日”，定时面向公众开放实验室、大型科学装置、展览室（馆）、标本馆等科研场所，拉近公众与科学的距离，促进公众对科学的理解与信任。科研机构或课题组要发布科研报告，这其实也是一种高级科普，还可进一步碎片化和通俗化，形成科普文章、科普书籍或科普视频，就能发挥更大的科普传播作用。科研工作者特别是著名科学家、科技专家可以把自己丰富的科研经历写成传记，也可以让公众分享和感悟到科学的思想与精神。科研管理部门可以把科研人员开展科普活动、参与科研成果科普转化纳入评价考核中，激发科研人员参与科普的积极性。

二是科研工作者借助专业力量做科普。科普是一项越来越专业化的工作，

---

① 上海市科技传播学会．科研成果科普化的若干对策与建议．［EB/OL］．［2011－10－20］．http：//www．duob．cn/chuanbo/c/912/151972．html．

科研、科技创新由专业从事科研的科学家承担，而与之同等重要的科普，也越来越需要由专业人才承担。科研团队组成中可以吸纳科学传播专业人员参加，在科研的同时同步开展科普。科研团队也可以与科技社团合作，借助学会的科普团队力量和平台，开展科研资源的科普创意开发，把科研成果转化为科普产品，如科普文章、科普图书、科普视频节目等，联合开展面向公众的科普活动。科研团队和媒体或者和专业做科普的人士结合起来，科普效果会更好。新媒体和新的传播手段在科学传播中扮演着重要的角色，如像长征七号火箭在海南文昌发射场成功发射等一些科学事件，通过网络直播，远超过传统媒体的受众人数，因为新媒体所能呈现科学真实的图景，让大家身临其境感受科学。同时，科普专业力量、新媒体科学传播也需要和期待着科技专家团队的参与，如某项科研成果是否具有转化成科普成果的可行性、科普内容是否能回应公众关心的议题等，实际上只能请科技专家来解决。

三是科研工作者要把青少年科普作为重点。青少年科学教育是科普中普遍重视的方面，随着我国素质教育的发展，已经分年龄段制定了科学课程标准，在义务教育的中小学阶段开设科学启蒙课将成为常态。但很多中小学校却面临高水平师资不足、教案教材教具匮乏等问题。科研团队可以与中小学的科技教育课结合，把科学启蒙课开到学校。

视窗 6－2　NASA 独到的科普

“理解并保护我们赖以生存的行星；探索宇宙，找到地球外的生命；启示我们的下一代去探索宇宙。”这是美国航天局（NASA）自己定义的使命。对于理解地球、探索宇宙和科普启迪三项工作来说，NASA 都是这个星球上最优秀的。①

北京时间 2012 年 8 月 6 日，NASA 史上耗资最多的火星探测任务进入高潮，“好奇”号探测器成功着陆火星表面，而后开始它搜寻火星生命的任务。在这斥资 25 亿美元工程中，NASA 同时建立了完备的科普体系，力图通过公众可以接受的方式为公众服务，使每位渴望融入火星探测的人都能理解这个计划的意义和科学知识。

---

① NASA. 探索火星和科普同样出色［EB/OL］.［2012－08－07］. http://news.xinmin.cn/rollnews/2012/08－08/15783391. html.

NASA将太空图片视为公共资源，是由纳税人所贡献的，所以民众自然可以免费共享。为尽可能让公众参与空间探索，一直将国家航天计划的图片、视频、文字等资料免费公开，在其官方网站上，媒体、教育者、爱好者等都可以免费下载到精美的航天图片。50多年以来，在“水星”“双子星”载人航天任务、“阿波罗”登月任务、航天飞机和国际空间站等诸多太空项目中积累的大量影像以及视频、音频、文字资料。这些资料，全球的教育者和传播者都可以通过其网站免费下载使用。

为让公众持续关注太空计划，还聘请太空画家绘制航天影像，供媒体和公众免费传播使用。如，“好奇”号登陆火星全过程的模拟3D动画，是提前制作的，目的是让民众参与到太空探索中。“好奇”号的名字就来自肯堪萨斯州的6年级华裔小学生马天琪（Clara Ma）。NASA还热衷于将民众的私人物品送上太空，如绕土星轨道飞行的“卡西尼”（Cassini）号飞船就曾经带着有81个国家数十万人签名的数字光碟进入土星轨道。

2015年9月28日夜里，有多少人在被窝中举着手机刷屏，怀揣着各种新奇想象，等待地球那一端的最新消息。消息来了：在火星表面发现了有液态水活动的“强有力”证据。虽然没有带给大家“惊喜”，但却是一次成功的科普行动。在此次新闻发布会前3天，NASA便在其官方网站预告，并广邀媒体和感兴趣的公众参与，这是NASA发布重大科学发现的常规做法，有“卖关子”的嫌疑，在这3天里，这一信息被广为传播。在网民想象力和专业媒体传播力的聚焦放大下，最初那条简短的新闻发布会预告，演变为一场自发的火星知识科学传播。火星存在生命吗、移居火星是否现实、火星还有哪些未解之谜……短短3天，关于火星的种种知识在网络、报端集结，公众对于火星的关注被极度提升。虽然这些猜测最终被验证与此次发布会无关，但更多人因此凝望头顶那颗红色行星，那颗遥远的行星也在人们脑海中变得更加具体。

对青少年的科技教育一直被NASA视为一项重要的工作，他们会为老师和学生提提供精确到年级的科普资料。在NASA网站上，

视窗 6－7　上海通用汽车开放日活动

2014 年 12 月，上海通用汽车首次举办“开放日”活动，向社会开放其上海、沈阳、烟台、武汉四大基地以及泛亚汽车技术中心。向公众开放上海通用汽车“大本营”，是该公司成立 17 年来的首次，他们期待借“开放日”，让消费者更直观、深入地了解上海通用汽车所拥有的世界级研发和制造体系，以及全方位的卓越质量体系，增强对其产品的信任和对企业未来发展的信心，同时也能提升广大车主的自豪感。

上海通用汽车创立之初，借鉴国际经验，建立了精益生产、精益管理体系以及前瞻的研发设计体系。随着全国布局的生产基地不断扩充，又将整套管理模式和精益生产体系在各个基地复制、延伸，以确保每一款产品品质。“开放日”活动，不仅让消费者零距离了解汽车设计与制造的流程，也感受到上海通用汽车“不接受缺陷、不制造缺陷、不传递缺陷”的质量文化。这种与普通消费者的沟通形式，一方面展现了车企日益开放的心态，另一方面也是对生产管控、产品质量、技术实力有足够信心的表现。活动在全国范围内公开招募参观公众，可通过上海通用官方微信、官网活动专区报名。

2014 年 11—12 日上海通用汽车金桥整车南厂和泛亚汽车技术中心率先开放的上海通用汽车金桥整车南厂是上海通用汽车的第一个生产制造基地，拥有中国第一条柔性生产线，拥有车身、油漆、总装三大生产车间。通用汽车全球共有 11 个获得通用全球制造质量最高等级 BIQ4 级认证的工厂，金桥南厂是其中之一。参观者在金桥南厂可亲身体验高自动化生产线的工作流程，看到以暗灯看板、激光检测等为代表的精益生产体系的管理细节。

泛亚汽车设计中心，在全球范围内都被视为一个高度机密的汽车研发机构，位于上海市浦东新区，是中国第一家中外合资汽车设计开发中心，是国内最大的汽车研发中心，也是通用汽车全球六大研发机构之一，拥有模拟碰撞实验室，噪声震动实验室和风洞实验室等。参观者在这里可认识到其研发环节的质量管理步骤，并近距离地体验“好车是设计出来的”的造车理念。

视窗6－8　蒙牛乳业开放日活动

蒙牛乳业（集团）股份有限公司成立于1999年8月，总部在呼和浩特市和林格尔盛乐经济园区，是国家农业产业化重点龙头企业、乳制品行业龙头企业。该公司从2007年以来，持续开展“蒙牛开放日”活动，“访客”不仅有普通消费者，还有NBA巨星及乒乓球世界冠军。蒙牛乳业通过这种开放日活动，积极地与消费者近距离沟通，既为自身发展创造了好的社会环境，也很好地满足了公众对乳品生产的好奇和对安全的高度关注。

“蒙牛开放日”活动中，以透明开放的姿态，邀请大众到蒙牛牛奶工厂参观。例如，在蒙牛牛奶通州生产基地，可参观蒙牛牛奶乳业通州工厂的生产车间，近距离感受蒙牛牛奶的生产设备及生产环境，之后蒙牛的工作人员会回答一些大家最关心的问题，让很多公众和网友对蒙牛牛奶的印象大有改观。参观完蒙牛工厂，有网友说整个人都变得milk了！牛奶是流动的“白色血液”，润滑如脂，营养优沛，穿越身体，醇香生活，携带着遥远的草原风光，浓缩进点滴幸福。蒙牛工厂，见证一杯奶的专注，探秘品质生活的诞生。

除“蒙牛开放日”外，蒙牛工厂平常可以预约参观，参观时间为周一至周五9:00—16:00。同时，开通了蒙牛乳业官方微博，还有蒙牛乳业微客服，实时与消费者保持迅速、直接的沟通，特别是很多消费者提出的一些问题，很快就会得到反馈。

除科研机构、高校、企业外，社会其他方面，如医疗机构、大众媒体、科技团体、公共服务机构等还有大量的科普优质资源可以用作科普，这些优质社会资源的科普创意开发，对丰富科普产品、提升科普服务品质至关重要。

第三节　科普表达方式的创新

新时代的科普，不仅需要在科普内容上的推陈出新，也需要在科普表达方式上的花样翻新。在这个瞬息万变的时代，没有好的科普表达方式，优秀科普作品也有湮没无闻的危险。从本质上说，科普作品无优劣，但科普的表达方式有高下，科普产品有好坏、有优劣。创新科普表达方式，是科普作品竞争的要求，是科普用户的现实要求，是科普供给侧革命的时代要求。

一、科普表达的时代性特征

科普表达方式，也称科普内容的呈现方式，事关科普产品的成败。随着社会的发展，公众对科普表达方式的要求越来越高，不仅要求科普产品要有料、有知、有用、有趣，而且要求科普产品要好用、好看、好玩。新时期的科普产品，必须不断创新表达方式，以赢得需求不断变化的公众的认可。随着信息社会的发展，公众对科普的表达方式偏好发生巨大变化，呈现出日益明显的碎片化、可视化、故事化、乐享化等时代性特征。

（一）科普的碎片化表达

科普的碎片化表达，源于科普碎片化的阅读，是适应科普受众的阅读时间碎片化、阅读终端移动化和小型化、阅读信息海量化和泛在化等发展趋势，是科普“微阅读”“快阅读”等的现实需要。科普的碎片化表达方式多种多样，如科普图文、微信、微视频、微博、H5、图像与图形、短信等，网民通过阅读终端特别是手机等移动终端接收后，进行的不完整、断断续续的碎片化阅读。

在媒介多元和信息泛滥的当下社会里，科普受众的思维注意力和科普阅读耐心，已经被多种力量所消解；以科学性、通俗性见长的科普作品，受到传播渠道、传播技术手段的改变，受到科普“微阅读”、科普“快阅读”等新的阅读体验的冲击。在与新媒体角力和谋求自身提质发展中，科普必须在保留和发扬自身优势的同时，寻找更加贴近科普受众阅读习惯、新的科普表达方式，以适应科普受众接收和选择科普信息的需求。

碎片化的科普表达，即将科普的内容信息以化整为零的方式进行表达，指在一定科普内容选题内，围绕同一科普内容主题内容，将科普文本进行分解与重组，通过科普内容的梳理与聚合、逻辑的贯通，构建相对独立又有关联的科普单元，营造层次分明、表意清晰的科普知识模块，提供视觉明朗、筛选灵活的科普阅读体验，在提升科普阅读质量和审美价值的同时，提高科普阅读的便捷度、愉悦感、获得感、满足感，减少科普的视觉疲劳和阅读倦怠，扩大科普作品的传播力和影响力。

在海量信息时代，一切信息唾手可得，碎片化表达使科普信息获取显得轻松、容易，促进人们的交流。但科普碎片化阅读缺乏系统性，有太多随意化；同时，因为科普阅读环境的嘈杂和无序，也往往导致阅读者过目即忘，从根本上说不利于科技知识的积累和传承，科普的碎片化阅读，必然会塑造一代的“煎饼人”。

视窗6-9　碎片化阅读与当代“煎饼人”

不少人每天早上醒来的第一件事，不是刷牙洗脸，而是打开微信朋友圈，看一眼活跃的QQ群，还有查看邮箱。每天阅读杂七杂八的信息，自以为知道得很多，然后沾沾自喜。如今，随着各种信息渠道的发展，不少人已不再将精力专注于某一个领域，而是让自己的关注点浅浅地散布在一个很大的范围，如煎饼一样薄而大。这样的人被称为“煎饼人”。2012年5月15日，《中国青年报》公布的一项全国调查显示，88.6%的受访者坦言自己身边多是一知半解的“煎饼人”。

“煎饼人”犹如蜻蜓点水，最拿手的就是浅尝辄止。粗浅的理解，肤浅的关心，在信息传播的过程中进行片段化解读和平面化阅读，只求数量，只讲覆盖面，只知道皮毛，只晓得轮廓，至于结果如何，真相怎样，通常都无关紧要。“煎饼人”作为快餐文化的一个缩影，隐然存在于我们的肌理之中。

对于快餐，人们的感受可谓暧昧难清。它虽然缺乏营养，却能填饱肚皮；虽然缺乏内涵，但能直达目标。快餐逐渐改变了人们的生活方式，成为一种文化隐喻。于是乎，在日常生活中，看名著喜欢精简版，学东西青睐速成班，“求职宝典”一部接一部，“考试秘笈”一本接一本。

乐观者看来，快餐文化是一种文化进化。现代社会讲究效率，追求精准，对技术的依赖和对科技的推崇，在一定程度上导致人们的异化，人们在不知不觉中进入“理性的樊笼”——激烈的社会竞争，沉重的生活压力，让人们不堪重负，而快餐文化，成为人们释放压力、慰藉情感的工具。

而忧心者则认为，快餐文化的实质就是文化含量稀薄，恶意炒作，简单复制，膨化发泡。当粗制滥造的文化产品成为人们精神食粮主流的时候，当形形色色的文化赝品将文化空间挤压得水泄不通的时候，“繁华的荒芜”便成了当代人的精神病根。虚假繁荣的“面子”背后，隐藏着精神苍白、创新匮乏的“里子”。

观点对立的双方，总是从功能主义的不同侧面来解读快餐文化。一方面，快餐文化在资讯获取、休闲娱乐方面满足了人们的需求，具有一定显性的正功能；另一方面，快餐文化侵蚀了人们的价值观，加剧了社会心态的功利化和社会结构的碎片化，具有难以估量的隐性的负功能。

在快餐文化的裹挟下，“煎饼人”大行其道，活跃在社会生活的各个舞台上。空有其表的文化产品侵占了人们的精神领地，漫不经心的生活方式损伤了人们的文化家园，层出不穷的文化泡沫带来了精神沙尘暴。①

（二）科普的可视化表达

科普的可视化表达，即指将科普内容、科普过程等以视觉形式表达，将科普转化成图像与图形相结合的形式来呈现，以激发公众接受科普的主动性，增强公众的科普兴趣，提高科普效率的一种新的高效科普呈现手段。

21 世纪初，进入读图时代，科普图片曾经视为科普表达的较好方式。随着大数据时代的到来，仅用科普图片来呈现科普内容已不能满足科普受众的需求。一些相对复杂的时政科普的解读、突发性事件的应急科普、科普服务类信息的说明，以及一些社会事件的科学深度解读与分析，科普图片已难以一步到位地表达清楚，仅用文字又难以抓住“眼球”，并且显得落后死板。

在当今快节奏的生活里，人们用手机刷科普作品或科普信息是机械般快速浏览，看传统科普作品是一页接着一页地跳跃阅读，看到感兴趣的科普内容才会停下来仔细看看。在这样的科普阅读趋势下，冗长的文字表述常常会让科普受众望而生畏，而将科普内容信息进行可视化处理，可以比文字更直观反映科普内容，让科普受众更容易接受也更喜欢。如今普遍采用“一图看

① “煎饼人”背后的快餐隐喻［N］．湖南日报，2012－05－18．

懂……”的科普表达方式，将科普内容信息、背景资料和相关科普内容融入一张图或一组图中。科普的可视化图形类型丰富多彩，由外部轮廓线条构成的矢量图，即由计算机绘制的直线、圆、矩形、曲线等，一般有表格、柱形图、曲线图、饼状图、地图等；而图像是由扫描仪、相机存储卡等输入设备捕捉实际的画面产生的数据，包括漫画、动画、插画、图片、视频等多种生动的科普表达手法。这些可视化的图形，既能体现传统科普的优势，使科普复杂枯燥的内容简明化、枯燥内容生动化、抽象概念具体化，而且可实现纸媒端、电脑端、移动端三端的统一同时发布，更能吸引年轻的科普受众，成为现在很多科普作品越来越重视的呈现方式。

（三）科普的故事化表达

用讲故事的形式来做科普，就会让科普变得有趣、有情、好看、好听，最后使公众爱看科普、爱听科普。科学本质上是人类不断探寻自身和世界奥秘的故事。讲科学的方式有多种，插科打诨、通俗搞笑是一路，就事论事解读算一种，以及寻根溯源讲历史、图文并茂可视化等不一而足，因时因事而异，各有各的精彩。大多数讲述科学的文章都在追求信息的有效表达，或者说是以信息为主导的讲述方式。这个时代，越来越多的人在谈论科学，但是优秀的科学写作者比大熊猫还要稀有。讲科学故事，不能仅仅停留在维护科学本身严肃客观的层面，要改变把科普受众作为“旁观者”的状况，科普创作者要调动更多的共情因素，以故事驱动科普创作，把科普内容有效地嵌入人类生活场景，与时代发生关联，反映个人命运，才能获得更自由的写作状态，写出真正打动人的作品。在有限的视野里，真正优秀的科普写作者是那些有思想的科学家，多数职业写作者并没有真正达到他们应该达到的高度，这与科学狂飙时代对于科学传播的巨大需求形成强烈反差。①

科普要讲与公众有关联的科学故事。科普故事的选题来源无非来自媒体的报道、公众的点题、研究机构的调查、政府部门的安排等。不管科普故事的选题来自何处，都要考虑选题的科普价值，即选题的及时性、冲击性或重要性、与受众的接近性、冲突性、异常性、当下性、必要性等。不讲没有科

---

① 黄永明．讲好科学，讲好人类的故事——“创作性非虚构”写作项目上线［EB/OL］．［2017－05－01］．https：//mp.weixin.qq.com/s？_ biz＝MzlyNDA2NT14Mg＝＝&mid＝2655414542&idx＝1&sn＝9cbf6632605da101299dd504c3fa1d60.

普价值的故事。

科普要为最普通百姓讲科学故事。科学故事，最根本的诱惑在于它的悬念和煽情，能极大限度地满足科普受众的心理需求。讲述科普故事，这是最能贴近科普受众心理的科普表达方式。科普故事最核心的要素是什么？就是悬念，悬念用得越好科学故事越吸引人。“科普人”一直有一种善良的科普期望，就是希望社会的中间阶层能成为科普的主力人群。但是遗憾的是，科普真正的参与者主要是普通百姓，虽然他们的科普影响力较弱，二次科普传播的能力不强。

科普要请能讲科学故事的人来讲。我国电视主持人的发展历程大致经历了四个阶段。第一阶段是以赵忠祥为代表的政府发言人式的主持人，正襟危坐，字正腔圆，代表党和政府的声音，这种风格一直延续到今天的《新闻联播》；第二阶段是以白岩松为代表的教师型主持人，他所体现的是精英风格，板着脸，皱着眉，忧国忧民地向观众灌输他的感想；第三阶段就是以王志、柴静为代表的朋友式主持人，面对面心平气和地聊天，虽然有时不乏尖锐，但整个氛围充满朋友式的关心；第四阶段就是以阿丘、马斌、孟非为代表的娱乐型主持人，他们好像就是你身边的普通人，注重新闻的故事性表达，即使是评论，也经常把观点附着在幽默和诙谐的语境中。时代在发展，科普受众的眼光也越来越挑剔，在这样一个飞速发展的新时代，既要坚守科普的宗旨，更好地考虑科普受众的要求，把科普交给挺能讲科学故事的人来讲，因为手机、电视遥控器毕竟都掌握在公众自己的手里。

（四）科普的乐享化表达

科学与娱乐、享乐从本质上来说是大相径庭的，然而两者结合起来，却能绽放出奇异的科普光彩。科幻片就是科学与娱乐结合的产物，如美国科幻片《星际穿越》被称为“烧脑神剧”，把原本只有小部分人能理解的虫洞、黑洞、宇宙维度等高深科学理论形象化地、直观地呈献给大众，使观众经历一次奇幻的太空之旅。再如江苏卫视制作的电视节目《最强大脑》，其口号是“让科学流行起来”，这是国内少见的以科学作为主题词的科普娱乐节目。然而人们对这个节目的看法却莫衷一是，体现出人们对科普与娱乐关系的思考。传统上，科学是严肃甚至神圣的，它和大众娱乐是无法联系在一起的，一旦科学被用于娱乐，就似乎冒犯了科学的尊严，将科学低俗化了。

现代科普应该是娱乐与教育兼容，以游戏、科普剧、科普秀等娱乐的方式传播科学，让娱乐的愉悦感带来科普的主动性和自愿性，更容易使观众接收其中的科学知识，对科学内容的理解也更深刻。但并非所有的科学内容都适合用来娱乐，娱乐只是一种表达方式，得掌握好尺度，过头了，娱乐喧宾夺主，科学反而成为陪衬，达不到传播科学的目的；对于娱乐节目而言，科学不能凌驾于娱乐之上，必须尊重娱乐的规律与内在精神，否则达不到好的娱乐效果，公众也不买账。必须拿捏好科学与娱乐的界限，掌握好两者的平衡，调和好二者的冲突，这需要高超的思想与技巧做指导。①

霍金虽然是个严肃的科学家，但霍金与娱乐圈的关系一直很密切，不仅出现在电影中，还拿流行音乐组合做例子解释高深的物理理论。网友纷纷表示，霍教授这是在亲身示范如何利用娱乐工具搞科普啊。霍金之所以能够成为家喻户晓的科学符号、成为一个偶像，是因为他生活态度健康积极，他深谙传播理论并积极实践，他没有因为身体条件的限制而蜗居，而是勇敢地参与到各种社会活动中去。此外，他幽默的天性也给他的言行增添了不少娱乐元素。霍金在做科普时，常常使用普通人熟悉的方式，既有趣又有干货，让粉丝为之痴迷。例如，2015 年一场科学讲座中，身在英国的霍金通过 3D 全息投影的酷炫方式出现在悉尼大剧院，现场讲述关于黑洞、地球的未来等严肃的科学话题，更经典的是，这场讲座的结尾，霍金又用娱乐元素奉献神来之笔，他借用电影《星际迷航》中经典台词“生生不息，繁荣昌盛”，之后在几道炫目光芒中，霍金的投影一下子消失在舞台上，粉丝惊呼太酷炫了。②

二、科普作品的表达创新

科普作品具有认识、传播、教育、交流、传承等科普服务功能，是国家综合国力和文化软实力的重要组成部分，是公众对科普获得感的直接体现。科普作品的表达方式，最终会同科普内容一起，以科普产品或作品的形态表现出来。信息化时代，科普阅读习惯、欣赏偏好、审美价值等发展较大变化，科普创作在继承优良表达传统的同时必须创新。

（一）科幻作品的创作创新

科幻是指基于科学文化的超现实图景的创造性想象和这种想象形成的思维结果，是科学性和幻想性融合的结晶。想象是人类从蒙昧走向科学的翅膀，

---

① 成励. 科学与娱乐的界限——兼谈科普的困境［N］. 中国科学报，2014-11-28.

② 霍金. 科普的娱乐方式：开微博、讲段子［N］. 广州日报，2016-05-09.

科学幻想是一种特殊的想象，依据科技新发现、新成就以及在这些基础上可能达到的预见，用幻想艺术的形式，描述人类利用这些新成果完成某些奇迹，表现科技远景或社会发展对人类自身的影响。科学幻想根植现实、启迪创新、拓展视野，引导人类不断地从必然王国走向自由王国。例如，颠覆性技术是无法通过外推法获得的创新技术，这些技术往往来自非热点领域、人们的愿望、非逻辑的灵感。从科幻中提取颠覆性技术的创意，是一些国家正在尝试的做法。美国和日本都已经从中获得有价值的经验。①

科幻创作的繁荣是国家创新能力提升的重要标志，科幻文学的兴起意味着中国新一代人生活方式的转变。科幻创作与其他文学创作不同，它更多的不是回顾过去，而是无止境地接近未来，畅想未来可能出现的人和事，畅想科技的发展和人类生活的改变。新时期的科幻创作要打破常规，突破现有物质形态的限制，要把科学幻想、人类情思、社会理想融为一体。科幻创作要与自然科学的发展保持密切的关系，要随时把握自然科学研究方向与最新成果，如果闭门造车，作品多半会沦为某种理念的化身，无法适应读者了解科学前沿的需要。科幻创作要充分考虑文学自身的规律性，结合美妙的语言、创新的结构、跌宕起伏的情节，体现人物的情感与思想。科幻创作要为人类整体树立切近的社会理想，在自由想象的同时肩负起自身的社会责任，弘扬社会正能量，体现人类整体的精神风貌和当代人对未来的追求。

视窗 6 – 10 颠覆性创意的科幻

科幻是指基于科学文化的超现实图景的创造性想象和这种想象形成的思维结果，是科学性和幻想性融合的结晶。

西周时期有偃师造人，三国时期有木牛流马等。晚清民国时代，随着西方科学文化思潮涌入中国，儒勒·凡尔纳的《八十日环游记》《月界旅行》《地底旅行》等科幻作品被译成中文。在科幻译著熏染下，1904 年中国出现第一部原创科幻小说《月球殖民地小说》。

新中国成立后，在“向科学进军”的号召下，科幻创作形成热潮。郑文光 1954 年创作的《从地球到火星》吸引众多北京市民观测

① 吴岩. 中国科幻小说创意创新报告［R］. 2016 中国科幻大会主旨报告，2016 – 09 – 08.

火星。1978年全国科学大会召开，科幻创作迎来新的高潮，出现叶永烈的《小灵通漫游未来》、郑文光的《飞向人马座》、童恩正的《珊瑚岛上的死光》、吴岩的《生死第六天》、王晋康的《生命之歌》、星河的《网络游戏联军》等优秀科幻作品。近年来，刘慈欣、吴岩、王晋康、韩松、杨鹏、何夕、星河、凌晨、苏学军、杨平、郑军、江波、飞氘、陈楸帆、夏笳、宝树等新生代和更新代作家，创作《生命之歌》《流浪地球》等短篇科幻小说，《三体》《超星新纪元》《逃出母宇宙》《与吾同在》《天垂日暮》《天意》《荒潮》等长篇科幻小说，深受广大读者喜爱。

2015年8月，刘慈欣的小说《三体》获得雨果奖，极大提振了我国科幻电影投资者以及制作、编创人员的信心，引起大众兴趣，科幻电影拍摄成为热点。周文武贝执导拍摄的《蒸发太平洋》，张艺谋执导拍摄的《长城》等国产科幻大片已于2016年上映。据统计，2015年有80多部科幻电影剧本在国家新闻出版广电总局电影局备案立项。刘慈欣的《三体》获奖和科幻电影的热拍，极大地激发了广大科幻作家和创作爱好者的创作热情，近年来相关研讨、创作交流等活动频繁举办，科幻制作生产也逐渐得到科技、文化艺术和企业等相关方面的关注。

科幻是国家文化软实力、创新能力的重要标志，对激发全民族特别是青少年的民族凝聚力、想象力和创造力具有先导作用。美国、日本、韩国等发达国家将科幻变成庞大的文化产业对外输出。我国科幻作家总数不超过200人，其中持续坚持创作的高水平作家仅30人左右。而美国目前持续坚持创作的高水平作家约有1500人。由于科幻创作难度大、图书版税低、销量不高等因素，我国仅存的科幻作家生存状况堪忧。我国每年出版长篇科幻图书在150—200种，大多为引进作品，国内原创长篇每年仅40部左右。而美国每年出版科幻图书达2000种，其中原创作品占近70%。部分动漫、游戏、衍生品等虽然是科幻，但极少标注科幻，院线科幻片基本靠进口。我国科幻影视技术研发，科幻电影、电视剧的拍摄制作的特效、道具、数字技术等，基本靠租用、合作等方式到国外拍摄制作。而美国科幻创意融入漫画、电影、电视剧、游戏多种产业，特效、数字技术、游戏开发等技术产业能够为科幻创意和影片生产制作提供强有力的支撑。

针对我国科幻发展状况和存在的困难，要加大其支撑发展的力度。一是要将科幻纳入科技文化统筹范围，科协组织要切实担负推动科幻事业繁荣的重任，加强与作协、文联等部门的沟通协作，共同推进科幻事业发展。二是要争取对科幻的特殊支持政策，如免征科幻电影销售电影拷贝（含数字拷贝）收入、转让电影版权（包括转让和许可使用）收入、电影发行收入以及在农村取得的电影放映收入的税负，降低科幻电影拍摄制作发行成本；加大国家对科幻电影制作的投资等。三是要建立全国科幻社团组织，凝聚科幻作家、出版商、动漫影视产业等相关人士和机构，开展科幻创作、培训、交流、奖励等活动，促进科幻产业发展。四是要设立中国国际科幻节，为国内外的企业和消费者搭建交流与贸易平台。

（二）科普动漫影视的创作创新

科普影视主要是指科普电影和科普电视，是以视觉和听觉相结合的综合艺术，它可以用生动逼真的直观形象和生动活泼的表达形式，把抽象的概念形象化，把深奥的科学道理通俗化，把枯燥的学理生动化，从而吸引公众，感染公众，说服公众。无论文化程度、年龄大小，公众都可以欣赏科普影视，而且可以重复再演，使形象多次出现，反复刺激人们的视觉和听觉，加深公众的理解。

科普动漫影视节目是否能吸引观众首先取决于节目题材和内容。普通的观众通常没有系统的科技专业知识，与专业科技人员相比他们对科技信息的接受，更多依靠的不是对信息本身的真实性和真理性的理性认识，而是情感趋向。要在科普动漫影视节目中注入人的因素，改变以往节目给人的严肃刻板、循规蹈矩和填鸭式的生硬灌输的感觉，从而把科普内容“活生生”地表现出来。要注重科普动漫影视节目中“理”和“趣”的结合，即思想性、哲理性与情趣性和趣味性的结合，要让观众经常体验到由他们自己“突然间”掌握一个费解的概念时产生的一种“新发现的快感”。

随着科技的发展，科普动漫影视新的表现技术手段层出不穷，已经成为推动科普动漫影视表现方式创新的重要手段。要善于将虚拟现实（VR）技术、全息摄影技术等合理地运到科普动漫影视节目制作中，以增添其节目的奇妙视觉感受，既满足观众的好奇心又使观众获得身临其境般的感受，提升其观赏和传播效果，起到寓教于乐、审美愉悦的功能。

（三）科普游戏的创作创新

科普游戏是用游戏的手段来表现科学的内容，利用公众特别是青少年的好胜心理和强烈的参与意识来吸引公众，在游戏中得到科技的普及。科普游戏往往设置一个模拟的虚拟世界，有一定公众参与空间，对公众特别是青少年有强烈的吸引力；同时公众在参与中将进入一种有胜负的竞争环境中，对参与者有强烈的刺激作用。科普游戏形象题材和参与内容比较丰富，但往往逻辑思维的运用相对较弱，科学概念的深度不够，知识的容量较少。

科普游戏是需要应用虚拟技术、多媒体技术等手段进行的科普创作，要求创作者不仅要有深厚的科学背景和思想修养，而且还要熟练地掌握计算机技术。科普游戏是科普创作领域正在发展的方面，公众特别是青少年有较大的需求。

科普游戏的开发必须首先思考的问题是，在人们消耗时间趋于饱和的情况下，如何让用户把时间花在你的科普游戏产品上。当用户抱怨没有时间接受科普时，有两个套路可以占据他们的时间：一是让用户上瘾，拖住他的时间；二是提供最好的服务，优化他的时间。赌城拉斯维加斯是第一个套路的典范：不分昼夜的赌场，纸醉金迷的环境，不停供应的饮食，以及人为提高的氧气浓度，所有的设计和服务都是为了让人忘记时间，沉迷其中。游戏业这个套路，仅一款《魔兽世界》已经消耗掉全人类593万年的时间。显然科普游戏也必须是第一套路。①

科普游戏就是要让用户上瘾、忘掉时间，让用户在游戏中汲取科普的“营养”。科普游戏特别是科普网络游戏，往往需要给玩家设置一些难度递增的通关任务，玩家要不停地升级装备增加经验值。太容易的科普游戏不好玩，好玩的科普游戏才能吊足玩家的胃口。作为玩家，最大的乐趣也许在于成为科普游戏的主角，直接参与、亲身体验。要让未成年人流连甚至“沉溺”于

---

① 柴犬叔叔，时间，是我们的终极战场［EB/LO］.［2017－01－06］. http：//www. jianshu. com/p/e2104e4482bd.

科普网络游戏中，需要为科普游戏营造一个科学幻想的世界，在这个充满科学幻想的世界中无拘无束，让单纯、正处喜欢幻想阶段的青少年躲避周围压力，暂时脱离现实环境。科普游戏必须注入科学幻想，但这种幻想应有合理的科学基础。要将青少年从痴迷网络游戏转向热衷科普游戏，就必须开出比网络游戏更有吸引力的科普游戏菜单。

（四）科普出版作品的创作创新

科普图书、科普报纸、科普期刊等主要以纸质印刷物作为介质的科普媒体，通常以纸质印刷的科普产品的形式出版发行，通过交通工具传递。

科普图书作为科普的主要载体形式，是科普中最早出现的载体类型。科普图书忠实地反映了近现代科普发展的全过程。无论从史学的角度看，还是从实际的功用看，它一直是不可取代的媒介物。现代电子技术和信息技术的出现，极大地加快了信息的传播。电子图书、互联网络使知识传播的成本降低，容量增大，时效提高，且表现出无限的发展空间。但以传统的纸张为介质的图书业并未因此而发生萎缩，传统形式的图书依然受到人们的喜爱。在知识传播领域，科普图书所占的地位较之以往更加巩固，在未来的时间里，它还将发挥重大的作用。

科普报刊主要包括科普报纸、科普期刊等，是一种定期出版的纸质印刷出版物。科普报刊的类型很多，表现形式多样，主要有信息报、科技报、专业知识报、专业科普杂志、生活科普杂志等。科普报刊与科普图书虽然同为纸质出版物，但在表现形式上有所不同。科普图书往往是一题一书，一本书具有知识体系的系统性，往往篇幅较长，阅读需要一定时间。而科普报刊是定期出版发行，连续不断。为了增强读者对象的普适性，往往在报纸、期刊中包含了多种题目的内容，不讲求题目之间的连贯性，而是以每一个题目自成单元，每个题目的文字不长，阅读用时较少，适合读者有选择地随时阅读。科普报刊不求知识介绍的系统性，因科普内容载量和信息量较大，内容比较丰富，故具有广泛性的普适性，读者阅读比较及时，传播的速度较快。科普报刊灵活，可以根据适时、实地的情况，灵活安排题目，调整内容，满足读者的要求；科普报刊可以图文并茂，增加报刊的可读性和趣味性，满足不同层次读者的要求。但科普报刊由于受到读者对象和版面的限制，与科普图书相比，缺乏知识的系统性和连贯性，往往需要读者具备一定的基础知识。科普报刊的创作，主要以文字创作为主，图片创作为辅。

随着信息化的发展，互联网络的快速普及，具有免费、快捷及海量信息特点的新媒体对传统科普出版产品造成了巨大的冲击。基于新媒体化时代的全媒体融合出版传播，成为传统科普图书、期刊等出版领域创新发展、走出困境不二的选择。全媒体，即多种媒介融合，是以内容为核心的多种传播方式和传播途径的融合，不仅包括传统的报纸、杂志、图书等纸质媒体，传统的广播、电视、音像、电影等视听媒体，还包括网络、电信、卫星通信等各类互联网、移动端新兴媒体。

视窗 6－11　科普期刊的全媒体融合

随着网络的快速普及，具有免费、快捷及海量信息特点的新媒体对传统科普期刊造成了巨大的冲击。学术期刊由于其办刊经费主要来源于行政拨款和版面费收入，依托于网络的新媒体对其冲击较小。但以发行费和广告费为主要收入来源的科普类期刊和技术类期刊，却面临巨大挑战。以著名的“三大知识”——《航空知识》《兵器知识》和《舰船知识》为例，在其鼎盛时期的20世纪90年代初，三刊的总发行量破百万，在全球军事科普期刊界遥遥领先。但随着网络的普及，成本低、开放度好、保密约束少、传播广的专业化国防类网络平台逐渐兴起，其便捷迅速、全球流动、内容更加丰富的信息获取特点，立即吸引了广大军事爱好者。同时，传统的军事科普期刊并没有针对网络的冲击立即做出内容和形式的调整，导致从20世纪90年代后期开始，各刊发行量急速下滑。很多期刊在10年间发行量下降到高峰时的一二成，“三大知识”最低谷时只达高峰时的三四成。

尽管新媒体给传统媒体造成巨大的甚至是毁灭性的冲击，但在全媒体时代，新媒体并不能代替传统媒体。新媒体在带来极大丰富的信息的同时，也带来信息的泛滥。新媒体使信息过于庞杂，权威性差、缺乏真实性，因而在信息的汪洋大海中，“甄别”“重塑”“深加工”成为受众新的需求。信息的受众迫切需要那些经过筛选、编辑、考证、综合过的让人信赖的信息，而这正是传统媒体最优于新媒体之处。不管媒体传播方式如何更新换代，传统媒体高质量的、稀缺的内容不可取代，“内容”是传统媒体最核心的竞争力，科普期刊的专业素养和科学内容是其在全媒体时代的立足之本。科普期刊在内容方面，不应跟新媒体拼“短、快”，而要拼“精、准”。所谓“精”可归纳为“精品化、精益化、精细化”，即做到：选题策划精品化——寻求关注度最高的“兴奋点”，但不盲从于网络；编辑加工精益化——高效利用信息渠道，并在专业上紧跟高科学素养作者的步伐；制作环节精细化——让杂志品位渗透在字里行间，以呈现给读者赏心悦目的现代纸媒。所谓“准”就是“准确”，无论何种情况，科普期刊都必须保证内容的科学性、准确性。

全媒体，即多种媒介融合，是以内容为核心的多种传播方式和传播途径的融合，不仅包括传统的报纸、杂志、图书等纸质媒体，传统的广播、电视、音像、电影等视听媒体，还包括网络、电信、卫星通信等各类互联网、移动端新兴媒体。全媒体时代，大部分期刊的运作模式和盈利模式都还停留在较低层次和水平上，产品单一、形式简单，多为内容的二次利用。例如，出版期刊的合订本、精华本、图书合辑等。即便有些期刊建设了网站，也只是刊物内容的重现和信息的发布。全媒体“迅速、海量、多媒体、互动”的特点，没有得到很好的开发利用。但有些期刊在全媒体环境下也走出了新的路子。

《家庭医生》的全媒体实践。医学科普期刊《家庭医生》在其优秀的品牌和内容支撑的基础上，契合大众对基本医学知识的迫切需要，以中国最专业的健康门户网站为目标，创建了“家庭医生在线”网站（http：//www. familydoctor. com. cn/），并成立“家庭医生在线信息有限公司”，对网站进行内容和经营的运营，使其成为具有鲜明专业特色的健康门户网站。其后又组织专业的采编团队，制作和发布系列电子周刊——《家庭医生 E 刊》。经过多次资源整合及多方合作，最终打造了一个包括《家庭医生》（纸刊）、《家庭医生 E 刊》（互联网）、手机端（电信网络）、数字和移动电视健康资讯节目（广电网络）、医疗系统数据库、专家在线咨询系统、医院预约挂号系统、健康圈和病友圈论坛、健康调查活动等在内的立体化信息服务全媒体平台。它的成功很重要的一点在于坚守内容为王，优质的内容保障了其网络平台的流量和黏度，从而带来一系列的后续发展。《家庭医生》出版平台突破了传统纸媒的形式，实现了传统科普期刊价值的延伸和拓展。盈利模式从单一的纸刊销售和广告收入扩展到会员费、网站广告、线下活动、产品销售分成等。

《中国国家地理》的全媒体实践。《中国国家地理》侧重于从人文关怀的视角向大众呈现科学知识，从20世纪末发行量2万册的《地理知识》到最高时发行量破百万的《中国国家地理》，最关键的是重新定位读者及市场后的“内容为王”和“内容创新”。李栓科认为，《中国国家地理》最核心的竞争力是有一个强大的编辑部，这正是“内容为王”有力的背书。内容取胜的《中国国家地理》不仅正刊长期位列国内最大发行量的精品期刊行刊，其推出的增刊、精华本、合辑等也非常受读者欢迎。时至今日，打开中国国家地理网（http：//www. dili360. com）可以发现，其传统媒体除拥有《中国国家地理》（多种版本）、《博物》《中华遗产》等纸刊外，还推出由纸刊内容延伸而来的品种繁多的地理类系列图书、自然百科类系列图书等，很好地做到书刊融合发展；新媒体也实现其在2012年提出的发展设想——“四屏”（电脑屏、手机屏、手持客户端和电视屏）业务。目前，《中国国家地理》旗下拥有中国国家地理网、中国国家地理官方客户端、官方微博、微信公众号等新媒体。其电子商城可实现各类相关期刊、图书的订阅、邮购等电子商务功能。开设的影视频道，可与杂志、读者进行视频互动，并且还成立国家地理影视公司，制作影像内容。《中国国家地理》是中国科技期刊界的奇迹，是全媒体融合发展的典范，不仅在传统纸媒上超越其他杂志，其全媒体运营也走在大部分科技期刊的前列。

《金属加工》的全媒体实践。相比于前两者，《金属加工》杂志应该算是技术类的科普期刊，其在微信公众平台上成功的运营模式值得所有科普期刊学习。金属加工杂志社下属《金属加工（冷加工）》《金属加工（热加工）》《汽车工艺师》和《通用机械》四刊，在“互联网+读者”用户思维的指导下，构建纸媒、数字媒体、活动、增值服务四位一体的全媒体产品体系，以及全媒体传播、多维互动、线上线下配合的专业信息服务体系。杂志社的数字化开展得比较早，当大多数科技期刊仅将网络作为宣传阵地的时候，2006 年《金属加工》就建立自己的专业网站“金属加工在线”（http：//www. mw1950. com）。在短时间内成为机械行业专业门户网站，并以售卖广告、专题推广等形式实现盈利。2013 年“金属加工”微信公众号正式创建，依托杂志 60 多年的品牌影响力、四刊丰富的信息资源和专业化的运营团队等优势，到 2014 年 12 月，粉丝数突破 10 万，2015 年 5 月，粉丝数突破 20 万，2016 年 6 月粉丝数突破 40 万；截至 2016 年 9 月，杂志社的微信体系已形成以“金属加工”“通用机械”“汽车工艺师” 3 个领域号，“热处理生态圈”“焊接切割联盟”等细分领域专业号，“金粉商城”服务号等相互呼应、联动配合的布局，总粉丝突破 95 万。粉丝给金属加工微信系列号带来可观的经济收入，杂志社在微信公众平台上开设“金粉商城”一年来上架图书近万种，累计销售图书 1. 2 万册，成为特定技术人员选择专业图书、掌握和提升专业知识的最优秀、最专业的平台。

《航空知识》的全媒体实践。《航空知识》及其子刊《航空模型》是国内著名的航空类科普期刊，尤其是《航空知识》创刊 50 多年，读者累计数千万，引领一代又一代的青少年加入空军或投身到中国的航空航天事业，业内影响力很大。但受网络冲击，加之无良好的应对措施，到 21 世纪初期，其发行量和影响力大大降低。从 2005 年开始，杂志社提出“内容为王，重创科普期刊辉煌”的目标，其后的一系列整改提升措施，使两刊发行量和广告收入在纸媒整体下降的大环境中逆势上扬，全媒体方面更是走出独特的发展道路，传播途径涵盖杂志、图书等传统纸质媒体，广播、电视等传统视听媒体，以及新兴网络媒体。特别值得一提的是其与广播电视等大众媒体的融合发展，杂志社抓住大众的需求，从 2010 年开始与广电媒体合作。从北京交通广播电台“航空在线”栏目开始，直到走入中央电视台“焦点访谈”“面对面”栏目，6 年来《航空知识》在广电媒体中的影响力越来越大。《航空知识》和《航空模型》两刊有8位编辑、记者担任包括央视、凤凰卫视、北京交通广播电台、国际广播电台等知名大众媒体在内的20多家电视台、广播电台700多期航空及军事类节目的嘉宾主持。主编王亚男更是成长为知名航空专家，与中央电视台白岩松、水均益、张泉灵、董倩等知名主持人合作过节目。团队其他多名成员也是多家广播电视台的特约航空专家，无论是在马航MH370这样的航空事故报道，还是令国人振奋的神舟飞船载人飞行直播节目中，都能在央视上看到《航空知识》团队的专业解读。这大大提高杂志在大众和行业内的影响力，带来发行量和广告收益的显著增加。建立于2014年年底的《航空知识》微信公众号，在不到两年的时间里，做到影响力和粉丝数均列航空类公众号前列。微信公众平台不仅克服了期刊内容延时的天然缺陷，对提升期刊的品牌影响力具有巨大作用，还在航空类产品销售、线下航空活动组织和广告销售方面贡献巨大。《航空知识》杂志与图书出版融合的代表产品——《飞机全书》8个月重印3次，很大程度上得益于微信平台的宣传和销售。这也为期刊更深入地进行图书出版工作打下了良好的基础。每天坚持推出的纯原创微信，不仅得到了广大粉丝的认可，也吸引到网易微刊、今日头条等大网络平台开展内容合作。如今，《航空知识》已经在今日头条、网易微刊等大平台上推出了自己的专属品牌。《航空知识》公众号正在探索航空类产品销售、线下航空活动和广告的盈利模式，正在制作基于微信的电子书。

我国科普期刊的全媒体融合发展还处于摸索阶段，大部分刊物只是不同媒体的复合，无论是在媒体形态、资本运作、数字平台等方面都还有很大的发展空间。①

（五）科普展教作品的创作创新

科普展品和科普教具是应用直观实物化的手段表现科技内容的科普创作手法，是以触觉、视觉、听觉、感觉、意念等相结合的表现形式。它可以用生动逼真的实物形象和巧妙直观的表达形式，把抽象的概念形象化，把深奥

① 俞敏，刘德生．科普期刊全媒体融合发展典型案例解析［J］．现代出版，2017（1）：49—52.

的科学道理通俗化，把枯燥的学理生动化，把僵硬的科学原理活化，吸引公众动手体验、参与思考，从而吸引公众，感染公众，说服公众。科普展品无论公众文化程度、年龄大小，都可以参与，而且可以反复演示和多次重复体验，反复刺激人们的触觉、视觉、听觉、感觉，加深公众对科学的理解。但是科普展品的制作需要投入较大的财力、人力、物力，成本相对较高，同时需要相应的场馆空间，一般只能安放在科技馆等场所，科普展品的科技容量也较有限。

科普展品和科普教具的题材十分广泛，几乎涉及公众生活和生产的各个领域。如反映自然现象的科普展品、反映科学历史的科普陈列品、反映科学家工作和生活的实物、反映现代高科技的科技展品、反映科学原理的科普展品、反映人体科学的科普展品等。科普展品的创作需要创作者具备深厚的科学背景和艺术修养，同时需要有良好的设计和制造知识。科普展品的创作一般要经历选材、创意、设计、制作等过程。科普展品和科普教具往往是在科技场馆或教学场所使用。

随着科技的发展及社会教育的深化，人们进入科技馆，已不再只是满足浅层次的观摩体验，而对展示的科技内容创新性与形式多样性提出更进一步的要求，对展示蕴涵的教育内涵有更深入的探求。科普展教在展示与教育的形式上采取多元化，并且积极运用新兴的高新技术和现代展示方法，着力推动科普展教产品的创新和深化，要突出自然—人—科技的主线，以寓教于乐、生动活泼的展教创作手段和教育活动产品，激发起公众对自然科技的好奇心和兴趣。

现在人们获得科学信息的途径越来越多，凭什么能吸引公众特别是青少年和家长到科技馆来呢？关键是要让人们亲近科学、感受科学、乐享科学，通过科技馆的独特情景，让公众通过科技馆了解科技前沿、看到世界，激发奇思妙想，寓教于乐，把抽象、复杂、深奥的科技，通过科技特种影院等通俗、炫酷、形象的展教手段，以及3D打印、无人机、虚拟现实等体验方式展现给公众，为观众打造一个从想象到现实、将想象变为现实的科学殿堂，催生青少年探索科学奥秘的好奇心。同时，要遵循“新闻导入、科技解读”科普展教理念，将实时发生、公众关切的科普题目和活动，搬进科技馆、学校等场所，满足公众对进行中科学的理解和认知。

科技馆组建专业创新研发和创作团队，不断创新科普展教内容和表达方式，延续科普展教产品、科技馆活动的生命力。要积极实施科普展教文化“走下去、走出去”战略，通过巡展、巡演等方式，将优秀的科普展教产品、科普表演节目送到学校和社区；将中国优秀的科普展教产品推到国际舞台上一展风采。

（六）科普文艺的创作创新

科普文艺包括科普报告文学、科普人物传记、科普小说等多种形式，它是将科学与艺术结合的表现形式。科普戏曲是借助于戏曲的表现手法，采用演员演绎的方式来表现科技内容的科普创作方法。科普戏曲的范围非常广泛，通常有科普小品、科普相声、科普曲艺等多种形式，适合群众自演并自我欣赏，寓教于乐。科普文艺和科普戏曲题材和思想内容比较丰富，语言比较艺术、诙谐、生动，寓意深刻。但往往逻辑思维的运用相对较弱，科学概念的深度不够，知识的容量较少。科普戏曲是深受公众喜爱的科普作品，这不仅需要创作者具有深厚的科学基础，还需要具有较高的文学艺术修养和对公众实际生活的亲身体验。科普戏曲也是目前亟须引起重视和加快发展的科普创作领域。

科普文艺创作要由“寓教于乐”转变为“寓乐于教”。要改变长期以来主题先行的科普文艺创作。“寓教于乐”即先设立一个科普教育目的，然后围绕预先设立的科普主题去搜集素材，设置情节，这一模式很容易导致主题雷同，悬念简单化。而“寓乐于教”的科普创作理念，强调科普作品首先要使读者/观众感到有趣和令人神往。文学类科学创作只有通过可信的叙事、动人的修辞或想象和语言的优美来感染人，使作品的主题性、教育性与娱乐性水乳交融，才能吸引观众，激发公众对科学世界的好奇和探究，从而真正发挥作品的教育作用。

科普文艺创作要面向未来，为公众而创作，要通过预测未来科技发展情景，描绘我们社会发展的可能方向，寻求对公众所关心的转基因、人工智能、克隆等问题的解决方法，为公众提供参与这些可能性思考的方法和途径。科普文艺作家要将故事情节与科学联系起来，使主题融入其中，从而引起观众的共鸣，促进公众对当代和未来科技问题的思考。

三、科普融合作品的创作

科普融合创作是新媒体传播的基础，是新媒体科普传播的沃土，是新媒体科普传播的支撑。移动互联网的发展，快速推动传统媒体的转型和媒体融合发展，催生媒体运作到内容生产、言语规则、信息表达、个人获取信息方式等的深刻变革，进而对科普创作以及科普产品的塑造与传播提出新的要求。在新的网络环境和全媒体的传播语境下，科普融合作品不仅是科普传播的进步和公众的需要，而且是新的传播模式下科普的创新升级和生存发展的根本所在。传播技术越先进，越离不开科普融合创作。

（一）科普团队与新媒体团队的融合

科普融合创作的关键要素，是要有机融合科学家团队、科普团队与媒体渠道。只有这样才能实现多种媒体形式的融合、科学与艺术的融合、传播渠道的融合以及科普服务模式的融合；只有这样，所创作的科普作品，才可能带来的信息交互方式和呈现方式的创新优势，实现科普内容和形式的相得益彰，以及科普传播方式与服务方式的优化和效果的最大化。

要以科普作品创作为纽带，密切联系科学家团队、创作团队与媒体渠道，利用更大的传播影响、更多的科学资源和经费支持、更高品质作品的预期，切中其科普传播自身效果、发展团队业务实力和拓展优质内容的痛点，打开各自的界面和接口，在科普作品的选题策划、资源采集、设计制作和传播评估等各环节有机融合，显著地提升作品的质量。特别是针对科普作品的科学性把关和科学资源采集方面，提供充足的投入，聘请具有较高学术造诣和威望、热心科学传播、深刻理解科技发展、敏锐把握时代需求的院士专家，对科普作品的科学性进行审查把关，参与科普作品选题创意、创作过程和成果评审的全过程的监督和指导，有效地保证科普作品的质量。①

（二）科普创作与科普泛在阅读的融合

移动互联网的发展，催生科普的泛在传播，对科普作品的创作提出新的要求，科普创作必须适应科普泛在传播、轻阅读、微阅读等的变化和需求。

第一，科普泛在阅读是快乐阅读。科普信息的获取由注重内容、形式转向注重内容、形式、关系、场域的泛在阅读转变，是科普的快乐阅读，即好看、好玩、好用。要随时随地、每时每刻都可以进行阅读，科普文章肯定不能太长、不能太深奥，而是要简短、轻松、有趣，无缝对接于人们的每一点点碎片化的时间。与书本的 32 开大小、白纸黑字的清晰、一页一页翻阅的“慢速度”不同，手机就在尺幅之间，滚条的滑动迅速，不能都是密密麻麻的

---

① 肖云，徐雁龙. 科普融合创作的实践探索［N］. 科技导报，2017，34（12）：49—53.

文字，必须图文并茂，最好是一小段文字配一张图片的速读文体。应运而生的就是微信的“公号体”：快阅读、轻阅读、易阅读；知识的碎片化，消解了阅读的难度和知识的“系统性”与“深刻性”；反智主义倾向，只需浏览，不必细究，只需相信，无须追问。网民不爱读微信里的严肃科普文章。

第二，科普泛在阅读是轻薄阅读。科普信息获取的仪式感、庄重感丧失，公众阅读转向轻薄阅读。从书本到微信，一个最重要的变化在于阅读的介质发生改变：由纸张变成手机，手机自然也改变了阅读。最早是抱着一本书正襟危坐地翻看阅读，到后来可以在 PC 端或者 kindle 上阅读，到现在，小小的手机就可以满足我们的阅读需求。“随时随地、每时每刻”自然是方便快捷，可这种快捷也破坏了阅读的仪式感。尼尔·波兹曼在《童年的消逝》一书中写道：“学习阅读不只是一个简单的、学习‘破解密码’的过程。当人们学习阅读时，人们是在学习一种独特的行为方式，其中一个特点就是身体静止不动。”但现在，坐在马桶上的 3—5 分钟时间里，你都可以打开 10 个不同的公众号，简略翻看 10 篇完全不同类型的文章，不需要顺序，也不讲求逻辑。阅读仪式感丧失，阅读的庄重感也就丧失了。阅读仪式的轻薄、终端的轻薄，决定了内容的轻薄。

第三，科普泛在阅读是随机阅读。科普写作要有料有趣。移动互联时代的科普写作不仅仅要更快，还要更有趣，更有穿透力。一个用户用手机阅读科普信息，他轻盈的手指一滑，更新了五六条信息，他选择是否点开一条信息阅读的判断时间只有短短几秒钟，如果你的题目不是足够有料或者有趣，意味着白写了。一个科普 APP 能不能持续让一个用户记得来滑动和阅读，取决于其内容是不是足够品质稳定和上乘，当科普阅读变得越来越容易的时候，也意味着写作越来越难。这样的科普传播模式，移动端的科普写作比传统媒体就更难了。

（三）科普创作与新媒体传播的融合

科普创作必须懂得和准确把握时代的言语规则和传播路径，无疑新媒体是时代的宠儿。科普创作与新媒体传播的融合是一个很好的方式，这种融合不是单纯的“是”或“非”的关系，两者需要结合，结合也不是简单叠加的关系，科普创作与新媒体的结合总体上要求实现两者的有效融合。

第一，科普创作与新媒体是深度融合。科普创作与新媒体融合 ≠ 科普创作 + 新媒体，而科普创作与新媒体融合 = 科普创作 × 新媒体。科普创作与新媒体融合，基于科普创作并与新媒体有效融合的科普活动，两者融合得好，效率和效益就扩增，甚至数倍于叠加的结果。科普创作要边界融合，如果表达生硬、难懂、无趣味，读者和观众就会对该科普作品不感兴趣。要化生硬、难懂、无趣味为熟软、易懂、有趣味。[①] 科普创作通过与新媒体的有效融合，既强化了科普作品的时代性、趣味性、艺术魅力、吸引力，又扩大了它的辐射面和影响力。

第二，科普创作与新媒体深度融合的关键是移动网络用户。现代公众主要在移动互联网上，要抓住最大的移动网络用户群体，以移动互联网为主要传播阵地，构建与之相适应的科普作品传播渠道，与尽可能多的新媒体渠道建立合作关系，覆盖各大主流媒体的新闻客户端、WAP 端、PC 端、微博微信公众号等。移动科普阅读方式，短平快、娱乐化、快餐式、碎片化是其阅读的最主要特征。艾媒咨询发布的《2015 中国手机网民微信自媒体阅读情况调研报告》显示，情感/语录、养生、时事民生占据公众号关注热点的前三名。而用户每天在微信平台上平均阅读 6.77 篇文章，文章的平均阅读时间为 85.08 秒，移动端公众不爱读包括科普在内的有深度、有难度的、又严肃的文章[②]。

第三，科普创作与新媒体深度融合必须改变科普写作。科普阅读方便了，科普写作和创作就困难了。网民在移动设备上阅读和获取科普信息，一篇 500 字的科普文章都已经很长了。微博、微信等的流行，使碎片化内容的生产变成了人们的生活习惯，人们越来越远离沉浸式思考了，大部分人都没有耐心敲下 140 个字，而且越来越难将有价值的内容沉淀下来。如果科普文章开头的段落过于冗长、不够吸引人，那么大多网民都会放弃继续阅读的。在 PC 端不过 4 行的段落，放到移动端上就 7—8 行，所以尽量保持科普写作的内容言简意赅。在科普文章适当使用小标题可起到在视觉上“缩短文章”的效果，简短的科普信息中只需一个小标题便可，稍长的内容则需适当增加，小标题的长度最好在 3 个单词以内，得有吸引力。科普文章适当使用配图、动图、视频等也可让读者更有“耐心”，而且图文搭配也有利于提高用户的科普阅读体验。随着信息化技术手段的日益，网民对科普信息获取的体验性、互动感

① 林一平．科普创作边界融合与新媒体扩增效应［C］//经济发展方式转变与自主创新——第十二届中国科学技术协会年会（第四卷），2010.

② 为何你不爱读微信里的严肃文章［N］．华西都市报（成都），2016-01-26.

要求越来越高，宅男宅女、虚拟环境、可视化、动感徜徉文字里，对科幻、虚拟现实、科普游戏、科普社群等十分青睐，喜欢沉浸式科普阅读，怀揣着美好的憧憬，品味科技的美好，觅得怡心的美景，体验分享科普乐趣。

（四）科普创作与新闻导入的融合

新闻是引爆公众对科普的兴趣、关注的重要途径，跟随新闻做科普创作和传播，是产生现象级科普现象的有效途径。要针对社会科技热点，快速响应，灵活且科学有效地组织由科学家、科普创意与制作人员和渠道传播人员共同开展创作与传播，对科技热点和社会焦点的科技问题进行及时、权威地解读，以对网友形成正确的引导，取得广泛的传播影响力。

一是新闻导入、好奇心驱动、实时科普创作。要建立科普快速反应机制，充分借助人们对重大新闻和社会热点的关注度和好奇心，要借助科普的舆情监测和预警，及时挖掘新闻热点，主动策划科普内容，选准科学选题，充分发挥科普融合创作团队的专业优势和机动能力，充分利用新闻主流网站的强大优势，在新闻报道中附着科普作品，让科普借势新闻的余力进行传播。

二是聚焦关切、科学解读、生动表达。要以新闻为线索，聚焦公众和社会的科普关切，组织专家进行科学解读，用网民习惯和喜欢的科普表达方式，生动有趣地开展科普对话，并制作成科普融合作品。在科普融合作品创作中，将科普内容的准确性和科学传播的趣味性结合在一起，能让大众更好地感受到科技的魅力。创新科普内容的表达形式，将动新闻、数据新闻、时空新闻等新闻报道形态应用于科普作品的创作和传播上，有效利用视听、互动等技术，以喜闻乐见的形式为受众提供沉浸式的体验，使科学传播真正动起来、活起来，吸引更多的科普受众通过新闻来关注科技。

三是强化科普选题的融合创作、多元分发。秉承开放和融合的科普融合创作理念，突出科普选题融合作品的可跨媒介传播性，充分利用各类网站、微博、微信和客户端等渠道外，谋求科普传播效果的最大化。

视窗 6－12　健康科普信息生成与传播

健康科普信息是指以健康领域的科技知识、科学观念、科学方法、科学技能为主要内容，以公众易于理解、接受、参与的方式呈现和传播的信息，通过普及这些信息帮助公众形成健康观念，采取健康行为，掌握健康技能，提高健康素养，从而维护和促进自身健康。

健康科普信息生成原则。一是科学性原则。内容正确，没有事实、表述和评判上的错误，有可靠的科学证据（遵循循证原则），符合现代医学进展与共识。应尽量引用政府、权威的卫生机构或专业机构发布的行业标准、指南和报告，有确切研究方法且有证据支持的文献等。属于个人或新颖的观点应有同行专家或机构评议意见，或向公众说明是专家个人观点或新发现。不包含任何商业信息，不宣传与健康教育产出和目标相抵触的信息。二是适用性原则。针对公众关注的健康热点问题；健康科普信息的语言与文字适合目标人群的文化水平与阅读能力；避免出现在民族、性别、宗教、文化、年龄或种族等方面产生偏见的信息。

健康科普信息生成流程。首先评估受众需求。通过访谈、现场调查、文献查阅等方式初步确定目标受众的重要健康问题；了解目标人群的健康信息需求（他们想知道什么）；掌握目标人群对健康科普信息的知晓程度（他们已经知道什么？不知道什么？）；了解健康科普信息中所建议行为的可行性；了解影响健康科普信息传播的因素（态度、文化、经济、卫生服务等）；了解受众喜欢的信息形式、接受能力、信息传播的时机与场合等。

第二步，生成信息。信息编写：围绕希望或推荐受众采纳的行为，编制或筛选出受众最需要知道、能激发行为改变的信息，以及为什么这样做、具体怎么做等相关信息。信息审核：在健康科普信息编制过程中，应邀请相关领域的专家对信息进行审核。信息通俗化：要把复杂信息制作成简单、明确、通俗的信息，使目标人群容易理解与接受。

第三步，对信息进行预试验。在健康科普信息定稿之前，要在一定数量的目标人群中进行试验性使用，确定信息是否易于被目标人群理解、接受，是否有激励行为改变的作用。可以选择小部分的目标人群，通过个人访谈、小组访谈、问卷调查等形式开展预试验。修改完善信息。根据预试验反馈结果，对信息进行及时的修正和调整。

第四步，信息的风险评估。在信息正式发布之前，应对信息进行风险评估，以确保信息发布后，不会与法律法规、社会规范、伦理道德、权威信息冲突，导致负面社会舆论；不会因信息表达不够科学准确或有歧义，引起社会混乱和公众恐慌或对公众造成健康伤害。根据工作实际，在专家审核以及预试验阶段可结合风险评估的内容，同时，在信息发布之前可再组织相关专家进行论证确认。

健康科普信息传播原则。一是适用性原则。根据目标受众特点，选择合适的传播形式。传播形式应服从健康科普信息的内容，并能达到预期的健康传播目标。二是可及性原则。健康科普信息能够发布或传递到目标受众可接触到的地方（如公告栏、电视、广播、社交与人际网络等）。健康科普信息可通过不同渠道形成反复多次的传播和使用，并在一定时间内保持一致性。三是经济性原则。健康科普信息传播要考虑节约原则，在满足信息传播内容和传播效果的前提下，选择经济的传播方式和传播渠道。

健康科普信息传播的要求。注明来源，注明信息出处，标明证据来源。注明作者，注明作者（个人或机构）及/或审核者的身份，有无专业资质与经验。注明时间，注明信息发布、修订的日期。注明受众，须说明信息的适宜人群或目标人群。明确目的，须说明出版或发布信息的目的。例如，养生保健类信息须说明其旨在促进健康改善，而不是取代医生的治疗或医嘱。注明依据，对疗法的有效性或无效性的介绍，须附以科学依据。①

① 国家卫生计生委办公厅. 健康科普信息生成与传播技术指南（试行）[EB/OL]. [2015-07-22]. http://www.mon.gov.cn.

第七章　科技馆展教服务创新

科普展览和科普教育活动，是科普服务的有效方式之一。科技馆是开展科普展览和科普教育活动的重要场所，是人类科学智慧的汇集地，是公众了解科学和感悟科学的殿堂。科技馆作为普及科技知识，倡导科学方法，传播科学思想，弘扬科学精神，向公众特别是青少年展示科技、参与体验科技的重要科技教育、传播和普及的公共设施，是科技发展、国家文明进步的重要标志，是国家科学传播能力和科普公共服务能力水平的重要体现，是建设创新型国家和全面建成小康社会的重要基础。

第一节　科技馆的科普责任使命

科技馆是公众获得新科技知识、产生科学感悟、享受科学探究快乐的殿堂，是科学转变为大众文化的精神工厂，是现代社会中助人顿悟的地方。建设科技馆，是为科学赋予人文价值的创造性活动，事关科技的教育、传播和普及，事关国民科学素质的提高。

一、科技馆演变及其服务功能

科技馆（科学技术馆的简称）是以展览教育为主要功能的公益性科普教育场所，主要通过常设和短期展览，以参与、体验、互动性的展品及辅助性展示手段，以激发科学兴趣、启迪科学观念为目的，对公众特别是青少年进行科普教育，也是开展科普教育、科技传播和科学文化交流活动的场所。

科技馆的发展经历自然历史博物馆、科学与工业博物馆、科学中心三个阶段。第二次世界大战后，全世界科技馆数量增长迅速，不仅发达国家，而且像印度、阿根廷等发展中国家也建立有自己的科技馆。据不完全统计，全世界77%以上的科技馆是20世纪50年代之后兴建的，现代科技馆多以科学中心为名，至今发展势头依然强劲。①

科技馆（科学中心）与科技类博物馆有所不同。科技类博物馆是指以征集收藏、保存保护、研究、传播和展示自然物以及人类所创造的科学、技术、工程和产业成果的，可供公众参观和学习的，具有公益性质的场馆和场所。

视窗7－1 科技馆的缘起及发展

关于科技馆的由来，有两种解释。一种是教育家和科学家在教育思想改革中创造出来的；另一种是为适应科技日新月异的发展而自然产生的。

科学家和教育家在教育思想改革中创新出的科技馆，最早应算建于1937年的法国巴黎发现宫。当时，法国巴黎承办万国博览会（世博会），政府投资兴建了包括漂亮的大宫和小宫在内的一大批建筑。博览会后，诺贝尔物理学奖获得者让·佩兰策划了“技术中的艺术”的展览，并在大宫展出，后不断改造、扩充，发展成为现在的发现宫形式。佩兰产生兴建发现宫的想法，据说是他与一位英国朋友、也是一位诺贝尔奖得主讨论时产生的，他认为不应把科学活动局限在科学家范围，应把科学加以普及，让更多的人了解科学。在这种思想引导下，发现宫尝试展出一些基础科学内容。发现宫是世界上第一个没有像传统科技工业博物馆那样收藏品的科技馆。

为适应科技日新月异的发展而自然产生的科技馆，使人自然地联想到如1753年建成的伦敦大英自然博物馆等自然博物馆和工业技术博物馆。早期把自然界本身产生的动植物的标本、化石等收藏起来，进行陈列和研究。随着科技的逐渐发达，特别是欧洲工业革命

① 游云. 科技馆的发展现状与特点［N］. 中国高新技术产业导报，2014－07－28.

后，出现了如1820年建成的德国柏林国家技术博物馆和1857年建成的英国伦敦科学博物馆等工业技术博物馆，把由人设计制造出来的较为复杂的工具、仪器和设备收藏起来，进行陈列。

随着科技发展的日新月异，传统科技工业博物馆难以解决包括科学家在内的所有人的知识都显得局限和贫乏的问题。随之产生了如20世纪60年代建成的美国旧金山探索馆、加拿大安大略科学中心以及日本东京科技馆等科技馆，用趣味性手段表现科学原理和技术应用，这些馆几乎没有像传统科技工业博物馆那样的收藏品。

科技馆起步虽晚但发展迅猛。美国和日本大致在20世纪60—80年代，欧洲在20世纪80年代至20世纪末，多数的大中型城市已经建成现代意义的科技馆，或者在原有科技工业博物馆中融入一定比重的现代意义科技馆的内容和形式。近年虽然仍有新的科技馆建设，但已没有像20世纪60年代至20世纪末那样高速和大规模建设的迹象。在发达国家，科技馆已深入人心，参观科技馆已成为人们生活的一部分，观众量较为稳定，常年不断。相比之下，我国科技馆还远未深入人心，观众量很不稳定。我国人口很多，但参观科技馆的比重很小。

科技馆提倡探索学习，不提倡盲目灌输。国外绝大多数科技馆的主要教育形式是展览教育，而且是常设展览教育，其非正规系统和面对大量、各类观众的教育理念，与严格按年龄段进行正规系统教育的学校形成鲜明对照。在开展展览教育的同时，开展其他形式的科普活动，以此作为科技馆教育内容的丰富和扩充。国外绝大多数科技馆的展厅，都不设一般意义的讲解员，因为主动讲解不符合科技馆主动发现、探索学习的现代教育思想，科技馆不提倡盲目灌输式的讲解，而是强调普通大众对科学的感性认识和自学能力。不提倡主动讲解，并不是不需要展厅工作人员，而是说展厅工作人员的主要职责是维持展厅秩序，保养和爱护展品，观察观众的反映，熟悉展品的原理和性能，随时为观众答疑解惑。

不同规模科技馆的教育对象常有区别。发达国家科技馆教育对象多立足于属地公众。国外大中型科技馆，涉及观众对象广泛，如加拿大的温哥华和卡尔加里、日本的横滨等小型科技馆常专门针对少年儿童，内容多为最基本的科学内容的趣味展示。国外发达国家的科技馆，多从科技本身的教育特点规划内容，认为科技是世界的，反映科技内容的科技馆也是世界的。国外较大的科技馆多按较抽象的大主题规划，然后再按较具体的小主题划分展区。而小馆内容少，支离破碎，不易构成学科，只能按专题直接划分。科技馆展览无论采用哪种方式，都要符合公众的知识基础和文化程度，最好让人看到主题或展区名称，知道其中的展示内容，主题过于玄妙是不应提倡的，那不符合大众教育的原则。科技馆的任务和最大特点就是把复杂、深奥和抽象的内容简单、通俗和形象化。

科技馆展品和展教质量要求较高。科技馆展品，不论美观与否和教育效果如何，都要坚固耐用，展品完好率要高。加拿大安大略科学中心和美国探索馆等有很多展品已连续运行了30—40年。常设展览配以若干精彩、短小的人工表演项目，是科技馆最有生命力的教育形式。①

视窗7－2　科技博物馆和科学中心

科技博物馆和科学中心的发展经历了四个阶段。

第一阶段：展示技术发展史。一般认为，现代意义上真正的博物馆是1683年在牛津大学建立的阿什莫林博物馆艺术与考古博物馆。最早一批科技博物馆主要出现在工业革命时期：1851年世界上第一个国际博览会在伦敦举办，展览结束后，为展览搭建起来的建筑物及展品就促成了1857年伦敦科学博物馆的建立；1903年维也纳技术博物馆也充分利用了1873年维也纳世界博览会的展品。它们所展示的是单纯的技术，同时兼顾科学；其目的是教育公众，让他们了解基本的技术原理。它们关注的时段是过去。早期的科技博物馆

---

① 黄体茂．世界科技馆的现状和发展趋势［J］．科技馆，2005（2）：3—11.

主要展示历史上的收藏品，尤其注重收藏品的历史价值、新奇性和多样性。展品布置样式多年来保持一成不变。

第二阶段：展示当代科技，提高公众知识水平。这个时期代表性的科技博物馆有：1930 年的纽约科学与工业博物馆、1933 年的芝加哥科学与工业博物馆、1937 年的巴黎发现宫。它们主要展示当时科技的进展，对公众进行教育和灌输，让他们了解科学的原理和技术的应用。它们关注的时段不只是过去，更多的是现在。它们不仅展示收藏品，还引入大量的展品，同时为公众提供科学实验演示，展现当代科学的成就。

第三阶段：让公众接触科技，促进知识为民所有。1969 年的旧金山探索馆、1969 年的安大略科学中心，真正开启了“科学中心”的时代。1973 年国际科学技术中心协会的成立，象征着科学中心从科技博物馆中派生出来。这些科学中心的愿景是让公众理解科学，体验科学方法，了解科学进展。其目的是促进公众积极主动地学习科技知识，鼓励观众参与科技活动。它们关注的时段不再是过去，而是着眼于现在和未来。科学中心尤其重视观众的体验和满意度，推出了可动手操作的展品。

第四阶段：突出科技与社会的互动关系，反映“双刃剑”效应。这一时期新出现的科技博物馆和科学中心，主要有 1977 年的新加坡科学中心、1986 年的巴黎科学与工业城、2004 年巴塞罗那宇宙盒科技馆。它们的展示主题是科学和技术对当代社会的影响；其目的是让公众理解科学，知晓科技的社会影响。它们关注过去、现在和未来三个时段。其主要展示方式是临时展览和举办活动，展品更新频繁，体现科技的新奇性和未知性。它们注重对公众进行科技的社会影响方面的教育，既有正面积极效应，也有负面消极效应。

概言之，第一阶段是技术史博物馆阶段，第二阶段、第三阶段的科技博物馆聚焦于当代科学，第四阶段的科技馆则侧重于科技与社会之间的相互作用关系。虽然每一阶段都代表着一种新的发展，但这并不意味着后一个阶段是对前一个阶段的取代；相反，每一新阶段都可以被视作是对科技博物馆和科学中心设计理念、内容建设、展示方式的丰富和发展。所以，现代科学中心并不排斥甚至积极引入科技史的传统展览，如巴黎科学与工业城举办了“达·芬奇：项目、设计与机器秀”展；而那些侧重收藏品的科技博物馆也并不排斥加入互动的元素，如伦敦科学博物馆开设了面向5—8岁儿童的互动展厅。①

二、我国科技馆的快速发展

我国党和政府历来非常重视科技馆建设，经过近60多年的建设发展，我国科技馆事业飞速发展。近30年来我国科技馆的发展，大致经历了三个阶段：第一个阶段是科技馆发展的艰难探索阶段（1985—1995年），主要探索“科技馆是什么”的问题；第二个阶段是科技馆发展的深刻反思阶段（1996—2000年），主要反思“科技馆怎么办”的问题；第三个阶段是科技馆发展的快速发展阶段（2001年以来），主要讨论“科技馆如何科学发展”的问题。②经过近30年的快速发展，我国科技馆形成包括实体科技馆、流动科技馆、科普大篷车、中学科技馆以及数字科技馆等在内的现代科技馆体系，并实现多数科技馆的免费开放，科技馆公共服务能力得到显著提升。

视窗7-3 我国科技馆的快速发展

1958年，我国开始筹建中央科学馆（中国科技馆前身）。经周恩来总理和聂荣臻副总理批准，中央科学馆的建设列入中华人民共和国成立10周年首都十大工程之一，并选中清华大学梁思成教授主持的设计方案，现在的北京国际饭店所在地为当时的选址，后因资金、建材等原因，中央决定停建。1978年全国科学大会上，包括茅以升、钱学森教授在内的一大批科学家向中央提出建设中国科技馆的倡议。1979年2月，国家计委批准兴建中国科技馆，但因未能列

① 刘立．国际科技博物馆和科学中心的发展阶段、趋势及对我国的启示［J］．科学教育与博物馆，2015（6）：401—404．

② 马麒．国内科技馆学术研究30年述评［J］．科普研究，2017，12（2）：23—32．

入国家“六五”计划，暂缓施工。1983年，茅以升等著名科学家在全国人大会议上提出加速实施中国科技馆建设的提案，得到姚依林、万里等党和国家领导人的支持，7月国家计委批准中国科技馆建设作为国家“七五”计划。1984年11月，邓小平亲笔为中国科技馆题写馆名，中国科技馆一期工程破土动工，1988年9月22日建成开放。2000年底，中国科协组织召开第一次全国科技馆工作会议，明确科技馆以科普展教为主要功能，并公布《中国科协系统科学技术馆建设标准》，之后全国科技馆建设进入高速发展期。2006年初，国务院颁布《全民科学素质行动计划纲要（2006—2010—2020年）》；2007年7月，建设部、国家发改委正式颁布《科学技术馆建设标准》。

“十二五”期间，全国新增、改建或改造开放科技馆54座，新增建筑面积76.4万平方米。截至2015年年底，西部地区科技馆占全国科技馆的比例由2010年的13.9%上升为20.6%；中西部地区科技馆的比例之和由2010年的44.6%上升为49.7%，科技馆区域分布不均衡的局面有所改善。2015年初，中宣部、财政部、中国科协开展全国科技馆免费开放试点工作，取得很好效果，观众数量呈现井喷式增长，免费开放前两个月内观众人数总体提升近50%，特别是省级科技馆，观众人数增长2—3倍。①

“十二五”期间，科技馆展教特色更加突出，展教水平不断提高。增加如新能源、航空航天、信息技术、生物工程等高新技术等方面的展示内容，一些科技馆充分发掘有中国特色、地方特色、专业特色的展示资源，涌现出以山西省科技馆新馆、青海省科技馆、杭州低碳科技馆、宁波科学探索中心、厦门诚毅科技探索中心等为代表的特色主题展馆或特色主题展区。一些科技馆尝试对教育项目的形式、内容、手段、资源等进行创新，更加强调互动性、针对性、系列性，并尝试引入互联网技术等作为辅助手段。

在推动实体科技馆建设基础上，2012年中国科协全面启动中国

---

① 束为．着力升级融合服务创新驱动开创中国特色现代科技馆体系新局面［R］．在全国科技馆工作会议上的工作报告，2015-12-17.

特色现代科技馆体系建设工作，推动在有条件的地方兴建实体科技馆，在尚不具备条件的地方，例如，县域主要组织开展流动科技馆巡展，在乡镇及边远地区开展科普大篷车活动、配置农村中学科技馆，开通基于互联网的数字科技馆网站。截至2016年年底，全国达标科技馆155座，另有在建科技馆138座，中央财政支持2015年3.51亿元、2016年5.51亿元，补贴全国123家科技馆实施免费开放试点；科普大篷车全国保有量1345辆；全国流动科技馆保有量295套；中国数字科技馆注册用户数逾115万，日均PV约238.6万，资源总量9.19TB，官方微博粉丝逾400万；建立农村中学科技馆175个。

三、科技馆展教服务的转型

我国正在进入专业科技馆及地市级、县级科技馆的新一轮科技馆建设的热潮，科技馆正在从“以数量增长和规模扩大为主要特征的发展阶段，转向在数量增长和规模扩大的同时，以提高展教水平、改进展教方式、增强展教效果的新的发展阶段”。在新的时期，我国科技馆发展主要面临以下4个方面的问题。

（一）对科技馆展教规律的认知

对科技馆建设理念、科技馆教育的基本属性等基本问题的认识和把握，是新的时期我国科技馆发展面临的首要问题。有专家认为，科技馆是人类科学智慧的集散地，是科学转变为大众文化的精神工厂。它的目标是为宇宙画真像，为大众谋幸福，为人类谋未来。科技馆是公众的科学殿堂，不同年龄、不同生活经历、不同文化知识背景的参观者在这里都能获得新知识，产生感悟，享受探究的快乐。科技馆从浩瀚的知识海洋中选择展陈主题，这些主题应当是人类知识体系核心脉络中的节点。科技馆的展陈努力实现与参观者多层次互动，包括感官互动、逻辑互动、情感互动与思想互动。建设科技馆，是为科学赋予人文价值的创造活动，使公众在短暂的参观中感悟科学真谛。在思想史的意义上，科技馆是现代社会中助人“顿悟”的地方。科学是朴素的，科技馆亦然。人们喜爱亲切、自然、朴素的科技馆，朴素寓意深刻、深邃、深沉。[①]

科技馆的发展必须遵循其规律，我们必须以创新思维建设科技馆。人类科学探索活动没有固定的模式，科技馆也一样。每个成功的科技馆都有自己的特点，他们会针对自己的服务对象，根据自己的条件，选择最好的方法开展展教活动。平庸的科技馆大多相似，杰出的科技馆各有各的不同。创新源于深刻的思索，科技馆必须有好的顶层设计。对公众需求做出现实与前瞻分析，确定展陈的科学主题，选择实现目标的途径。在理解事物的时候，人们交替运用形象思维与逻辑思维。中国传统文化习惯形象思维，喜欢比喻、联想。遵循近代科学传统的探索活动与知识体系，则以实证与逻辑为基础。科技馆是这两种思维方式的契合点，这种契合在参观者大脑中实现。契合的媒介，是美与情。缺乏这种媒介的展陈，会令人感到冷漠、乏味。[①]

视窗7－4　科技馆发展的国际经验

从法国巴黎发现宫、法国拉维莱特科学与工业城、意大利达·芬奇国家科技博物馆、英国纽卡斯尔国际生命科学中心、英国伦敦科学博物馆、英国国家自然史博物馆等科技馆发展看，科技博物馆建设与发展受到这些国家政府和社会的普遍重视，科技馆教育成为素质教育和市民文化生活的一部分，而且多个科技馆同城共存、功能互补、错位发展。现代科技馆特别突出教育职能的发挥，英国、法国、意大利科技馆发展给我国科技馆建设发展以重要启示。

“问题比答案更重要”是科技馆展教设计的崭新理念。这些科技馆内许多的展品没有说明牌，靠观众体验；有说明牌的展品，并非告诉观众科学原理，只是告知操作方法，科学原理需要自己在操作中体会，寻找答案。这就启示我们，在科技馆展教设计时，在理念层面应当坚持“问题比答案更重要”，更多地关注探索的过程，即发现和探索科学的过程，让公众在探索中提出自己的问题，并寻求属于自己的答案，而不是直接把答案告诉公众，以更好地激发公众的科学意识和探究精神。

---

① 张开逊. 中国科技馆事业的战略思考［J］. 科普研究，2017，12（1）：5—11.

创造“科学实践场”是科技馆展教设计的核心任务。这些科技馆通过多件展品、多种展示手段的协同作用创设一个完整的“实践场”，展教设计重点解决如何创造“引导观众进入探索和发现科学的过程”的条件。这就启示我们，作为新一代科技馆，展教思想要充分体现“做中学”“探究学习法”和“发现学习法”，无论是展厅展品设计还是展教活动策划，都应当注重让公众在“动手做”中感受科学魅力、体验科学快乐。

展览与教育深度融合是科技馆展品展项设置的首选因素。这些科技馆许多展品设置均配以人工表演项目、实景体验、小游戏或科普影片，展项的展示与相关试验、培训台相邻，大量的开放或半开放式试验室就设置在展厅内部，公众参与的热情非常高。这就启示我们，科技馆最有生命力的主要展览教育形式就是展览与教育的深度融合。科学技术浩如烟海，在展品展项设置时，不论是一般技术还是高新技术，展品展项开发的同时必须策划相关教育活动，力争达到“展教深度融合”。

了解公众兴趣需求是科技馆常展常新的路径依托。这些科技馆高度重视展区展项方案设计之前的公众需求调研，根据时代发展和形势变化策划展览，特别注重公众对展览的反馈，通过问卷、调查表和随机访谈、网上调查等各种方式获得公众的需求。这就启示我们，公众需求分析应当成为科技馆展览设计工作的出发点和落脚点，必须始终注重通过多种方法听取和收集公众对科技的兴趣和关注点，努力满足不同层次公众的需求，才能做到常展常新，增强展览对社会公众持久的吸引力。

拓展延伸服务是弥补科技馆运营经费缺口的有效途径。这些科技馆通过财政拨款、捐赠、营收等多种经费来源渠道保障运营，其中拓展延伸服务收费是其长期良性运转的重要资金保障。这就启示我们，科技馆建成后，可以在免费提供公益服务的基础上，拓展延伸服务并适当收取费用。例如，对常设展览等基础性业务实行免费开放，对一些花费巨大成本引入的精品展览适当收费，临时举办的交流展、商业展、个人展等实行收费；对那些经营性项目如球幕、

4D影院采取收费政策；还可设置饮食和购物设施如咖啡馆、各种小型和大型商店、网上商店，销售以科学为基础的玩具和书籍。拓展延伸服务以市场化的方式获得收益，按照“收支两条线”管理，将其返还到科技馆的硬件、软件建设中去，可以适当弥补科技馆运营经费缺口，更有效地实现其工作目标和社会公益目标。

建立理事会制度是科技馆管理体系改革的基本方向。这些科技馆均组建理事会，科学家、学者、商人、教育家、企业家等有关方面代表、专业人士参与管理，对场馆发展方向等重大问题做出科学决策，推进理念创新、管理创新、技术创新、经营创新。科技馆管理层作为理事会的执行机构，对理事会负责。这就启示我们，组建理事会是公共文化机构管理权与所有权相分离的一种新的管理理念的体现。科技馆在运行管理中，应当推行和建立理事会制度，进一步推动公众和社会力量参与到科技馆的各项决策和建设中，从而强化科技馆的公共性、增加管理的公开透明度，提高其自身决策管理的科学性，促进其公共职能的深度实现。①

（二）确立科技馆展教服务定位

如何改变科技馆“有展无教”的局面，如何认识和把握科技馆的展示教育的原则、开发设计、功能内容等，是新的时期我国科技馆发展面临的一个核心问题。有专家认为，科技馆的使命是为宇宙画真像，为大众谋幸福，为人类谋未来。在现代社会，人生80%以上的知识来自学校之外，科技馆应是这种知识的重要来源。科技馆是公众的科学殿堂，应具有尽可能丰富的科学内涵，不同年龄、不同生活经历、不同文化知识背景的参观者，在这里都能见到新事物，获得新知识，产生感悟，享受探究的快乐。②

第一，科技馆展陈内容应同时符合重要、有趣、可以理解三个条件。重要是指人类知识体系中的核心内容；趣味源于诠释物质世界现象与规律的深刻性，改变物质世界方法的有效性、新颖性与先进性；可以理解指科技馆的

① 河南省科技馆．英法意科技馆观摩报告［EB/OL］．［2016－03－22］．http：//kx.lms.webtrn.cn/cms/kpbg/137980.htm.

② 张开逊．中国科技馆事业的战略思考［J］．科普研究，2017，12（1）：5—11.

叙事应当与公众知识结构衔接，与人类真实的探索活动历程一致，简洁、清晰，符合逻辑。

第二，科技馆科学主题诠释要具备核心、延展、场景三个内容。科技馆展陈的每个科学主题，都应当包括三部分内容：一是以凝练的文字表述的核心科学事实与科学观念。二是相关内容的延伸与扩展，如探究的背景、知识产生的过程、探究的细节、对人类活动的影响、前沿活动以及难点所在等，详细的图表、曲线、照片、视频或网络链接，还为有兴趣的参观者提供个性化服务，使展项具有丰富的科学信息。三是有助于理解核心知识的模拟场景、模型、实物，或可以参与的实验。它们是有助于理解科学的入门道具，使人们获得体验科学的感官实证。不同文化知识背景的参观者，会分别对三部分内容产生兴趣。

第三，科技馆展陈内容要寻求不同领域间的互相关联。在科技馆中着意展现多种联系，包括自然史与文明史的联系；家园与宇宙的联系；经验与科学普遍规律的联系；发现与发明的联系；数学与物质世界的联系；科学与社会的联系；科学与艺术的联系；等等。思考这种联系，有助于人们理解“不同学科不过是宇宙这部大书不同的章节”。了解不同学科之间的内在联系，有助于人们理解真实的世界，理解科学。使习惯于片段知识的头脑能够以新的方式思考宇宙。

（三）增加科技馆优质服务供给

如何安排和把控科技馆常设展品、临时展览、流动展览、展教活动等，让科技馆常办常新，让公众永不疲倦，也是新的时期我国科技馆发展经常面临的重要问题。有专家认为，科技馆是人类活动的创举，是现代社会重要的基础科学文化设施。同学校、医院一样，它应当具有覆盖全国城乡的服务体系，使人们能够就近与科学亲密接触。为满足社会对科学文化的多元需求，应当设多层次科技馆体系。这种体系至少包含国家、省级、市级、县级、乡镇五个层次的科技馆，这些科技馆承担不同的使命，各具特色，呼应社会需求，为公众服务。科技馆以科学理念影响人的世界观与行为，对现实社会产生直接影响。科技馆与学校是一对绝配，共同促进社会进步与人类繁荣。科学是朴素的，科技馆亦然。①

---

① 张开逊. 中国科技馆事业的战略思考［J］. 科普研究，2017，12（1）：5—11.

（四）增强科技馆的时代性

充分利用现代信息技术手段、面对信息社会发展公众科普需求的变化，实施“互联网+科技馆”，是新的时期我国科技馆发展须立即着手解决的问题。有专家认为，“互联网+科技馆”是互联网全面渗透科技馆教育、服务、管理等各环节，其核心是通过互联网理念及技术的应用，为科技馆基于体验性实践的科学教育提供崭新的思路和方式，促进展览或教育活动的设计及实施更加开放、协作、共享和精准，更富吸引力，实现科技馆科普模式的创新和改变。未来的科技馆因为互联网的介入，使实体馆、流动馆（巡展）、数字馆（网络平台）形成点网纵横、虚实结合、动静互补、相互支持、协调统一的系统，形成全覆盖、全时空、立体化、多方式的新格局，促进科技馆整体向大众化、移动化、终身化和泛在化发展。“互联网+科技馆”是系统工程，涉及科普教育理念、理论、环境、资源、内容、形式、对象、技术、教育者等要素，要以信息技术与科普教育实践深度融合的理念为指导，用互联网思维方式和工作方式指导教育设计，让技术服务于教育，为大众参与的开放、协作和共享的科技馆建设创造条件。①

第二节　科技馆展教服务供给侧改革

当今时代，科学无所不在，科技已经对人类活动产生了深远的影响，随着时间推移，这种影响将更加广泛、深刻。国家的富强，经济的繁荣，以及个人的健康、幸福，与科学紧密相关。科技馆是与一个国家时代发展高度契合的科普阵地，随着科技和经济文化发展而发展。

一、科技馆建设的细分化与集群化

国内外科技博物馆和科学中心林林总总，按强调收藏品还是强调互动性、综合性和专业性两个维度进行划分，科技博物馆分为四类：第一类是综合性科技博物馆，如柏林科技博物馆；第二类是综合性科学中心，如旧金山探索馆；第三类是专业性科技博物馆，如伦敦自然博物馆、北京汽车博物馆；第

① 廖红.“互联网+科技馆”发展方向的思考［J］．自然科学博物馆研究，2016（1）：35—42.

四类是专业性科学中心，如北京天文馆。①

在科技馆细分化的同时，科技馆发展走向综合发展的趋势。现实中，一些强调收藏品的科技博物馆也引入了科学中心的元素，即互动展品。例如，新建的西藏自然科学博物馆即是科技馆、自然博物馆和展览馆“三馆合一”。我国很多科技馆，虽然英文名称是 museum（博物馆），比如中国科技馆（China Science and Technology Museum），但其主要还是属于“科学中心”，强调互动性，缺乏收藏品。近年来，不少科技馆都已经或计划引入收藏品，如上海科技馆新建了拥有大量收藏品的分馆，即上海自然博物馆，湖北科学技术馆新馆拟引入科技史收藏品。不光新建科技馆应引入科技史收藏品，老馆也应更新换代，补齐这块“短板”。更广泛地讲，考虑我国某些省份或地区缺乏科技博物馆，新建的大型科技馆，如河南省科学技术馆新馆，应以综合性科学中心为主体，同时兼顾综合性博物馆（收藏品涵盖多个广泛的领域）、专业性科技博物馆（以某一或某些地域性历史“镇馆之宝”为鲜明特色）、专业性科学中心（以某一专业领域的互动展品为主）。又考虑我国某些省份或地区缺乏自然博物馆，新建的或扩建的科技馆也可兼顾自然博物馆，如上海科技馆、西藏自然科学博物馆都包括有自然博物馆。再加上科技日新月异，不断出现热点话题，新建的科技馆应有较大面积“应急”处理的临时展厅。总之，新建科技馆可考虑成为综合性科学中心、科学与工业博物馆（收藏品和仿制品）、自然博物馆和临时展览馆“四位一体”。①

此外，集群化建设和运行也是科技馆发展的重要趋势。如德国柏林的“博物馆岛”集中了5个大型博物馆（柏林老博物馆、柏林新博物馆、国家美术馆、佩加蒙博物馆、博德博物馆），充分展示了当地的文化品牌和形象。这种现象用经济学、管理学的术语来讲，就是“集群化”。在北京奥林匹克公园的中国科技馆周围也将形成博物馆集群，包括中国国学中心、中国国家美术馆、中国工艺美术馆·中国非物质文化遗产展示馆。①

近年来，我国民众对科技馆的参观热情日益高涨，然而逐年增长的科技馆以及观众数量对科技馆的运营管理提出新的挑战。科技馆集群化发展，通过集群形成资源的集聚，实现优势互补和资源共享，形成价值共同体，提升

---

① 刘立. 国际科技博物馆和科学中心的发展阶段、趋势及对我国的启示 [J]. 科学教育与博物馆，2015，1（6）：401—404.

科技馆的整体形象，使科技馆在集群内馆群中得到更高效和个性化的发展，从而更好地满足社会对包括科技馆在内的馆群的需求。纵观世界博物馆的发展，博物馆群均被视为城市发展的催化剂和文化行销的典型。对于集群内的小型场馆来说，它缺少营销的资源，而大型场馆可以借用先进的管理理念和成熟的营销策略将其整合在自身的战略发展策略中，一并进行营销，一方面提高小型场馆的公众知晓度和参观量，另一方面也使小型场馆在集群化的过程中汲取先进的营销、管理理念。而大型场馆也利用了集群的优势进行资源的整合，提升了整体运营能力和效率，实现群体化运作的规模效应，促进整个城市的文化发展。①

二、科技馆教育的时代化与人文化

科技馆紧紧追赶着时代发展的步伐，我们生活在科学无所不在的时代，科技馆必须以不断丰富人类知识，增长人类能力，改变人类生产方式与生存方式、观念与思维为己任。

第一，让公众通过科技馆及时了解科技前沿、看到世界。现在科技发展日新月异，从基础研究到高技术研究，到其他技术的更新换代，步伐不断加快，科技馆需要及时把最新的、前沿的科学技术及时向公众普及。例如，航天、新材料、生命科学等领域不断有新成果出现，科技馆应该把最新的前沿科技尽快转化为公众普遍能接受理解、易看易懂的展品和内容，通过信息化、虚拟现实等手段体现出来。科幻的发展引起了人们对天体物理、天文学、宇宙学等领域的兴趣。随着《三体》的火爆，公众很想了解什么是黑洞、虫洞，什么是暗物质、暗能量等，如果我们还仅限于展示原来经典物理学的内容就无法满足公众需求。我们要深入研究，加强创新，在内容和形式上不断地紧跟时代的步伐，在现有良好的基础上促进科技馆事业的创新发展。②

第二，科技馆展教内容从经典科学到新兴科学。科技馆应该兼顾经典科学与新兴科学的结合。目前在我国科技馆所展示的大多是已经被证明为真理的科学常识，比如牛顿三大定律、DNA 双螺旋结构等。然而科技的发展日新

① 左焕琛，王小明. 新形势下博物馆集群化运营的探索［N］. 中国文物报，2015-06-23.

② 尚勇. 在全国科技馆工作会议上的讲话［EB/OL］. ［2015-12-20］. http://www.ixkjg.org/web/News Detail，aspx? News ID=1006. 2015 年 12 月 17—18 日.

月异，出现了很多新兴的科学技术，还有战略新兴产业，例如转基因、纳米科技等。国外不少科技馆已把这些新兴科技引入到展览中，让公众及时了解其前沿动态。

第三，科技馆展教内容从科学成果到科研过程。科技馆应该兼顾科学成果与科研过程的结合。我国科技馆的展示内容，基本上都是“尘埃落定”的东西，而国际上科技馆早已开始关注科技成果是如何“尘埃落定”的，即科研开发的过程。我国科技馆要扩充展教内容，不仅要展示通常所说的“四科”，即科学知识、科学方法、科学思想和科学精神，也要引入科研过程、科学技术对社会的影响等。科技馆还要承担宣传普及科学发展观以及中共十八大以来确立的科技创新观、五大发展理念（创新、协调、绿色、开放、共享）的工作。

第四，科技馆展教方式从灌输式到启发式、从讲解型到动手型。从以科技馆为中心到以观众为中心，我国科技馆应兼顾以科技馆为中心和以观众为中心两种理念。科技馆专业人员具有丰富的实践经验，适当坚持科技馆为中心，充分考虑观众对科技馆的多种需求，尤其是对展教主题的需求。考虑我国国情，尤其是我国公民科学素质总体水平相对较低的现状（2015 年我国具备科学素质的公民仅为 6.20%），我国科技馆应该兼顾灌输式和启发式展教方式，结合两种方式开展科学传播与普及教育，并逐步从灌输式走向启发式。兼顾讲解与动手两种方式开展科学普及教育。实际上，在我们国家，观众特别喜欢听展品的讲解说明，所以我们需要坚持讲解型的展教方式，培养更多优秀的讲解员，同时也要鼓励观众尤其是青少年在做中学。科技馆展教立场从支持辩护型到客观中立型，我国科技馆应兼顾支持辩护型与客观中立型的展教立场。比如科技馆对转基因、核电产业方面的展教，就要站在相对中立的立场上，让公众通过展览所获得的内容、数据和证据，做出自己的判断。当然，由于我国公民科学素质总体水平较低，在展览时要有一定的舆论导向，有所侧重。①

第五，科技馆要贯彻“STEAM”理念。现在的科技馆尤其是展品应该与艺术结合起来。美国的“STEM”教育指的是科学、技术、工程与数学的教

---

① 刘立. 国际科技博物馆和科学中心的发展阶段、趋势及对我国的启示 [J]. 科学教育与博物馆，2015，1（6）：401—404.

育。近年来“STEM”教育逐渐转型，开始引入艺术和人文的元素，扩展为“STEAM”教育。人类最高的价值观是追求“真、善、美”，科学是求真的，人文是求善的，艺术是求美的，这些元素应该有机地结合起来。科技馆要把“STEAM”理念落地，就要强调展品的设计和布置必须与艺术结合起来，体现出科技展品的文化特性。要把“STEAM”理念贯彻到科技馆的建设、运营和实践中去，设立创客空间，让公众尤其是青少年在科技馆感受、体验并激励发明与创新。①

三、科技馆服务的信息化和情景化

随着互联网特别是移动互联网的普及，信息化技术在科技馆展教和服务中得到广泛应用，延长了科技馆教育和服务的手臂。同时，科技馆展教情景化激发了公众对科学的兴趣，使公众更深刻地体验科学带来的愉快和乐趣。

（一）科技馆展陈的“虚拟”情景

把现代信息技术应用到科技馆展教中，推动“互联网+科技馆”，把实体的科技馆与互联网技术结合起来，把“互联网+”战略思维和行动计划，与广义的科学传播事业结合起来，线上线下形成无缝对接。

虚拟科技馆是科技馆信息化或“互联网+科技馆”的重要形式之一。虚拟科技馆，一般是指以信息技术、虚拟现实技术等模拟真实科技馆的展览，让观众参观具有身临其境的感觉的虚拟化科技馆。虚拟科技馆需要制造出虚拟科普展教场景和展品，观众通过鼠标操纵进入科技馆参观，如加入虚拟现实的外设，如头盔、数据手套等，可以实现人—机互动。较好的人—机互动可以调动观众的视觉、触觉等感觉，使人产生较好的科技馆参观“现场感”。

数字化科技馆是比虚拟科技馆更宽泛的概念，是指以数字化的形式全面地管理现实科技馆的所有信息，不仅包含虚拟科技馆的内容，也包含科技馆内部管理网络、观众导览系统、网上信息服务等内容。科技馆信息化突破了实体科技馆时间和空间上的限制，使科技馆服务不受地域的限制，不受开放时间的限制，任何人、任何地点、任何时间都可以参观“科技馆”。

---

① 刘立．国际科技博物馆和科学中心的发展阶段、趋势及对我国的启示 [J]．科学教育与博物馆，2015，1（6）：401—404.

（二）科技馆展教的“不在场”情景

科技馆里的展项是“在场”的东西，要让人们联想到“不在场”的东西，形成完整的“冰山”图景。正如，哲学家海德格尔通过“壶”，联系到了“天地人神”。在展览的时候应该制造相关的背景，只有在一定背景下才能发现展品丰富深刻的内在意义。瑞士伯尔尼爱因斯坦博物馆的场景制造就做得非常好，令人有身临其境的感觉。又如，清华大学以校友、“两弹”元勋邓稼先为主题的原创校园话剧《马兰花开》，生动地展现了科学大师的光辉业绩和崇高精神，对于弘扬科学精神、激励青年学子献身中华民族伟大复兴的“中国梦”很有意义。

（三）科技馆展览的“时态”场景

当今社会发展迅速，科技馆要跟上时代，就必须要增加一些临时展览。例如，青蒿素的发现者屠呦呦研究员成为中国本土第一位诺贝尔科学奖获得者，科技馆应该立即跟上，围绕这个主题做一些临时展览。再比如咸宁要建核电站，湖北科技馆就可以适时、适当地推出相关展览，让公众理性地看待核电站。①

第三节　我国科技馆体系的创新发展

新时期，我国科技馆体系建设必须适应全面建成小康社会和建设创新型国家的战略部署，服务创新驱动发展和人民科技文化需求，贯彻“创新、提升、协同、普惠”的科普工作理念，大力推动由以数量与规模增长为主要特征的外延式发展，转变为以提升科普能力与水平为主要特征的内涵式发展，从而实现科技馆体系整体的创新升级。

一、推动现代科技馆体系转型升级

紧紧围绕我国科技馆以数量增长和规模扩大为主要特征的发展，转向在数量增长和规模扩大的同时，以提高展教水平、改进展教方式、增强展教效

① 刘立. 国际科技博物馆和科学中心的发展阶段、趋势及对我国的启示［J］. 科学教育与博物馆，2015，1（6）：401—404.

果的发展，努力促进我国现代科技馆体系的转型升级。

（一）强化现代科技馆发展的先进理念

新时期，科技馆建设要加强科技馆理论的研究，逐步建立符合当代科技馆发展潮流并具有中国特色的科技馆理论体系和先进理念。

一是树立科技馆教育的理念。科技馆虽然是科普教育场所，但其展示教育的方式表明，其主要功能应该是通过直观视觉刺激和体验，来唤醒人们的理性意识、科学理念，激发人们的好奇心和兴趣，激励人们进行不断探索和学习，并逐渐改变观念，形成科学的世界观和人文的价值观。科技馆的这种科学教育理念，与学校正规教育的科学教育理念是有明显区别的，对此我们应该有清醒的认识。只有对科技馆有了正确的认识和功能定位，才能充分发挥科技馆的功能，才能明确建设科技馆的目的，才能依据自身的特点给科技馆注入灵魂，使科技馆焕发出生命力。坚决扭转一些科技馆建设发展中“重馆舍建设、轻内容建设”“重场馆建设、轻运营管理”“重展轻教、以展代教”等现象。

二是树立人本化的科技馆设计理念。在科技馆的发展历程中，现今已经从过去的“以物为中心”发展到基于“以人为本”的“以人为中心”的理念。当前，科技馆的展示内容虽然已从自然发现和技术发明的“物”（标本、产品等）转变成以教育为目的的“物”（展品），但如果只是通过展品来表达科技知识，就仍然摆脱不了“以物为中心”的印迹。将科技馆建设理念转变为“以人为中心”，即要以提高公众的科学素养为主要教育目的；展示内容着重表现人与科技、人与自然的关系；展示方式要适应公众的需求。树立“以人为中心”的理念将有助于克服科技馆展示内容的“见物不见人”和“展品中心论”的倾向。

三是树立自下而上的科技馆展览理念。自下而上的展览模式就是假设公众不仅有能力接受新知识，而且有能力创造新知识。科技馆的作用就是要营造一种环境，在这里，参观者能够探索一条主动改变自己与科技之间关系的路径。在科技馆，参观者是自主的，并依照个人的意愿决定活动的内容，因此，这样的学习是自下而上的。参观者在离开科学中心的时候都应当有新的技能和更深刻的理解。在这里，参观者是知识创造活动的积极参与者，而不仅仅是接受者。

四是树立“课题中心”的科技馆表达理念。“课题中心”模式是通过一系列科技及应用去认识一个特定的社会课题，或者通过学习社会课题的过程来认识相关的科学原理和技术。它把科技放到社会应用的大背景下，思量科技对社会的影响和社会对科技的影响等，强调的是科技的综合性、社会应用性等。采取“课题中心”模式的科技馆通常以“展区制”展示模式为主，一个展区有一个特定的公众比较感兴趣的主题，展示的内容围绕主题展开，展品的设计围绕内容发展的线索进行，展品与展品之间有明确的关联度，有时是通过几个展品来体验一种方法，有时则通过几个展品来表达一种思想或一种发展的过程。展示的目的不仅是了解某一个展品所表达的概念，更重要的是要通过若干展品了解一个完整的内容体系。它的体验内容主要是综合性的主题或社会课题，体验方式趋于多元化。①

（二）加快建设我国科技馆标准体系

标准是现代科技馆体系建设发展的技术支撑，是科技馆管理和服务能力现代化的基础。要推动制定完善科技馆体系建设标准，加快完善科技馆标准化体系，提升我国科技馆标准化水平。要研究制定科技馆行业国家标准体系，并先行启动我国科技馆行业重要且急需的国家标准的制定工作。要修订《科技馆建设标准》，以适应国家、社会和公众对科技馆建设的新要求，特别是党的十八大之后建设全面小康社会和创新型国家的新形势以及公共文化服务体系和中国特色现代科技馆体系建设的新任务，对今后的科技馆建设起到更好的指导和规范作用。要研究制定《科技馆内容建设规范》，促使各级政府、科技馆主管部门和科技馆自身高度重视科技馆内容建设，进一步厘清各级各类科技馆在我国现代科技馆体系建设中的功能定位和职责任务，明确科技馆内容建设的主要原则、相关要求和方式流程等，规范和提升全国科技馆内容建设水平。②

（三）强化现代科技馆体系建设的统筹协同

我国现代科技馆体系建设基础是在系统化基础上形成体系，以科技馆的规范、统一、目标为核心，推动科技馆建设、展教创新、服务提升。要理顺与创新科技馆体系建设机制，建立一整套立足于国家公共科普服务体系建设的创新性机制和制度安排。要建立科技馆运行效果监测评估机制，建立全国

---

① 陈戈．科技馆建设理念的创新思路［J］．海峡两岸，2013（4）：58—60．

② 束为．着力升级融合服务创新驱动开创中国特色现代科技馆体系新局面［R］．在全国科技馆工作会议上的工作报告，2015－12－17．

科技馆评级与分级评估制度，定期对科技馆的建设、运行、展教、服务、效益等进行评估。建立健全全国科技馆免费开放制度，重点对实施免费开放的科技馆进行绩效考核，将科技馆的综合科普效益与财政投入、免费开放专项补助等经费挂钩。要搭建科普展教资源建设与服务共享平台，在互利共赢的基础上，打破地域和行政级别的限制，通过科技馆联盟、总分馆制、对口帮扶、捐赠互换等方式，加大老、少、边、穷地区科技馆公共服务供给，提高科普资源的利用率和社会效益。①

视窗7-5 现代科技馆体系“七化”建设

在2015年12月召开的全国科技馆工作会议上，中国科协负责同志强调，《中国科协科普发展规划（2016—2020年）》明确“创新、提升、协同、普惠”的工作理念，把中国特色现代科技馆体系建设作为“十三五”规划的重要内容，要进一步明确科技馆体系的发展目标和重点任务，突出科技馆体系的信息化、时代化、体验化、标准化、体系化、普惠化、社会化（简称科技馆体系“七化”），实现科技馆体系的创新升级。②

一是突出信息化。信息化是中国特色现代科技馆体系发展的推动力。要在现有基础上加快科技馆信息化建设，特别要加速现代信息技术和传播手段的广泛应用。通过各种影视片和动漫来代替挂图，使表现形式更加生动。例如，给实物展品和背景增加一些高清视频，并与展品相结合、有效互动。另外要广泛应用3D显示技术，开发更多3D内容，增强体验性和互动性。更重要的是充分利用虚拟现实（VR）、增强现实（AR）等技术，集成企业的技术力量，研发虚拟现实科技馆展教品，使虚拟现实在整个科技馆中发挥更重要的作用。此外，要促进线上线下相结合，利用互联网使科技馆实现在网上浏览，同时把互联网上优质的科普内容、科普信息内容在科技馆展出。

① 束为. 着力升级融合服务创新驱动开创中国特色现代科技馆体系新局面［R］. 在全国科技馆工作会议上的工作报告，2015-12-17.

② 在全国科技馆工作会议上的讲话［EB/OL］.［2016-02-19］. http：//www.jxkjg.org/web/News Detail.aspx？News ID=1006.

二是突出时代化。科技馆展示的内容要跟上现代科技发展的步伐，与时俱进、不断更新。首先，把科技发展前沿的最新成果转化为科技馆的展示内容，让公众及时了解科技发展的前沿以及对经济社会发展、民生发展的影响，增进公众科技的理解和支持。其次，把群众关切、党委政府关注的科技问题在科技馆实时展示出来，科技馆既是面向公众服务的，也是为党委政府和企业的决策发展服务的，包括科技成果的传播、科技成果的转化、“双创”服务等，因此科技馆应拓展其复合功能。最后，科技馆要大力增强为学校科技教育服务的功能。

三是突出体验化。科技馆一定要通过寓教于乐，提升公众的兴趣、乐趣才能吸引更多的人来参观。体验和互动要成为现代科技馆发展的重点，要通过展品实物让大家动手；要通过虚拟现实技术带来更多的体验，营造更大的虚拟现实空间，让更多的人参与互动，在互动中产生乐趣，在乐趣中吸引公众。特别要把虚拟现实等技术作为目前科技馆展教发展的主要手段，以“超现实体验、多感知互动、跨时空创想”为核心理念，推动建设实体虚拟现实科技馆、流动虚拟现实科技馆、在线虚拟现实科技馆等，通过虚拟现实技术营造互动参与场景，使公众能够身临其境般地参与互动体验，突破科普的时空局限，充分激发公众的创造力和想象力。

四是突出标准化。标准化是科技馆建设的基础工作，展教内容更新快，展教形式创新快，对标准化建设的要求也就越迫切。要修订完善全国科技馆建设基本标准，在原有基础上更新提升，使在新时期科技馆建设涌现高潮的情况下，集成展教资源，实现标准规范。要从根本上解决科技馆标准滞后或某些无标准可循，尤其是新建科技馆时，改变主要靠领导带队到处参观学习别的科技馆建设经验的现状。科技馆标准化既是科技馆本身发展的基本要求，也是加速科技馆发展，形成科技馆体系创新提升的重要内容。要总结各地科技馆发展的成功经验，集中智慧，共同研究，取长补短，形成各类科技馆发展的标准。

五是突出体系化。中国特色现代科技馆体系已初步形成，但从高标准、严要求来看，体系建设还需要进一步加强。要推动形成从国家科技馆到各地方科技馆的体系建设，一是实体科技馆的体系建设，实现从国家到各个省会到地区和县级的全覆盖；二是流动科技馆、科普大篷车等流动科普设施体系要更加丰富，重点向中西部贫困地区倾斜，逐步实现全覆盖；三是强化学校科技馆和企业科技馆建设，特别要通过社会的力量来建设中学科技馆，让边远贫困地区的孩子们在家门口就能够感受到现代科技，激发他们学习科学知识、实现科技梦的浓厚兴趣。

六是突出普惠化。要把中国特色现代科技馆体系作为实现科技教育、传播及普及均等化的重要手段，作为落实精准扶贫战略的具体措施。科技馆很多建在城市，流动科技馆、科普大篷车注重向农村、边远地区、少数民族地区、贫困地区覆盖。普惠化是现代科技馆体系努力的方向，要使科普信息化落地，重点面向社区、农村、学校，让不同人群、不同地区的公众，都能享受到现代科技的成果，享受现代科技所带来的普惠。从追求社会公平、科普教育公平上实行普惠化，要更多注重在少数民族地区、贫困地区的科技馆建设。在实现新疆、西藏的流动科技馆、科普大篷车全覆盖基础上，要实现贫困地区科普大篷车的全覆盖。同时，在科普展教内容上进一步丰富，手段上进一步革新。

七是突出社会化。要按照党的十八届五中全会提出的协调发展理念，动员社会力量、充分利用社会的科普资源和资金促进科技馆的建设和发展。目前国家重点实验室有几百个，而且还在不断建设，都在逐步向公众开放，要利用这些科技设施的对外开放，形成科普和科研密切结合的科技展示基地，建成科研院所的科技馆。很多企业建立科普基地或科技馆并面向公众开放，将专业的产品技术进行普及展示，应将其纳入科技馆体系建设的范围，发挥好应有的作用。同时，运用市场的机制，调动企业提供产品的积极性；鼓励捐赠，正确引导企业家支持科技馆事业发展，如福建省科技馆就是以企业捐赠为主建设的。

二、增加科技馆展教服务产品供给

聚焦建设适应全面小康和创新型国家、服务创新驱动发展和人民科技文化需求、依托互联网等信息技术的现代科普体系的总目标，大力实施现代科技馆体系提升工程，推动科技馆建设布局的优化，增加科技馆公共服务供给，促进科技馆服务公平普惠，为我国公民科学素质的跨越提升做出应有贡献。

（一）有序推动现代科技馆体系建设

一是推动大中城市科技馆建设。进一步优化布局和结构，加强对新建科技馆的支持，推动中西部地区和地市级科技馆的建设，逐步缩小地区差距；推动展教场地设施不足、科普功能薄弱的中小型科技馆改造或改建，大幅提升科技馆的覆盖率和利用率。到2020年，城区常住人口100万以上的城市至少建有1座科技馆，全国科技馆总数超过260座，全国科技馆年接待观众量突破6000万人次。

二是大力发展专题性科技馆。推动有条件的地方及企事业单位等，因地制宜建设一批具有地方、产业特色的专题科技馆。充分利用城市经济转型遗留的工业遗产，结合城市发展规划，建设行业科技馆。引导、鼓励各地科技馆根据本地情况突出专业和地方特色，逐步形成多样化、特色化的场馆结构布局。

三是促进小型科普设施建设发展。提升小型科普设施展教资源的开发能力与水平，实现展览展品和教育活动的专题化和特色化，丰富内容形式，增强展教效果，加大科技馆展教资源服务基层、服务社区、服务农村的力度和范围。到2020年，实现中国流动科技馆的运行保有量达到300套，力争全国尚未建设科技馆的县（市）每3年巡展1次；科普大篷车的运行保有量突破2000辆，活动和服务范围基本覆盖全国建有科技馆城市近郊以外的所有乡镇；流动科普设施当年服务观众总量突破1亿人次。加快农村中学科技馆建设，力争到2020年全国贫困地区中学拥有1000所科技馆。社区科普活动室、科普画廊等基层公共科普设施获得常态化的科普资源与服务，充分保障其正常运行及科普功能的有效发挥。

（二）全面提升科技馆展教服务能力

科技馆展教是现代科技馆体系建设的灵魂和核心，要以实体科技馆为依托，科技馆专业人才建设为支撑，全面提升科技馆展教服务能力。

一是加快全国科技馆的建设步伐。实体科技馆作为中国特色现代科技馆体系的依托和核心，各地方财政应将科技馆建设纳入当地国民经济和社会事业发展总体规划及基本建设计划，加大对科技馆建设和运行经费的公共投入。落实有关优惠政策，鼓励社会各界对公益性科技馆建设提供捐赠与资助；鼓励有条件的企业事业单位根据自身特点建立专业科技馆；落实有关鼓励科普事业发展的税收优惠政策，鼓励企事业单位及个人参与科技馆建设。加强宏观统筹，合理规划全国科技馆建设发展，推动科技馆新建和改扩建，“达标”科技馆数量不断增长，尽快实现全国科技馆合理布局和功能优化。加快对科普教育功能薄弱的科技馆进行更新改造和改建扩建，推动具有专业、地方、主题特色科技馆的建设。

二是加强科技馆科普展教资源的开发与创新。依托和鼓励全国展教资源研发能力雄厚的科技馆和企业，建设国家级和省级科普展教资源研发与服务中心；同时为流动科技馆、科普大篷车、农村中学科技馆和基层科普设施及其展览展品的运行、维护、维修等提供技术支持和服务，弥补基层相关专业技术力量和人员配备等方面的不足。通过设立展览展品开发及更新改造、科学教育活动开发、网络科普和影视科普作品创作项目，大力提升科普展教资源设计开发能力和水平，不断拓展内容和形式，鼓励创新，形成一批具有自主知识产权、社会影响力和国际竞争力的科普展教资源。促进科普展教资源产业发展，增强企业科普展教资源研发制作的能力与水平，鼓励科技馆与企业的深度合作与优势互补，逐渐形成现代化、规模化、集约化的科普展教资源产业。

三是强化科技馆专业人才队伍建设。通过正规教育、在职培训和进修、国内外交流等多种途径和方式培养科技馆所需的专业人才，逐步建立科技馆专业人才培养体系，造就一大批具有创新意识、高素质的专业化、职业化的专家型和技术型的优秀人才队伍。继续推动中国科协与高校合作培养高层次科普专门人才试点工作，开设科技馆展览、教育相关课程，为科技馆培养理论与实践相结合的适用人才。制定科技馆从业人员的职业标准、资格准入和专业技术职务评聘等办法，切实形成能够激发从业人员不断提高业务水平的良性竞争激励机制。[①]

---

① 束为．着力升级融合服务创新驱动开创中国特色现代科技馆体系新局面［R］．在全国科技馆工作会议上的工作报告，2015－12－17．

（三）推动科技馆服务信息化

跟上信息社会的步伐，充分应用信息技术手段，全面提升现代科技馆的体系服务能力。

一要建设覆盖我国现代科技馆体系各主要成分的网络系统。将中国数字科技馆打造成为中国特色现代科技馆体系内重要的展教资源集散平台、输送渠道和信息中心，为科技馆体系的整体运作提供项目管理与运行、展教资源开发与共享、活动协同与增效等方面的服务。通过线上线下相结合（O2O）的方式，形成由实体科技馆、流动科技馆、科普大篷车、虚拟现实科技馆、数字科技馆、农村中学科技馆等组成的优势互补和良性互动的有机整体，促进科技馆科普展教资源的虚实结合以及科技馆与公众之间的互动交流。

二要充分应用信息化手段加强用户体验和公众服务。强化用户理念和体验至上的服务意识，充分运用虚拟现实、人工智能、全息仿真等信息化技术，应用多媒体、动漫、游戏、虚拟社区、APP 等信息化表达和呈现形式，增强用户体验效果和黏性。建设虚拟现实科技馆，及时生动地向公众再现科技前沿，形象化展现微观、宏观、宇观尺度下的科技内容，增强科技馆展览展品、教育活动的沉浸感、交互性以及观众的想象力。利用信息化技术为公众按需提供科普服务和精准推送，同时在互动中服务、在服务中引导，增强公众对科技馆的参与度、关注度和满意度。

把虚拟现实等信息技术作为科技馆展教的重要手段，以“超现实体验、多感知互动、跨时空创想”为核心理念，生动呈现最新科技前沿，有效促进高新科技成果的传播和转化；直观展示常态下难以直接观察到的科学现象和技术过程，充分激发公众的创造力和想象力。到 2020 年，集中建设若干个示范性虚拟现实科技馆以及在有条件的科技馆中开辟虚拟现实科技馆专区；在流动科技馆、科普大篷车、农村中学科技馆等中增设虚拟现实相关展教内容，增强对公众的吸引力，推动最新科技成果的普及。

提升中国数字科技馆的平台能力。紧跟科普信息化的发展形势，发挥服务于中国特色现代科技馆体系建设的独特优势，在科普中国的品牌建设中奋发有为。进一步发挥中国数字科技馆在中国特色现代科技馆体系中的科普展教资源集散与服务平台作用，加强互联互通和虚实结合，显著提升影响力和示范性，到 2020 年，ALEXA 国内网站排名提升到 100 名以内。

三要以互联网思维推动万众创新。在互联网思维推动下，人人都是科普工作的建设者、参与者和受益者，发动各类企事业单位和公众参与到科普展教资源的开发和创作工作中，形成人人参与、人人受益的科普工作局面和大众创新、万众创业的良好社会基础。科技馆的建设和运行中坚持“开门办馆”的理念，通过众包、众筹等方式，吸引、鼓励各种社会力量、资金和资源积极投入多渠道参与中国特色现代科技馆体系建设，促进科技馆事业和产业的协调发展。

三、创新科技馆公共展教服务模式

围绕科技馆公共服务供给的品质和效率，创新科技馆公共服务供给模式，引入市场机制，打破垄断，鼓励竞争，多元投入，推动科技馆公共服务的专业化、供给主体的多元化，推动科技馆公共服务供给侧创新提升，充分发挥科技馆人力、物力、财力的效能，降低供给成本，提高供给效率。

（一）加强政府购买科技馆服务力度

改革开放以来，我国科技馆公共服务体系和制度建设不断推进，但与人民群众日益增长的科技馆公共服务需求相比，目前我国科技馆的总体数量不足、分布不均衡，展教水平有待提高，展教服务和运营管理等都有较大提升空间。需要政府进一步强化科技馆公共服务职能，创新公共服务供给模式，有效动员社会力量，构建多层次、多方式、多元化的科技馆公共服务供给体系，提供更加方便、快捷、优质、高效的科普公共服务。

加大政府向社会力量购买科技馆服务力度，要通过发挥市场机制作用，把政府直接向社会公众提供的科技馆公共服务事项，按照市场竞争的方式和程序，交由具备条件的社会专业力量承担，并由政府根据科技馆服务数量和质量向其支付费用。

加大政府推进科技馆免费开放服务的力度，坚持把推进科技馆免费开放作为改善文化民生、丰富城乡基层人民群众精神文化生活的重要任务，增强科技馆公共科普服务供给。大力推动科技馆管理体制和运行机制创新，改进内部管理，创新服务方式，提高运营效率，以免费开放为重要契机，加强科技馆能力建设和制度建设，促进服务能力明显提高，为提高全民科学素质发挥重要作用。

（二）探索社会各方参与科技馆服务的模式

一是大力推进科技馆教育与学校教育结合的新模式。科技馆在当今社会大中小学生素质教育中起着非常重要的作用，科技馆要加强与学校联系合作，积极探索科技馆与学校科学教育的有机结合途径，将科学的思想和思维方法融入学校教育中去。科技馆是最好的实践教学大课堂，是对学校科学教育的重要补充，有利于激发学生对科学技术的兴趣，有利于推动科学教育的创新。科技馆教育要与学校德育教育相结合，与学校课程设置相结合，与教师改善教学手段、创新教学方法相结合，与推动学校学科整合相结合。学校与科技馆需要建立衔接并有机结合在一起，为教育提供有利条件。开设流动科技馆，将科技馆设在学校，学生可以利用空闲时间随时到流动科技馆参观。科技馆应积极开展各类青少年的科技实践活动，如举办青少年科技创新大赛、科学家专场讲座、科学研究活动等，让学生积极参与进来，体会科研的乐趣。加强校内外科技教育工作者队伍建设，形成一支由科技馆展教人员、科技专家、科技辅导员、学校科学教师和科普志愿者组成的校内外科技教育队伍，共同推进学校教育与科技馆教育的有机结合。①

二是积极探索流动科技馆常态化与县级科技馆建设结合的新模式。随着经济社会的发展，各地建设县级科技馆的积极性日益高涨，建设县级科技馆确有必要，但县级科技馆极易陷入国际科技馆界公认的科技馆“自衰定律”陷阱。即科技馆新馆开放 1 年内，观众人数达顶峰，随后由于审美疲劳逐年递减，5 年后进入低位徘徊，除非大规模更新改造，否则将丧失生命力。县级科技馆建设容易，然而由于科普展品、展览的质量、规模、更新速度、交通、互动、场馆环境、讲解及服务水平、配套设施、个人兴趣等多方面的限制，科技馆内容更新、展教方式创新等往往难以达到打破公众“审美疲劳”的能力。为此，开展流动科技馆常态化与建设运营县级科技馆的结合，可能是走出县级科技馆“自衰定律”陷阱的路子。即采取科技馆展品、展厅服务、讲解人员、场地等众筹、众扶模式，借助流动科技馆展品的流动性、更新快等特点，集成多方力量共同建设和持续运营县级科技馆。县（区）政府负责落实科技馆场地、筹划地方特色展区、招募科普展教人员，以及科技馆日常运维等；全国流动科技馆运营实施单位承担科技馆的布展设计、展品筹划和定期更换，以及培训展教人员等；属地省级科技馆可选派相关展教专业人员驻馆指导或领导管理，并在科普展品更新方面给予支持；同时，科普大篷车的

---

① 刘运筑．论科技馆教育与学校教育的有机结合［J］．科技资讯，2012（21）：249.

运营和科普服务，与科技馆建设与营运统筹安排。

视窗7－6　中国流动科技馆巡展

为增强科普基础设施整体服务能力，促进中国特色现代科技馆体系建设，科普公共服务均等化，中国科协和财政部从2014年开始，在全国实施中国流动科技馆巡展，充分发挥流动科技馆的辐射和带动作用，建立广覆盖、系列化、可持续的流动科技馆公共服务机制。

通过巡展的形式，对全国尚未建设科技馆的县（市）的公众特别是中小学生，实现流动科技馆的基本覆盖，增加公众接触优质科普资源的机会，拓宽公众提高科学素养的途径，促进科普公共服务的公平与普惠，推动全民科学素质的提高。

中国科协和财政部联合实施中国流动科技馆巡展，中国科协主要负责流动科技馆巡展组织实施和业务指导，财政部主要负责中国科协组织的流动科技馆展览资源及展教活动开发经费安排，各省级科协和财政部门负责本地流动科技馆巡展的综合协调、经费保障。各省级科协和财政部门对流动科技馆在本地巡展进行规划，制订巡展方案。中国科协、财政部根据方案有序安排流动科技馆巡展，优先考虑老少边穷地区。中西部地区和东部地区采取不同的展品配发方式，中国科协和财政部对各省级科协、财政部门的流动科技馆巡展组织实施情况统一进行绩效考核。

针对中西部地区和东部地区采取不同的实施方式：中国科协通过政府采购方式为中西部地区研制配发巡展展品，展品产权属于中国科协，各省级科协自行组织巡展。东部地区提交项目巡展计划，自行研制或购买巡展展品，按要求纳入统一的项目实施和管理。

中西部地区根据本地巡展规划制订巡展方案，东部地区提交巡展计划，中国科协综合考虑中央和地方经费安排情况、各地制订方案、项目覆盖面等因素，合理安排流动科技馆巡展。

中国科协统一开发和研制主题为“体验科学”的中西部地区巡展展览，展览由50件展品组成，与科学表演、科学实验、科普影视相结合。展览面积约为800平方米，采取模块化设计，可根据场地条件进行拆分和组合。东部地区可参照执行。

巡展站点选择在尚未建设科技馆的县（市），每县设一站，每站展出时间原则上不低于2个月，每套展览每年至少巡展4站，可根据实际情况调整巡展时间和站数。巡展组织实施工作包括：巡展方案制订、站点选择、人员培训、场地落实、展览运输、布撤展、安装调试、日常管理和维护、教育活动开展、观众组织、媒体宣传等。

中国科协和财政部根据每套展览巡展的站点数量、展品完好率、中小学生覆盖率、特色活动开展情况和社会影响力等因素，对各省级科协、财政部门的流动科技馆巡展组织实施情况进行绩效考核。①

三是积极探索建立科技馆服务众创、众包、众扶、众筹的新模式。要建设完善“互联网+科技馆”的服务平台，鼓励发展科技馆服务的众创、众包、众扶、众筹等，使科技馆展教资源配置更灵活、更精准，凝聚大众智慧，形成内脑与外脑结合、企业与个人协同的科技馆服务创新格局。通过众创、众包、众扶、众筹等方式，将分散在不特定主体处的优质科技馆展教资源、人力资源、物力财力等展教要素与公众的科普需求进行深入对接，为高效配置各类科技馆展教资源，提升科技馆服务供给，构建强大的技术和服务基础。

视窗7-7　中国特色现代科技馆体系

实体科技馆。实体科技馆是科技馆体系的龙头和基础，以展览、教育为主要功能的公益性科普设施，是面向社会公众进行展览、培训、实验的重要场所。同时，为整个科技馆体系提供展教计划、内容选题、展品设计和组织制作、展教活动策划、组织实施、人力资源等核心保障。

虚拟现实科技馆。虚拟现实科技馆遵循“超现实体验、多感知

① 中国科协、财政部关于印发《中国流动科技馆实施方案》的通知［EB/OL］.［2014-06-12］. http://www.cast.org.cn/n35081/n35488/15704475.html.

互动、跨时空创想”的核心理念，通过虚拟现实技术营造互动参与场景，使公众能够身临其境般地参与互动体验，突破科普的时空局限，充分激发公众的创造力和想象力。建设虚拟现实科技馆，是现代科技馆发展的必然趋势，是保持科技馆先进性、增强科技馆展教活动的沉浸感、交互性、构想性的重要手段；能及时生动地向公众再现科技前沿，破解科学现象再现难、技术过程表现难、科技展品互动难、研究环境体验难等问题；能充分激发公众的创想，增强代入感，让公众深度沉浸在感知科学、体验科学的浓烈氛围中，激发公众探究科学的真谛、追求科学的梦想。虚拟现实科技馆是现代科技馆体系的重要组成部分，可以与实体科技馆、流动科技馆、科普大篷车、农村中学科技馆、数字科技馆等结合，建成实体虚拟现实科技馆、流动虚拟现实科技馆、在线虚拟现实科技馆等。实体虚拟现实科技馆，包括在实体建筑或现有科技馆中开辟虚拟现实科技馆专区，或在建科技馆中增设虚拟现实科技馆专区。通过一定场景设计，配置展示设备，实现观众虚拟现实体验；通过视觉头盔、力反馈手套等装备，实现观众交互体验。流动虚拟现实科技馆，为流动科技馆、科普大篷车等流动科普设施配发虚拟现实科技馆终端设备，通过巡展使更多公众尤其是欠发达地区公众借助虚拟现实设备体验虚拟现实场景，感受交互效果，了解科技发展前沿。在线虚拟现实科技馆，通过互联网平台展示虚拟现实科技馆相关内容，使公众通过互联网或简单的终端设备，泛在享受虚拟现实科技馆的互动体验。

流动科技馆。流动科技馆是近年来科普工作发展创新的新事物，是与固定的、实体科技场馆相对应的一个新概念。与实体科技馆的“展品不流动、观众上门”相比，流动科技馆的理念是“展品送上门、观众就近看”。因此，它是以择优配置的观众可参与的互动科普展览、科普教育活动等为核心内容，以可拆装运输、可移动的科普互动展品、科学实验、科普影院等为主要手段，采取科普对象地域上的全覆盖、科普主题内容的系列化、流动活动的周期性等方式，让尚未建设科技馆或科技馆未能完全覆盖地区的公众同样享受到科普的公共服务方式。

科普大篷车。科普大篷车是指包括按照技术要求改造的车辆、车载设备和车载科普展品等组成的流动性科普设施。科普大篷车以其丰富多彩的展示内容、多种媒体的教育方法、机动灵活的活动方式，深入到偏远地区和农村，开展科普展教活动，受到广大公众和科普工作者的欢迎。

农村中学科技馆①。农村中学科技馆旨在培养中学生讲科学、爱科学、学科学、用科学的意识，提升农村青少年科学素质、促进教育资源均衡化、促进科技馆展品产业化。筹建农村中学科技馆面向全国特别是中西部地区农村，每所农村中学科技馆建设经费约30万元全部来自社会捐赠，建成后的运行费和更新维护费建议列入当地财政预算。农村中学科技馆须根据现有场地条件，结合初中生对科学技术的兴趣和爱好，配置1000册左右的图书，以及展示学生的科技创意作品的设备（挂图或展板），配置多媒体投影设备和适合当地需要的卫星接收设备等。

数字科技馆。数字科技馆是利用现代信息技术手段，开展科学技术教育、传播、普及的科普形式，是现代科技馆体系的科普资源集散与服务的重要平台。数字科技馆作为科技教育、传播、普及机构的工作支撑平台，可为科普机构、科普工作者及社会公众提供不同层次的共享服务；作为公共科普服务平台，可为科普产品开发、创作提供资源支撑，为公众体验科学增强乐趣和服务，是青少年开辟寓学于乐的网上科技教育的第二课堂。

三是探索“互联网+科技馆”服务的新模式。运用互联网思维，实现“互联网+科技馆”公共服务供给模式的创新融合，其本质是实现科技馆公共服务供给由单一的、非智能的传统供给转向多元化、网络化、智能化供给，以提升科技馆公共服务供给的精准性和效率。“互联网+科技馆”服务要充分考虑科技馆参观者的体验，运用互联网思维和市场力量，打破科技馆公共服

① 农村中学科技馆公益项目实施方案［EB/OL］.［2012-08-30］. http://www.cast.org.cn/n35081/n35473/n35518/14099611.html.

务供给传统结构中“居高临下”的服务格局。① 要拓展科技馆的大数据及网络创新的服务功能，创新时代公众的需求，为助力大众创业、万众创新，激发创新思想，添加创新元素，激发人们的科学兴趣，启迪创新智慧。要拓展科技馆可视化、智能化展示功能，利用大数据处理、精密柔性传感、全球精确定位制导、虚拟展示等技术，将科技馆展教界面图形化、科学计算可视化、插补方式多样化、高性能数控模块化、多媒体技术应用集成化等，既要向受众普及科技基本原理，更要启迪受众的智慧和心灵，激发人们对科技探索的积极性、创造性，培育他们的超现代思维、创新型思维。②

---

① 闫东玲，游英，刘俊，赵蕴．“互联网＋”背景下公共服务供给模式创新［J］．沈阳工业大学学报（社会科学版），2016，9（4）：325—329．

② 湖北省科技馆．从科技馆发展历程看其未来发展趋势［EB/OL］．［2017－01－21］．http://yxqbx.com/keji/yejie/602203.html．

主要参考文献

[1] 习近平：为建设世界科技强国而奋斗——在全国科技创新大会、两院院士大会、中国科协第九次全国代表大会上的讲话［M］//中国科学技术协会．中国科学技术协会第九次全国代表大会文件．北京：人民出版社，2016．

[2] 全民科学素质行动计划纲要实施方案（2016—2020年）［M］．北京：科学普及出版社，2016．

[3] 中国科协科普发展规划（2016—2020年）［M］．北京：科学普及出版社，2016．

[4]（日）佐佐木毅．科学技术与公共性韩［M］．金泰昌，吴光辉，译．北京：人民出版社，2009．

[5] 杨文志，吴国斌．现代科普教程［M］．北京：科学普及出版社，2004．

[6] 美国科学促进协会．面向所有美国人的科学［M］．中国科学技术协会，译．北京：科学普及出版社，2001．

[7] 章道义，袁翰青，王书庄．新中国科普事业的开拓者和奠基人［M］//中国科协机关离退休干部办公室，中国科协直属单位老科技工作者协会．经历科协岁月，中国科学技术出版社，2013．

[8] 任福君．中文版序［M］//程东红，等．以人为本的科学传播——科学传播的国际实践，张礼建等，译．北京：中国科学技术出版社，2012．

[9] 珍妮·梅特卡夫，李曦．青少年科技传播的困境与对策［M］//程东红，等．以人为本的科学传播——科学传播的国际实践，张礼建等，译．北

京：中国科学技术出版社，2012.
[10] 李正风，等. 提高全民科学素质的目的、意义［M］//全民科学素质行动计划制定工作领导小组办公室. 全民科学素质行动计划课题研究论文集. 北京：科学普及出版社，2005.
[11] 刘立，蒋劲松，等. 我国公民科学素质的基本内涵与结构［M］//全民科学素质行动计划制定工作领导小组办公室. 全民科学素质行动计划课题研究论文集. 北京：科学普及出版社，2005.
[12] 金慧，胡盈滢. 以STEM教育创新引领教育未来［J］. 远程教育杂志，2017（1）：17—25.
[13] 俞敏，刘德生. 科普期刊全媒体融合发展典型案例解析［J］. 现代出版，2017（1）：49—52.
[14] 马麒. 国内科技馆学术研究30年述评［J］. 科普研究，2017，12（2）：23—32.
[15] 张开逊. 中国科技馆事业的战略思考［J］. 科普研究，2017，12（11）：5—11.
[16] 肖云，徐雁龙. 科普融合创作的实践探索［J］. 科技导报，2017，34（12）：49—53.
[17] 廖红. "互联网＋科技馆"发展方向的思考［J］. 自然科学博物馆研究，2016（1）：35—42.
[18] 陆烨. 我国都市青少年创新能力发展状况及其特征［J］. 中国青年研究，2016（12）：98—103.
[19] 袁洁，陈玲，李秀菊. 我国青少年科学态度现状调查［J］. 上海教育科研，2015（1）：45—48.
[20] 刘立. 国际科技博物馆和科学中心的发展阶段、趋势及对我国的启示［J］. 科学教育与博物馆，2015（6）：401—404.
[21] 路甬祥. 科普工作应与时俱进［J］. 科技导报，2014，32（21）：卷首语.
[22] 刘嘉麒. 科学性是科学普及的灵魂［J］. 科普研究，2014（5）：28—30.
[23] 李艳艳. 浅析网络社群对公共领域的影响［J］. 新闻传播，2014（5）：139—140.
[24] 陈戈. 科技馆建设理念的创新思路［J］. 海峡两岸，2013（4）：

58—60.

[25] 崔建平. 回顾《科普法》出台的背景与过程 [J]. 科协论坛, 2010 (12): 2—5.

[26] 程东红. 关于科学素质概念的几点讨论 [J]. 科普研究, 2007 (3): 5—10.

[27] 黄体茂. 世界科技馆的现状和发展趋势 [J]. 科技馆, 2005 (2): 3—11.

[28] 朱效民. 国民科学素质——现代国家兴盛的根基 [J]. 自然辩证法研究, 1999 (1): 41—44.

[29] 喻思娈. 院士该不该做科普 [N]. 人民日报, 2017-04-14.

[30] 评论员. 把科学普及放在与科技创新同等重要位置 [N]. 南方日报, 2016-06-02.

[31] 许琦敏. 科学家做不好科研才去做科普? 褚君浩: 做得好科普, 科研才可能有大格局 [N]. 文汇报, 2017-05-27.

[32] 李惠国. 创新文化是科技创新的重要元素 [N]. 人民日报, 2016-09-25.

[33] 成励. 科学与娱乐的界限——兼谈科普的困境 [N]. 中国科学报, 2014-11-28.

[34] 游云. 科技馆的发展现状与特点 [N]. 中国高新技术产业导报, 2014-07-28.

声　明

本书中所引用的视窗部分内容，我社负责支付稿酬。由于时间关系和联系不畅，未能及时联系上部分作者，敬请各位作者在图书出版之后联系我社，提供相关手续之后领取稿酬。

联 系 人：王编辑

联系方式：010－63581202（工作日使用），1029760046@qq.com